MINISTÈRE DES TRAVAUX PUBLICS

MÉMOIRES

POUR SERVIR À L'EXPLICATION

DE

LA CARTE GÉOLOGIQUE DÉTAILLÉE DE LA FRANCE

RECHERCHES

SUR

LA CRAIE SUPÉRIEURE

DEUXIÈME PARTIE

PALÉONTOLOGIE

LES AMMONITES DE LA CRAIE SUPÉRIEURE

PAR

[illegible] DE GROSSOUVRE

INGÉNIEUR EN CHEF DES MINES

TEXTE

PARIS

IMPRIMERIE NATIONALE

M DCCC XCIII

LES AMMONITES

DE

LA CRAIE SUPÉRIEURE

TEXTE

MINISTÈRE DES TRAVAUX PUBLICS

MÉMOIRES

POUR SERVIR À L'EXPLICATION

DE

LA CARTE GÉOLOGIQUE DÉTAILLÉE DE LA FRANCE

RECHERCHES

SUR

LA CRAIE SUPÉRIEURE

DEUXIÈME PARTIE

PALÉONTOLOGIE

LES AMMONITES DE LA CRAIE SUPÉRIEURE

PAR

A. DE GROSSOUVRE

INGÉNIEUR EN CHEF DES MINES

TEXTE

PARIS

IMPRIMERIE NATIONALE

M DCCC XCIII

LES AMMONITES

DE

LA CRAIE SUPÉRIEURE.

INTRODUCTION.

Les ammonites de la craie supérieure n'ont donné lieu, en France, qu'à un très petit nombre de travaux descriptifs.

Dujardin, le premier, a décrit et figuré en 1837, sous le nom d'*Ammonites polyopsis*, une espèce de la craie sénonienne de la Touraine.

Un peu plus tard, en 1840, d'Orbigny faisait connaître quatre nouvelles espèces, *Ammonites Pailletteanus* et *Am. tricarinatus*, de la craie des Corbières, *Am. Lafresnayeanus* du calcaire à baculites du Cotentin, et une autre espèce de ce même terrain, qu'il rapportait à tort à *Am. lewesiensis*, Sowerby, nom qu'il remplaça ensuite, en 1850, par celui de *Am. gollevillensis*, sans compter un autre ammonitidé de ce même gisement, *Am. Verneuili*, qui vraisemblablement est un scaphite.

En 1847 et 1848, de Buch et Thiollière décrivaient presque simultanément deux formes des grès verdâtres sénoniens de Dieulefit, remarquables par la simplicité de leur ligne suturale, auxquelles ils donnaient les noms d'*Ammonites Ewaldi* et *Am. Robini*.

D'Orbigny en 1850 [1] et Coquand en 1859 [2] ont établi toute une série d'espèces pour des formes provenant principalement de la craie de la Touraine et de celle de l'Aquitaine. Mais ils n'ont fourni, à l'appui de la création de ces nouveaux types, que de courtes diagnoses insuffisantes pour les définir

[1] *Prodrome de paléontologie stratigraphique.*

[2] *Synopsis des fossiles de la formation crétacée du sud-ouest de la France.*

IMPRIMERIE NATIONALE.

complètement. Il en est résulté que les noms proposés ont été le plus souvent appliqués à des types fort différents les uns des autres et que leur emploi a amené de fréquentes confusions.

Depuis lors, cette partie de notre faune fossile a été complètement délaissée et c'est seulement dans ces dernières années que M. Fallot nous a donné une monographie des espèces des grès sénoniens de Dieulefit. Tout récemment, M. Seunes, dans un mémoire en cours de publication, a commencé la description des ammonites du calcaire à baculites du Cotentin et de la craie campanienne de la région sous-pyrénéenne.

Pendant cette longue période paraissaient à l'étranger les belles monographies de MM. F. von Hauer, Schlüter, Fritsch et Schlönbach, Redtenbacher, Stoliczka, auxquelles il a fallu recourir jusqu'à ce jour pour l'étude de nos échantillons de France. On pourrait croire que cette lacune dans les travaux scientifiques est due à la pauvreté des gisements que notre territoire possède; cependant il n'en est rien et les couches crétacées de la Touraine, de l'Aquitaine et des Pyrénées renferment des richesses dont l'existence nous a été révélée par les travaux de nos savants confrères, MM. Arnaud, Péron, Seunes, Toucas, etc.

Amené, par mes recherches sur la stratigraphie générale de la craie supérieure, à reconnaître l'importance que les ammonites présentent pour la fixation des divers horizons, et pénétré de l'utilité que le géologue peut trouver dans l'étude de leur répartition pour débrouiller les questions de parallélisme si discutées et encore en litige, j'ai porté mon attention de ce côté et, grâce aux communications qu'un grand nombre de géologues ont bien voulu me faire, je suis arrivé à reconnaître que nous possédons en France la plupart des espèces déjà décrites à l'étranger, auxquelles s'adjoignent une assez grande quantité de types nouveaux. J'ai pensé qu'il pouvait être de quelque utilité de publier le résultat de mes recherches, et, grâce au bienveillant appui de M. Michel Lévy, directeur du service de la carte géologique de France, mon travail a été admis dans les mémoires publiés par ce service.

Les échantillons d'ammonites de la craie supérieure sont presque partout peu nombreux; il serait même plus exact de dire qu'ils sont d'une extrême rareté. Il en résulte que dans ce travail bon nombre d'espèces n'ont pu être figurées que d'après des exemplaires assez défectueux; on ne rencontre, en effet, que bien peu de gisements appartenant à la craie supérieure où les conditions de fossilisation soient assez satisfaisantes pour permettre d'y recueillir des échantillons comme ceux que les couches jurassiques nous offrent généralement en si grande abondance; d'ordinaire la nature de la roche est absolument défavorable à la conservation des détails de l'ornementation, et dans certains gisements, comme ceux des Pyrénées, par exemple, les actions mécaniques, auxquelles les couches ont été soumises postérieurement à leur dépôt, ont écrasé et déformé les individus qui s'y trouvent fossilisés. C'est à cause de cette déformation que j'ai cru suffisant de figurer, seulement vus de côté, certains échantillons aplatis pour lesquels la représentation du bord ventral ne donnerait aucune indication utile.

On pourra s'étonner que certains types sont seulement représentés par des fragments : c'est qu'il m'a semblé que dans ce mémoire, destiné particulièrement à l'étude des questions stratigraphiques, il convenait de ne négliger aucun des documents recueillis; j'ai pensé qu'il y avait intérêt à conserver la trace de toutes les formes qui ont peuplé autrefois les mers crétacées, en raison de la rareté de leurs débris et de leur importance pour la chronologie géologique. Plus tard, de nouvelles découvertes permettront de mieux définir ces types, mais, en attendant ce jour, leur présence à certains niveaux bien déterminés sera du moins constatée par la publication des fragments que j'ai été en mesure d'étudier.

Par contre, il s'est trouvé quelques formes pour lesquelles j'ai eu la bonne fortune d'avoir en main un nombre assez considérable d'exemplaires; il en est résulté que j'ai pu consacrer à ces espèces un certain nombre de figures, soit pour les montrer à leurs divers degrés de développement, soit pour mettre en relief les variations notables qu'elles peuvent subir dans leur ornementation.

De cette manière, je suis arrivé à rattacher à un même type spécifique des échantillons qui, pris isolément, paraîtraient, au premier abord, constituer des espèces bien nettes et bien tranchées. Malgré cela, ceux qui n'auraient pas sous les yeux la série complète d'échantillons établissant le passage graduel entre les diverses formes, pourraient encore être disposés à contester l'identité spécifique des types figurés.

Habitué, par l'étude de séries d'ammonites jurassiques représentées par un nombre considérable d'échantillons, à voir les formes les plus différentes comme aspect se coordonner autour d'un même type, je suis disposé à concevoir l'espèce géologique dans un sens très large, et je crois que pour éviter la confusion à laquelle aboutit la multiplication des noms spécifiques pour des formes qui ne sont, en réalité, que des variétés d'un même type, il faut employer la nomenclature trinominale, c'est-à-dire adjoindre au nom spécifique un nom de variété. On peut ainsi, tout en mettant en relief le type de l'espèce, établir dans la série des formes qui viennent s'y rattacher un certain nombre de points de repère destinés à préciser les idées.

On constate, d'ailleurs, que deux tendances absolument opposées se font jour dans l'étude des documents paléontologiques que les temps géologiques nous ont légués.

D'une part, le géologue stratigraphe ne peut se défendre d'un certain effroi quand il voit démembrer indéfiniment certains types classiques, ou bien créer à côté des espèces anciennes de nouvelles qui en diffèrent par des caractères si délicats, si peu tranchés, que leurs auteurs eux-mêmes sont parfois bien embarrassés pour les reconnaître. Il se demande si cette richesse de la nomenclature ne risque pas d'engendrer la confusion, si elle ne surcharge pas inutilement la mémoire et si elle n'aboutit pas finalement à cacher sous de nouveaux noms des formes qui se rattachent incontestablement à des types connus sous d'autres dénominations, de telle sorte que deux listes de fossiles composées de noms différents indiquent, en réalité, une même faune géologique.

Par contre, on voit aussi s'accomplir un travail inverse sans qu'il soit toujours possible d'en bien saisir la raison; le même auteur, qui a disloqué et divisé une espèce ancienne, rassemble, sous le même nom spécifique, des formes que, par tradition, l'on est habitué à considérer comme distinctes.

Ces deux tendances opposées correspondent à deux méthodes scientifiques que l'on retrouve dans toutes les sciences, l'analyse et la synthèse.

Mais si l'analyse peut être guidée dans ses recherches par des considérations générales qui appartiennent à la synthèse, elle ne doit pas moins précéder cette dernière, et celle-ci ne peut avoir de base solide que si elle a à sa disposition un grand nombre de faits exactement constatés.

C'est pour cela qu'il ne faut pas trop se plaindre de la multiplication des espèces et des genres; en précisant avec soin les diverses formes, en étudiant leurs groupements au point de vue des affinités, en recherchant leur distribution dans le temps et dans l'espace, l'observateur amasse des matériaux qui permettront plus tard d'accomplir un travail de synthèse encore impossible aujourd'hui, et grâce auquel on arrivera à reconstituer avec certitude l'ordonnance de l'édifice de la création.

Toutefois, s'il est utile de définir dans une série de formes variées, ayant vécu à la même époque et se reliant les unes aux autres, un certain nombre de types servant de points de repère, il n'y a aucun avantage à élever ces derniers au rang d'espèces, et c'est pour cela que j'ai cru devoir adopter, quand l'occasion s'est présentée, la nomenclature trinominale, afin de mettre en évidence les liens qui rattachent les unes aux autres des formes qui ne sont manifestement que des variétés d'un même type.

Il est facile d'arriver à ce résultat quand on possède un nombre d'échantillons suffisant pour réunir deux formes extrêmes par une chaîne continue d'individus intermédiaires. Cependant, même en dehors de ce cas, on peut encore établir l'équivalence spécifique en se basant sur les corrélations qui existent entre les divers caractères employés pour la détermination des espèces; il suffit pour cela de rechercher comment la variation de l'un d'eux dans un certain sens entraîne nécessairement celle des autres dans un sens déterminé. On sera ainsi en droit de conclure à l'identité spécifique de deux formes sans avoir nécessairement sous les yeux tous les intermédiaires qui les relient.

Les caractères par lesquels une ammonite est distinguée et définie sont basés sur la forme générale de la coquille et son ornementation, c'est-à-dire sur la forme des tours, celle de la spire d'enroulement, celle de l'ombilic, l'ornementation des tours, la force et la disposition des côtes et des tubercules qui s'y trouvent. A ces caractères on peut ajouter les suivants, qui ne sont pas toujours susceptibles d'être observés : la longueur de la chambre d'habitation, la forme de la bouche et le dessin des cloisons.

Les tours peuvent être plus ou moins épais ou comprimés, à section elliptique, subquadrangulaire, etc., à bord externe plus ou moins arrondi, ou tranchant (caréné), ou muni d'une quille plus ou moins nettement détachée des flancs, etc.

La forme et la grandeur de l'ombilic sont assez souvent considérées comme donnant de bons caractères; ceux qui sont basés sur la disposition des parois ombilicales, plus ou moins verticales ou inclinées et la manière plus ou moins nette dont elles se séparent des flancs, sont aussi fréquemment employés pour distinguer des types voisins.

Les données principales sur la forme générale de la coquille sont réunies dans un tableau numérique où l'on rapporte au diamètre total considéré comme égal à 100, la largeur de l'ombilic, la hauteur et l'épaisseur du dernier tour à ses deux extrémités.

Ces quantités sont alors disposées de la manière suivante, en prenant comme exemple l'échantillon de la planche XXXII :

Diamètre de l'échantillon	174^{mm}
Diamètre total	100
Diamètre de l'ombilic	23
Hauteur du dernier tour	46
Épaisseur du dernier tour	40
Hauteur de l'avant-dernier tour	23
Épaisseur de l'avant-dernier tour	21
Partie proportionnelle de l'avant-dernier tour recouverte par le dernier	3/4

Il me paraîtrait préférable, au lieu de rapporter toutes les dimensions de l'échantillon au diamètre total, de prendre comme terme de comparaison la hauteur du dernier tour. Les rapports des autres dimensions à celle-ci auraient l'avantage de faire ressortir plus nettement, au premier coup d'œil, la manière dont les tours s'enroulent, s'accroissent et se recouvrent. D'un autre côté, si l'échantillon examiné se trouvait être incomplet de manière à ne pas permettre la mesure du diamètre total, on se trouverait dans l'impossibilité d'établir pour lui un tableau comparatif comme celui que je viens de donner, tandis qu'avec le système que je propose la comparaison serait toujours possible, au moins avec un certain nombre des autres éléments. Les données numériques du tableau précédent se trouveraient alors présentées sous la forme suivante :

Diamètre de l'échantillon	174^{mm}
Hauteur du dernier tour	100
Épaisseur du dernier tour	86
Hauteur de l'avant-dernier tour	49
Épaisseur de l'avant-dernier tour	45
Diamètre total	214
Diamètre de l'ombilic	50
Recouvrement proportionnel de l'avant-dernier tour par le dernier	3/4

Du reste, dans le présent travail, je m'abstiendrai de donner ces tableaux numériques, parce qu'il sera toujours possible à chacun de les établir exactement d'après les figures qui ont été obtenues au moyen de clichés photographiques; elles donnent avec la plus grande précision les dimensions des échantillons, toutes les fois que ceux-ci n'ont pas subi de déformations.

Il est d'ailleurs bien évident, et je vais développer cette considération, que les données numériques fournies par les tableaux précédents n'ont qu'une valeur absolument relative; elles se rapportent à un individu donné pour une certaine grandeur de cet individu, mais, d'une manière générale, on peut s'attendre à ce qu'elles varient d'un échantillon à un autre et, pour chacun d'eux, suivant la taille à laquelle elles seront prises.

Une forme donnée d'ammonite présente, en effet, des caractères bien différents selon son degré de développement; non seulement la grandeur de l'ombilic peut varier avec l'âge, mais la forme générale et le mode d'ornementation éprouvent aussi des modifications importantes. Le bord externe, arrondi dans le jeune, deviendra tranchant plus tard, puis de nouveau arrondi à une taille plus grande encore. Les tours, comprimés dans le jeune, pourront être plus ou moins renflés dans l'adulte; la coquille, privée d'ornementation sur les premiers tours, sera ensuite costulée; les côtes, d'abord simples, pourront plus tard se subdiviser, s'orner d'épines ou de tubercules, etc. En un mot, les variations de la coquille, dans ses diverses périodes de développement, sont si considérables que souvent on aura beaucoup de peine à considérer au premier abord, comme appartenant au même exemplaire, les tours internes et les derniers tours d'une coquille. Qui pourrait reconnaître, par exemple, au premier coup d'œil, le jeune d'*Ammonites Woolgari* (Sharpe, *Fossil Molluska of the Chalk*, pl. XI, fig. 1) dans l'échantillon représenté même planche, fig. 2? Il semble d'ailleurs que les différences si prononcées qui existent fréquemment dans l'ornementation du jeune et de l'adulte se sont produites chez les ammonites de la fin de l'ère crétacée, d'une manière plus accusée encore que chez celles de l'ère jurassique.

Il y a là une source d'erreurs et de confusions qui ne peuvent être évitées que par l'examen d'un nombre suffisant de matériaux : ainsi, j'ai eu l'occasion de montrer ailleurs que Schlönbach, et avec lui la plupart des paléontologues, ont rattaché à tort à *Ammonites procerus* une série de formes adultes qui n'appartiennent même pas au groupe du type de Seebach défini par un individu jeune.

On peut donc dire qu'une forme donnée d'ammonite n'est complètement définie que si elle est bien connue dans ses diverses phases de développement, et je dois avouer que pour un bon nombre des espèces que je vais décrire, il existe à ce sujet une lacune regrettable, car la rareté relative des matériaux que j'ai eus à ma disposition ne m'a pas permis de pouvoir observer, pour toutes, les divers stades de l'évolution. Peut-être plus tard, la découverte de nouveaux échantillons amènera-t-elle à considérer comme appartenant au même type spécifique des espèces que je crois devoir distinguer.

Une forme donnée présente donc une série de stades, ou périodes de développement, dans chacun desquels elle possède des caractères spéciaux et souvent fort différents les uns des autres ; d'ailleurs, il est tout naturel d'admettre que parmi les individus se rattachant à un même type, il en est qui atteignent une taille plus ou moins considérable, tandis que d'autres restent nains. Ainsi, taille et degré de développement sont deux choses absolument distinctes et, par conséquent, deux échantillons donnés ne doivent pas être comparés à la même taille, mais dans la même période de développement.

Examinons donc comment, dans un même stade, les formes se rattachant à un même type spécifique peuvent varier dans leurs divers caractères.

Le premier trait qui frappe, c'est qu'à côté d'individus plus ou moins plats, plus ou moins comprimés, il s'en trouve d'autres plus ou moins renflés qui se rattachent incontestablement au même type, ainsi qu'on peut le voir dans bien des cas, lorsque l'on a suffisamment d'échantillons à sa disposition.

Les exemples de ces variétés plates ou renflées sont nombreux et présents à l'esprit pour certaines espèces bien connues, telles qu'*Ammonites macrocephalus*, *Am. varians*, etc. On a voulu voir dans ces différences une relation de sexe, et beaucoup de paléontologues attribuent les variétés à tours comprimés aux individus mâles, et les variétés à tours épais aux femelles. Cette opinion a contre elle ce fait qu'il existe tous les intermédiaires entre les variétés extrêmes.

A ces modifications dans la forme générale des tours correspondent toute une série de changements.

En premier lieu, on peut remarquer que dans un type spécifique les individus ont l'ombilic d'autant plus étroit que les tours sont plus comprimés; *Ammonites varians* et *Am. Coupéi*, *Am. cordatus* et ses variétés en fournissent de bons exemples.

En même temps que l'ombilic devient plus petit, il devient aussi proportionnellement plus profond et prend une forme analogue à celle d'un entonnoir.

La section des tours varie elle-même suivant leur degré de renflement ou de compression; le bord externe est d'autant plus pincé que les tours sont plus élevés, c'est-à-dire que l'ombilic est plus étroit.

L'ornementation de la coquille subit des modifications correspondantes; sur les individus à tours renflés, elle est moins serrée, plus saillante et plus vigoureuse que sur les individus à tours comprimés : c'est ce que montrent bien les exemples déjà cités, et en particulier *Ammonites varians* et sa variété *Am. Coupéi.*

D'après ces premières données, on voit combien sont peu solidement établies les distinctions spécifiques, concernant des formes voisines, basées uniquement sur la largeur de l'ombilic, le nombre des côtes, etc., lorsqu'on ne possède pas un nombre suffisant d'exemplaires pour démontrer que les variétés de l'une et de l'autre ne sont pas semblables quand, à taille égale, elles possèdent la même largeur d'ombilic.

La forme de la bouche constitue évidemment un caractère important, mais qui n'est que fort rarement observable. D'ailleurs, cette forme peut varier assez notablement avec l'âge; ainsi, dans les jeunes d'*Ammonites subradiatus* le péristome est muni de deux languettes latérales, tandis que chez les adultes il est beaucoup plus simple et limité par une ligne falculiforme. C'est d'ailleurs une règle qui paraît pouvoir être généralisée, et l'on peut dire que chez les adultes d'une même espèce la forme de l'ouverture est toujours beaucoup plus simple que chez les jeunes [1].

La longueur de la chambre d'habitation varie d'une manière notable dans les diverses espèces d'ammonites, mais c'est un caractère qu'on a assez rarement l'occasion d'observer et qui n'a de valeur que pour la coordination des diverses formes en genres distincts.

Les cloisons donnent également d'excellentes indications : de Buch puis d'Orbigny ont montré tout le parti que l'on pouvait en tirer et, dans ces derniers temps, l'attention s'est de nouveau portée sur ce caractère. Dans une note récente (*Bull. Soc. géol. de France*, 3e série, XVIII, 1890, p. 275), M. Douvillé, se basant sur les données fournies par l'examen des lobes et des selles pour un certain nombre d'espèces de la craie, a fait voir qu'on avait jusqu'à

[1] Depuis la rédaction de ce mémoire, M. Munier-Chalmas a émis l'opinion que dans les ammonites les mâles seraient représentés par des individus toujours plus petits que les femelles, et qu'ils seraient en particulier caractérisés par la présence d'un péristome muni d'apophyses jugales, c'est-à-dire de deux prolongements latéraux (*Compte rendu sommaire des séances de la Soc. géol. de France*, 5 déc. 1892). Cette opinion, étayée sur des considérations du plus haut intérêt, me paraît fort plausible, mais je n'en persiste pas moins à croire que, règle générale, dans la même espèce le péristome se simplifie avec l'âge.

IMPRIMERIE NATIONALE.

ce jour méconnu leurs affinités réelles et leur a restitué leur place véritable dans la classification.

Toutefois, malgré l'importance des renseignements fournis par ce caractère, il ne faut pas s'en exagérer la valeur; il ne constitue pas toujours un guide sûr et infaillible, ou plutôt il exige dans son emploi beaucoup de discernement et de perspicacité, puisque c'est en se basant sur l'étude des cloisons que l'on a successivement rattaché certaines ammonites de la craie à selles et lobes relativement simples, d'abord aux *Ceratites* du trias, puis aux *Amalthéidés,* et il a fallu toute la critique judicieuse du savant professeur de l'École des mines pour montrer les erreurs commises.

Il est d'ailleurs certain que le dessin des cloisons peut varier plus ou moins pour les formes se rattachant à un même type spécifique, mais, faute d'études suffisantes, nous ne sommes pas encore en mesure de connaître exactement entre quelles limites ces modifications se produisent. Sur un même individu, ce dessin, en tenant compte d'ailleurs de la multiplication des ramifications, ne reste pas absolument semblable à lui-même, et le travail de M. Nicklès (*Mém. Soc. géol. de France,* I. *Contributions à la paléontologie du sud-est de l'Espagne*), dans lequel les cloisons d'un certain nombre d'ammonites ont été l'objet d'une étude fort approfondie, nous fournit sur ce sujet des indications d'un grand intérêt. On y voit, comme je l'ai déjà fait remarquer ailleurs, que deux cloisons successives présentent parfois des différences assez notables, que le degré d'évolution des cloisons varie d'un échantillon à un autre, bien plus, que sur une même cloison l'évolution peut être plus avancée d'un côté que de l'autre.

Cette dernière constatation a une grande importance : elle montre que l'on peut admettre dans un même groupe des espèces à cloisons très ramifiées et d'autres à cloisons très simples, ayant conservé par exemple le stade goniatite.

L'examen des cloisons, en fournissant de nouveaux termes de comparaison, est susceptible, dans certains cas, de prêter un secours puissant pour l'étude de diverses formes. Ainsi, il existe divers groupes chez lesquels la forme générale et le mode d'ornementation varient excessivement peu, même pour des espèces appartenant à des époques très éloignées : tels sont, par exemple, la plupart des *Phylloceras.* Nous verrons qu'il en est de même pour les espèces du genre *Sphenodiscus* que l'on retrouve sensiblement identiques comme aspect extérieur dans divers étages du système crétacé ; les caractères de leurs cloisons permettront de les séparer assez facilement les unes des autres.

Il nous reste à dire quelques mots sur la manière dont se déroulent les diverses périodes de développement d'une ammonite, au point de vue de sa forme générale et de son ornementation; j'ai déjà indiqué que sous ce rapport la taille ne donne aucune indication et que deux échantillons de mêmes dimensions ne correspondent pas toujours au même stade. J'ajouterai seulement qu'il résulte pour moi de l'examen de nombreuses séries d'individus, appartenant au même gisement et se rattachant les uns aux autres par une succession continue de formes intermédiaires, que la marche de l'évolution peut varier notablement d'un individu à un autre, résultat analogue à celui que M. Nicklès a fait ressortir pour ce qui concerne les cloisons.

Les divers stades d'ornementation auront donc, suivant les individus, des durées fort différentes : tantôt les premiers stades persisteront fort longtemps et occuperont un grand nombre de tours, tantôt, au contraire, ils se concentreront sur les premiers. A ce point de vue, différent de celui que j'ai considéré précédemment, on peut dire que l'espèce se manifeste à un moment donné par une extraordinaire richesse de formes. Mais l'étude de ce sujet m'entraînerait ici trop loin; je me propose d'y revenir ailleurs, et il serait du reste assez difficile de trouver dans les matériaux fournis par le terrain crétacé un nombre d'exemples suffisant pour mettre ce fait en relief.

Cependant, nous ne serons pas sans en rencontrer quelques-uns, et je citerai en particulier *Barroisia Haberfellneri* et *Placenticeras syrtale.*

Si toutes les espèces qui gravitent autour d'un même type doivent être considérées comme appartenant à une même espèce géologique lorsqu'elles habitent la même couche ou des couches contemporaines, il n'en est plus de même lorsqu'elles ont vécu à des époques différentes; dans ce dernier cas, le stratigraphe a un grand intérêt à rechercher et à préciser les caractères qui permettent de les distinguer et de constituer avec elles de nouvelles espèces.

En d'autres termes, comme l'a depuis longtemps indiqué Waagen, il y a lieu de séparer, dans les variétés d'une même espèce *zoologique*, les variétés contemporaines ou *variations* et les variétés d'âge différent ou *mutations;* tandis que les premières resteront pour le stratigraphe de pures variétés, il élèvera les autres au rang d'espèces, d'espèces fictives, il est vrai, au point de vue purement zoologique, mais qui n'en seront pas moins précieuses pour lui, en lui permettant d'établir avec précision la chronologie des phénomènes géologiques.

Le mémoire que je présente ayant spécialement pour objet la description des ammonites de la craie supérieure de France, je ne me suis pas borné à décrire et à figurer les espèces nouvelles et à renvoyer pour les autres aux descriptions et aux figures antérieurement publiées soit en France, soit à l'étranger. J'ai tenu, au contraire, à représenter presque toutes les espèces de notre pays, pour permettre leur comparaison avec celles des autres régions; j'ai seulement laissé de côté les formes déroulées, à l'exception des *Scaphites*, parce que je n'ai pu en réunir un nombre d'échantillons assez grand pour arriver à en faire une étude satisfaisante.

Je tiens à exprimer ici toute ma reconnaissance à ceux de mes confrères qui m'ont si gracieusement communiqué les précieux documents que renfermaient leurs collections, MM. Arnaud, abbé Bontant (collection de l'abbé Bourgeois à l'École de Pontlevoy), Boreau-Lajanadie, Durand, Fallot, Joseph Jean, Kilian, Le Mesle, Mouret, Nicklès, Péron, Réjaudry, Savin, Sayn, Seunes, Toucas, ainsi qu'à MM. Douvillé, Fischer et Munier-Chalmas qui m'ont permis d'étudier les types renfermés dans les collections de l'École des mines, du Muséum d'histoire naturelle et du Laboratoire de géologie de la Sorbonne.

Je remercie aussi M. Douvillé pour les conseils qu'il a bien voulu me donner sur quelques points délicats, et M. Nicklès pour le concours qu'il m'a prêté, en reproduisant les cloisons de plusieurs petits échantillons intéressants, par le procédé photographique grâce auquel il a obtenu les beaux dessins que l'on trouve dans son mémoire sur la faune crétacée du sud-est de l'Espagne [1].

[1] Les autres dessins de cloisons insérés dans ce mémoire ont été empruntés partie à des ouvrages déjà parus (et dans ce cas l'indication de la source a toujours été donnée), ou ont été dessinés avec la loupe et la chambre claire, soit par M. Douvillé, soit par moi.

CLASSIFICATION

DES

AMMONITES DE LA CRAIE SUPÉRIEURE.

Les travaux de L. von Buch et de d'Orbigny ont depuis longtemps permis de répartir les espèces de la craie en un certain nombre de familles *Cristati, Tuberculati, Clypeiformes*, etc., dont quelques-unes correspondent assez exactement aux genres actuellement admis. Les recherches plus récentes de MM. Suess, Hyatt, Bayle, Neumayr, Uhlig, Zittel, ont montré comment, en se basant sur les caractères tirés de la forme extérieure, de l'ornementation, des lignes de suture, du bord buccal, de la dernière loge, des aptychus et anaptychus, on pouvait arriver à limiter avec plus de précision les divers genres et à grouper ceux-ci d'une manière naturelle.

Neumayr a publié sur la systématique des ammonites un important mémoire[1] qu'il reproduisit à peu près intégralement, quelques mois plus tard, dans une autre publication[2]; la seule modification introduite consiste dans la création du genre *Acanthoceras* pour des formes primitivement réunies au genre *Hoplites*.

La classification de Neumayr est établie sur des considérations génétiques; en suivant le développement chronologique des diverses formes, il cherche à montrer comment certains genres dérivent les uns des autres et arrivent à se séparer quand des modifications importantes se produisent dans leurs caractères.

Neumayr distingue dans les ammonites quatre grandes subdivisions.

I. Arcestidés. — Il n'existe dans cette famille que deux genres renfermant des ammonites de la craie, *Amaltheus* et *Schlönbachia*.

Dans le premier, Neumayr place une série de formes chez lesquelles la

[1] *Ueber Kreideammonitiden. Sitzungsber. d. Wien. Akad.* LXXI. 1875.

[2] *Die Ammoniten der Kreide und die Systematik der Ammonitiden. Zeitschrift d. deutsch. geol. Gesellschaft.* XXVII. 1875.

simplification du dessin de la ligne suturale paraît dériver du plan général des cloisons des *Amaltheidés* jurassiques (*Am. Requieni, Am. Robini*) et une autre série chez lesquelles la multiplicité des lobes provient de la différenciation des lobules du premier lobe latéral des *Amaltheus* typiques (*Am. syrtalis, Am. placenta, Am. pedernalis, Am. Vibrayei*, etc.).

Le second comprend toutes les formes carénées de la craie, telles que *Am. varians, Am. cristatus, Am. Bravaisi, Am. Fleuriausi, Am. Haberfellneri, Am. inflatus, Am. Margæ, Am. subtricarinatus, Am. texanus*, etc.

II. Tropitidés. — Cette famille ne renferme aucune espèce crétacée.

III. Lytoceratidés. — Les *Lytoceratidés* comprennent les *Lytoceras* et les *Phylloceras*, dont les représentants dans le système infracrétacé et le système crétacé sont encore nombreux : Neumayr y rattache un certain nombre de formes déroulées, *Hamites, Baculites* et *Turrilites*.

IV. Aegoceratidés. — Avec les trois subdivisions : A. *Aegoceratinés;* B. *Harpoceratinés;* C. *Stephanoceratinés*.

La première ne renferme pas d'ammonites crétacées; dans la seconde se trouve le genre *Haploceras* créé par M. le docteur Zittel pour un ensemble de formes affines des *Oppelia*, appartenant au jurassique moyen et supérieur. Neumayr y rattache les espèces de la craie supérieure, les *Ligati* de d'Orbigny, pour lesquelles on a plus tard créé le genre *Pachydiscus*: *Am. galicianus, Am. gollevillensis, Am. neubergicus*, etc.

La subdivision des *Stephanoceratinés* est composée avec les genres *Stephanoceras, Cosmoceras* et *Perisphinctes* à peu près limités au jurassique, et les *Holcostephanus, Hoplites, Acanthoceras* et *Stoliczkaia* spéciaux au système infracrétacé et au système crétacé.

Neumayr rattache encore *Ammonites radiatus* et *Am. Leopoldi* aux *Perisphinctes*.

Il considère les *Holcostephanus*, dont *Am. Astieri* est la forme la plus typique, comme dérivant des *Perisphinctes* et prenant leur origine partie dans l'Inde (*Am. Cautleyi*, Opp.) et partie dans les mers boréales (*Am. diptychus*, Keys.).

Les *Hoplites* dériveraient aussi des *Perisphinctes* et en particulier du groupe de *Am. polyplocus* et *Am. involutus*.

Les *Acanthoceras* et les *Stoliczkia* seraient issus des *Hoplites;* les premiers se rattacheraient à *Hoplites abscissus* et les seconds à *Hoplites Dutemplei.*

Les considérations développées par Neumayr ont été adoptées à peu près intégralement jusqu'à ce jour, et c'est tout récemment que M. Douvillé[1] a montré, en s'appuyant sur l'étude des cloisons, que l'on avait réuni à tort dans certains groupes des formes absolument hétérogènes. Ce travail présente donc une grande importance pour la question générale de la classification des ammonites de la craie.

S'attachant en particulier à ces formes qui, en raison de la simplicité de leurs cloisons, ont été pendant longtemps rapprochées des cératites du trias, M. Douvillé fait voir que c'est avec raison qu'on les a séparées en deux groupes, l'un caractérisé par une ligne suturale réduite, l'autre par un grand nombre de selles et de lobes. Le premier groupe a été rapporté au genre *Buchiceras*, Hyatt; mais celui-ci a comme type *Buchiceras bilobatum*, Hyatt, espèce non figurée, dont les selles sont dentelées et les lobes anguleux, tandis que les formes *Ewaldi-Tissoti* sont, au contraire, caractérisées par des selles larges à contours arrondis et des lobes élargis à leur partie inférieure, qui est seulement denticulée. Il faut chercher ailleurs les analogies de ces dernières, et M. Douvillé fait remarquer que certaines espèces du néocomien d'Alcoy, appartenant aux *Pulchellia*, Uhlig, présentent le même plan général des cloisons.

M. Douvillé propose, en conséquence, le nom générique de *Tissotia* pour le groupe *Ewaldi-Tissoti*, en prenant comme espèce type *Tissotia Tissoti.*

Près des *Tissotia* et des *Pulchellia* viennent encore se placer, en raison de la similitude du plan des cloisons, les genres *Neolobites*, Fischer, et *Stoliczkaia*, Neumayr.

Passant au second groupe des soi-disant cératites de la craie, M. Douvillé montre par une série d'exemples que les *Sphenodiscus* et *Placenticeras* doivent se ranger à côté des *Sonneratia* et des *Hoplites.*

M. Douvillé termine son important travail en signalant l'hétérogénéité du genre *Schlönbachia* qui renferme des formes appartenant à des branches très distinctes; en particulier, *Am. texanus* (type du genre *Mortoniceras*) et *Am. inflatus* se rapprochent de certains *Acanthoceras*, tandis qu'*Ammonites varians*, par ses lobes trifurqués et l'ornementation de ses flancs, doit être rattaché aux

[1] *Classification des Cératites de la craie*, 1890. (*Bull. Soc. géol. de France*, 3e, XVIII, p. 275.)

Hoplitidés. Il propose, en conséquence, de prendre *Am. varians* comme type du genre *Schlönbachia*.

De même *Acanthoceras* renferme une série de formes *Martini-mamillaris* caractérisées par un lobe large et anguleux, tandis que la plupart des autres *Acanthoceras* rappellent les Pulchelliidés par le type de leurs cloisons, où l'on reconnaît une tendance à la bifurcation des lobes.

M. Douvillé a appliqué ces considérations dans son cours de paléontologie, professé à l'École des mines, et il range les espèces de la craie dans les familles suivantes :

Phylloceratidés. — Cette famille comprend les *Phylloceras*, déjà bien caractérisés dans le trias, à côté desquels M. Douvillé place les *Puzosia* (= *Desmoceras*).

Lytoceratidés. — Avec le seul genre *Lytoceras*.

Acanthoceratidés. — Les flancs sont ornés de côtes simples, bifurquées ou intercalées, présentant deux rangées de tubercules principaux épineux et presque toujours d'autres rangées de tubercules supplémentaires. On peut y distinguer les genres :

Acanthoceras comprenant deux groupes de formes, le premier dans lequel les côtes sont interrompues ou déprimées sur la ligne siphonale, le second caractérisé par la présence d'une rangée de tubercules impairs.

Prionocyclus avec côtes s'infléchissant en avant dans la région ventrale ; la ligne siphonale est marquée par une suite de tubercules aplatis.

Mortoniceras avec ornementation analogue à celle des genres précédents ; la ligne siphonale est ornée d'une quille tranchante et continue.

Hoplitidés. — Les côtes sont fortement infléchies en avant, surtout dans le voisinage de la région ventrale, et elles convergent en faisceaux soit vers des tubercules ombilicaux, soit vers des tubercules placés vers le milieu des flancs. Les cloisons ont des lobes nettement trifides dès le jeune âge, tandis qu'ils sont arrondis dans les jeunes *Acanthoceratidés*.

Elle comprend les genres :

Hoplites dans lequel les côtes arrivent obliquement sur la région ventrale et s'interrompent avant d'atteindre la ligne siphonale en se surélevant et en donnant naissance à un tubercule oblique; la région ventrale est ainsi bituberculée et paraît souvent comme tronquée.

Placenticeras. — Côtes latérales peu marquées et se réduisant souvent à deux rangées de tubercules allongés; les deux rangées de tubercules externes sont bien marquées sur la région ventrale, qui est tronquée.

Schlönbachia avec la même ornementation que les *Hoplites*, mais en outre une carène sur la ligne siphonale.

Sonneratia. — Côtes non interrompues sur la ligne siphonale et dessinant sur la région ventrale, arrondie ou tranchante, une série de chevrons plus ou moins arrondis et infléchis en avant.

Sphenodiscus. — Tours à section ogivale. Ce genre dérive du précédent de la même manière que les *Placenticeras* dérivent des *Hoplites* par l'élargissement du premier lobe latéral.

Pachydiscus. — Ornementation presque identique à celle des *Sonneratia.*

Pulchelliidés. — Les tours souvent larges et l'ombilic étroit rappellent les *Placenticeras*, tandis que les cloisons, à éléments moins nombreux, rappellent celles des *Acanthoceratidés* à carène ou tubercules siphonaux. Cette famille comprend les genres :

Pulchellia. — Région ventrale bituberculée; flancs ornés de côtes infléchies en avant et souvent larges et épaisses.

Mammites. — Sur les flancs, côtes larges, épaisses, souvent peu distinctes, se terminant chacune par un fort tubercule latéral duquel partent une ou deux côtes externes aboutissant à une double rangée de tubercules externes.

Stoliczkaia. — Côtes fines, embrassantes, fasciculées ou intercalées, traversant la région ventrale, qui est arrondie.

Tissotia. — Région ventrale carénée; cloisons très simples et souvent analogues à celle des cératites, mais elles s'en distinguent par la présence d'un lobule au milieu de la selle externe.

Cet exposé montre combien les idées de M. Douvillé diffèrent du système développé par Neumayr. Il faut bien reconnaître que la recherche des

IMPRIMERIE NATIONALE.

affinités des diverses espèces d'ammonites présente d'autant plus de difficultés qu'il nous est encore impossible le plus souvent de savoir comment dérivent les unes des autres les diverses formes qui ont peuplé successivement les mers des temps géologiques. On voit, par exemple, apparaître à diverses époques des types nouveaux qui n'ont aucune parenté avec ceux qui habitaient précédemment la même région; ces nouvelles formes proviennent sans aucun doute de l'immigration d'espèces étrangères dont l'arrivée coïncide avec l'ouverture de communications directes entre des bassins marins précédemment séparés. Les lacunes qui existent encore dans nos connaissances paléontologiques d'une grande partie du globe ne nous permettent donc pas de suivre dans le temps les différenciations successives d'un même type.

D'autres difficultés viennent s'ajouter à celle-ci et plus particulièrement la rareté des matériaux d'étude.

Prenons par exemple *Ammonites Goweri* du callovien inférieur. La forme adulte de cette espèce rappelle tout à fait par son aspect extérieur un *Cœloceras*, par exemple *C. linguiferum*, qui habite un niveau un peu inférieur. Si l'on peut casser les échantillons et obtenir les tours internes, on voit alors apparaître une forme et une ornementation qui indiquent l'attribution de cette espèce au genre *Cosmoceras;* le bord externe présente un méplat sur lequel les côtes passent droites et normales, tout à fait comme chez *Ammonites calloviensis*, *Am. Duncani* et comme aussi chez *Am. niortensis*, *Am. Garanti*, *Am. longovicensis* et *Am. Jason;* mais chez ces derniers le méplat ventral est bien plus étroit, et sur cette partie les côtes sont d'ordinaire à peu près complètement effacées. Lorsque l'on connaît les adultes des espèces précédentes, on observe, dans la forme et l'ornementation, la série de modifications qui font passer le jeune d'*Am. Goweri*, à caractères de *Cosmoceras* bien accusés, à la coquille adulte ayant l'apparence d'un *Cœloceras;* le méplat ventral disparaît, le bord externe devient arrondi et ne conserve plus trace des arêtes latérales qui limitaient le méplat médian; en même temps les côtes passent régulièrement sur le bord externe arrondi. En un mot, la coquille a alors perdu tous les caractères extérieurs par lesquels on caractérise d'ordinaire les *Cosmoceras;* de même les adultes d'*Am. niortensis* et *Am. Garanti* sont bien différents des types habituels que l'on trouve dans les collections et qui sont représentés dans les ouvrages de paléontologie.

En résumé, comme je l'ai déjà dit plus haut, chaque espèce, lorsqu'elle arrive à son dernier terme de développement, a passé par une série de stades dans chacun desquels la forme et l'ornementation ont eu des caractères spéciaux; ceux-ci sont parfois si différenciés, que deux individus de la même espèce, à deux stades différents, seraient naturellement considérés comme appartenant à deux espèces bien distinctes, si l'on ne connaissait pas d'avance les variations successives propres à cette espèce. Réciproquement, deux individus présentant une grande analogie comme aspect extérieur peuvent appartenir réellement à deux espèces différentes et même à deux genres différents.

Il est donc certain que pour apprécier les affinités réelles de deux espèces, il faudrait pouvoir étudier d'une manière complète l'évolution de leur forme et de leur ornementation; pour les ammonites de la craie supérieure, en particulier, cette recherche est le plus souvent impossible en raison de la pénurie des matériaux dont le paléontologue peut disposer. C'est en pareil cas que l'importance des cloisons se fait sentir, et ce caractère, qui vient d'ordinaire s'ajouter simplement aux autres, acquiert alors une valeur prédominante.

Reprenons le cas d'*Ammonites Goweri*, dont nous avons seulement en main un échantillon adulte. Par son aspect extérieur, il semble appartenir au genre *Cœloceras;* mais si nous pouvons examiner ses cloisons, nous verrons qu'elles n'ont aucune analogie avec celles de ce genre et nous reconnaîtrons, au contraire, leur similitude avec celles des autres *Cosmoceras*.

On voit quel secours peut prêter l'étude de la ligne suturale dans la recherche des affinités véritables des diverses espèces, surtout lorsque l'on ne connaît pas, pour chacune d'elles, l'évolution complète de la forme et de l'ornementation.

Aussi ne puis-je qu'adhérer complètement aux idées émises par M. Douvillé sur cette question, et je reproduis textuellement le passage le plus saillant de sa note :

« Il nous reste à examiner les caractères tirés de la forme des cloisons. Ceux-ci ont une grande importance dès l'origine du groupe des ammonites, puisqu'ils sont à peu près exclusivement employés pour le classement des formes les plus anciennes ou goniatites. Ici les cloisons sont relativement simples; leur plan général, c'est-à-dire la disposition et la forme des selles et des lobes, est facile à observer et à définir.

« Il n'en est pas de même pour les ammonites, où les cloisons sont souvent d'une complication extrême. Mais si l'on réfléchit que dans le jeune âge les cloisons sont tout à fait comparables à celles des Goniatites, rien ne s'opposerait en réalité à ce qu'on appliquât aux ammonites jeunes le même mode de classement qui a donné de bons résultats pour les Goniatites. Nous croyons qu'on obtiendra ainsi des résultats d'une haute importance en poursuivant jusqu'au stade goniatite les belles recherches entreprises, il y a quelques années, par Branco, sur les premières phases du développement des ammonites; à ce moment et un peu après, quand la cloison commence à se subdiviser, son plan général n'est pas encore masqué par la complication des découpures des lobes et des selles : il peut fournir des caractères d'une grande netteté et de nature à jeter une vive lumière sur les affinités et les origines des divers groupes d'ammonites.

« Du reste on peut affirmer dès maintenant que, malgré leur plus ou moins grande complication, l'unité de composition des cloisons est nettement perceptible dans tous les groupes vraiment naturels; ainsi on reconnaît tout de suite un *Phylloceras* à la terminaison en forme de feuille arrondie des éléments de ses cloisons; les cloisons des *Lytoceras* sont tout aussi reconnaissables à leurs selles et à leurs lobes profondément bilobés. Il suffit de feuilleter les beaux mémoires de Mojsisovics pour être frappé de l'uniformité des cloisons non seulement dans un même genre (*Arcestes, Joannites, Cladiscites*), mais encore dans une même famille (*Ceratitidæ*).

« Cette unité de plan est d'autant plus facile à saisir et surtout à définir, que la cloison est moins découpée; généralement cette forme simple ne peut s'observer que dans le jeune âge; de là, l'importance du stade goniatite, sur laquelle nous avons insisté déjà. »

Les considérations qui précèdent font ressortir la difficulté d'établir dans les ammonites des genres bien naturels; le plus souvent ceux qui ont été faits sont beaucoup trop vastes et composés alors d'éléments hétérogènes; tels sont *Amaltheus, Harpoceras, Haploceras, Acanthoceras, Schlönbachia*, etc. A tous points de vue, il est préférable de pousser l'analyse jusqu'à ses dernières limites et de créer des genres parfaitement homogènes, réduits même à n'être que ce que Waagen appelait *une bonne espèce.* De la sorte, on évitera des erreurs comme celles qui ont été déjà commises, et cette analyse approfondie permettra plus tard de refaire la synthèse sur des bases solides, et de coordonner les subdivisions trop restreintes en genres et en familles bien conformes aux affinités véritables. Il faut, comme l'a dit M. Douvillé, que chaque division ne soit pas une sorte de fagot composé avec des morceaux pris de tous les côtés, rendant toute reconstitution impossible tant que le fagot n'aura pas été défait. « Malheureusement, en ce qui concerne les ammonites, il est à craindre qu'il n'y ait encore plus d'un fagot à défaire, plus d'un genre hétérogène à démembrer. »

Ne craignons donc pas de pousser l'analyse trop loin, si nous voulons rendre possible une reconstitution sérieuse; je tiens qu'il est plus utile d'établir un genre bien homogène, même restreint, que de constituer un groupe trop vaste avec des membres étrangers les uns aux autres.

DESCRIPTION DES ESPÈCES.

FAMILLE DES ACANTHOCERATIDÉS.

Je réunis provisoirement en un même groupe l'ensemble des formes que M. Douvillé a séparées en deux familles : les *Acanthoceratidés* et les *Pulchelliidés*. Il existe entre elles des relations tellement étroites et intimes, que, dans la famille des *Pulchelliidés*, les espèces du genre *Mammites*, par exemple, me paraissent, sous le rapport de la forme et de l'ornementation, aussi bien qu'au point de vue du plan général des cloisons, se rapprocher beaucoup plus de certains *Acanthoceras* que des espèces du genre *Tissotia*.

Dans l'impossibilité d'établir, d'une manière satisfaisante, deux séries bien distinctes, je crois qu'il convient, jusqu'à nouvel ordre, de constituer avec toutes ces formes un seul groupe, bien distinct de celui des *Hoplitidés* par le plan général des cloisons : les lobes y sont larges et arrondis ou nettement bifurqués, tandis que, dans cette dernière famille, ils sont terminés en pointe.

De cette manière, une grande partie des formes de la craie supérieure rentrent dans deux familles naturelles bien tranchées : les *Acanthoceratidés* et les *Hoplitidés*. Peut-être sera-t-il possible plus tard d'établir dans l'une comme dans l'autre des subdivisions rationnelles, en se basant soit sur les détails du plan des cloisons, soit sur l'évolution de la forme et de l'ornementation; mais pour le moment la rareté des matériaux paléontologiques, qui sont à la disposition des géologues pour l'étude des céphalopodes de la craie supérieure, ne permet pas de pousser ces recherches aussi loin qu'il serait désirable.

Cependant, c'est seulement par la comparaison des stades successifs de ces deux caractères que l'on pourrait arriver à établir les relations véritables existant entre des individus adultes dont la forme et l'ornementation présentent des différences accentuées, au fond, peut-être plus apparentes que réelles.

Je me borne donc à donner ici le dessin des cloisons d'une série d'espèces appartenant à la famille des *Acanthoceratidés*.

A l'exception des *Ammonites mamillaris* et *Am. Martini*, d'ordinaire rattachés aux *Acanthoceras*, mais dont les cloisons appartiennent à un tout autre

Fig. 1.

Am. Martini (gros. = 3).

Fig. 2.

Am. mamillaris (gros. = 2).

Fig. 3.

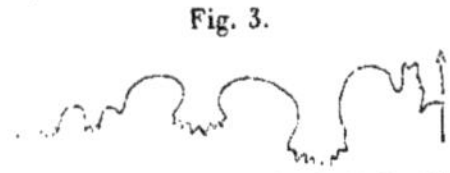

Am. Tissoti, d'après Douvillé, *B. S. G. F.* 3ᵉ, XVIII, p. 282.

Fig. 4ᵃ.

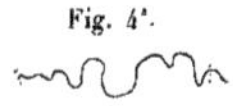

Fig. 4ᵇ.

Fig. 4ᶜ.

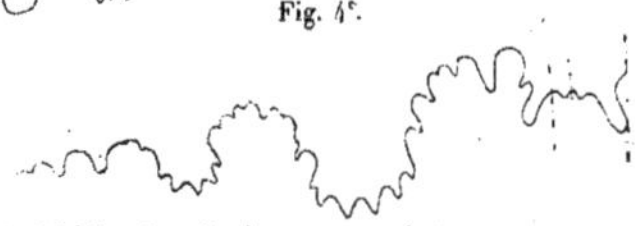

Am. compressissimus (gros. = 6), d'après Nicklès. *Contributions*..... p. 8 et 9.
4ᵃ Cloisons au diam. de 5ᵐᵐ. — 4ᵇ Cloisons au diam. de 10ᵐᵐ. — 4ᶜ Cloisons au diam. de 13ᵐᵐ,5.

Fig. 5.

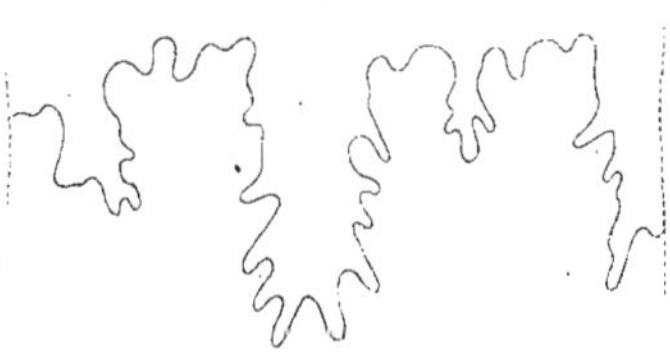

Am. Bourgeoisi (gros. = 4).

Fig. 6.

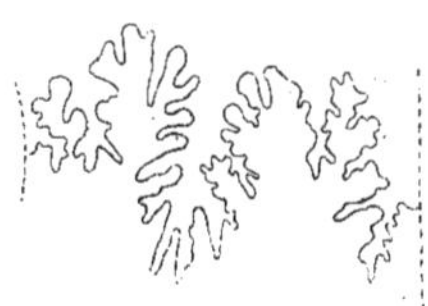

Am. Moureti (grand. natur.).

Fig. 7.

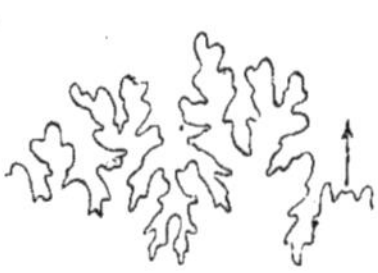

Am. dispar (gros. = 2), d'après Douvillé, *B. S. G. F.* 3ᵉ, XVIII, p. 282.

Fig. 8.

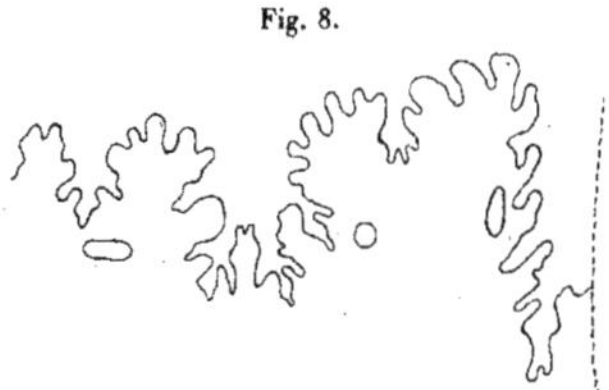

Am. rhotomagensis (gros. = 2), d'après un échantillon de Rouen.

type que celui des autres espèces, on remarquera dans l'ensemble précédent plusieurs caractères communs assez importants. Les lobes y sont assez larges, arrondis ou à terminaison paire; les selles, beaucoup plus larges que les lobes, présentent beaucoup d'analogies avec eux, et le plus souvent elles sont subdivisées en deux parties par un lobule.

On constatera en outre quelques différences : ainsi, certaines espèces ont leur ligne suturale réduite à un petit nombre d'éléments (*Am. rhotomagensis*, *Am. Bourgeoisi*, ...), tandis que dans les autres elle est beaucoup plus développée (*Am. compressissimus*, *Am. Tissoti*, ...). D'autre part, on peut distinguer dans ces cloisons une série dans laquelle l'extrémité des lobes est simplement arrondie, dentelée ou digitée (*Am. compressissimus*, *Am. Bourgeoïsi*, ...), et une autre dans laquelle cette extrémité présente une petite selle accessoire assez développée (*Am. Revellierei*) ou est constituée par une fourche bien caractérisée (*Am. rhotomagensis*, *Am. dispar*, *Am. Moureti*, ...).

Dans l'incertitude où nous sommes encore sur le mode d'évolution des cloisons aux divers âges des individus d'une même espèce et sur les limites plus ou moins étendues entre lesquelles se trouvent comprises leurs variations possibles, je signale simplement ces diverses particularités sans y rechercher la base d'une division de ce grand groupe en deux ou plusieurs familles : elles permettront cependant d'y établir une série de genres assez homogènes.

Je vais passer ceux-ci successivement en revue en commençant par ceux dont les espèces ne se rencontrent pas dans l'étage sénonien et me limitant pour eux à quelques indications rapides.

Genre PULCHELLIA. Uhlig, *emend.*, Douvillé.

Ce genre a été créé en 1883 par M. le docteur Uhlig (*Die Cephalopoden der Wernsdorfer Schichten. Denkschriften. d. k. k. Akad. d. Wissenschaft.*).

A l'exemple de M. Douvillé, je n'y comprends que les formes à bord externe tronqué, bicaréné ou limité par une double rangée symétrique de tubercules situés à l'extrémité des côtes qui ornent les flancs. Ces côtes sont larges, épaisses, flexueuses et obliques en avant.

Les cloisons, formées d'éléments assez nombreux, sont caractérisées par une première selle latérale arrondie, subdivisée par un lobule, et par un premier lobe latéral arrondi, denticulé, élargi vers son sommet en forme de spatule. Comme l'a fait remarquer M. Nicklès, dans son mémoire sur les céphalopodes du terrain crétacé du sud-est de l'Espagne, dans le jeune âge, c'est-à-dire chez les individus ayant seulement 1 ou 2 millimètres de diamètre, les cloisons des *Pulchellia* se présentent sous un aspect uniforme.

Je prends comme type de ce genre *Pulchellia compressissima* du néocomien et je reproduis ci-dessous les dessins de cloisons de cette espèce donnés par M. Nicklès.

Fig. 9^a.

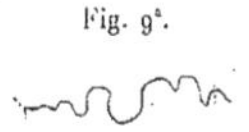

Fig. 9^b.

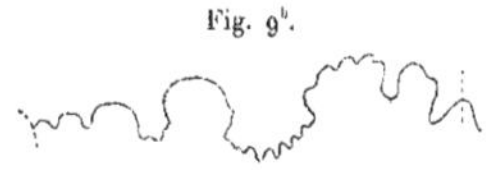

Fig. 9^c.

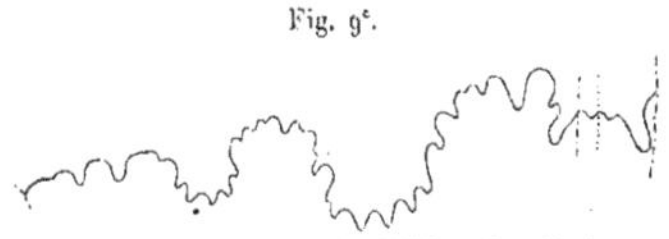

Pulchellia compressissima (gros. = 6), d'après Nicklès, *Contributions*..... p. 8 et 9.
9^a Cloisons au diam. de 5^{mm}. — 9^b Cloisons au diam. de 10^{mm}. — 9^c Cloisons au diam. de $13^{mm},5$.

Les diverses espèces de *Pulchellia* paraissent cantonnées dans l'étage néocomien (*s. l.*) : *Pulchellia galeata*, *P. compressissima*, *P. Didayi*.

Genre STOLICZKAIA. Neumayr.

Ce genre, créé par Neumayr (1875), a pour type *Ammonites dispar*, d'Orb. Le bord externe est arrondi et les côtes passent sur la région ventrale sans s'y interrompre.

Ici les cloisons sont plus élancées et plus découpées que dans le genre précédent : les selles et les lobes sont bifurqués et on distingue à l'extrémité du premier lobe latéral une petite selle médiane assez développée, comme le montre la cloison de *Stoliczkaia gardonica*, dessinée par M. Douvillé (1890, *Classification des Cératites, Bul. Soc. géol. de France*, 3ᵉ série, t. XVIII, p. 275); ce savant regarde d'ailleurs cette espèce comme étant le jeune de *St. dispar*.

Fig. 10.

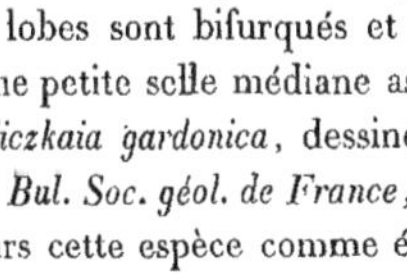

Stoliczkaia dispar (gros. = 2), d'après Douvillé, *B. S. G. F.* 3ᵉ, XVIII, p. 282.

Ce genre caractérise principalement l'étage cénomanien.

Genre NEOLOBITES. Fischer.

M. Fischer a établi (1882) le genre *Neolobites* pour les formes aplaties dont les lobes et les selles sont arrondis à leur extrémité. Le type est *Ammonites Vibrayei*, d'Orb., de l'étage cénomanien.

Je donne ci-dessous, d'après M. Douvillé (*loc. cit.*), le dessin de la cloison de cette espèce pris sur un échantillon de l'École des mines.

Fig. 11.

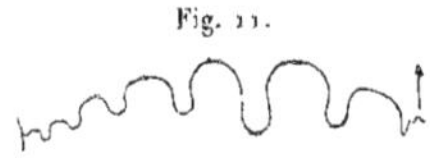

Neolobites Vibrayei (grand. natur.), d'après Douvillé, *B. S. G. F.* 3e, XVIII, p. 282.

M. Douvillé considère que dans cette cloison le premier lobe latéral n'est que l'exagération du lobule qui divise la selle externe des *Pulchellia* et des *Tissotia*.

Genre ACANTHOCERAS. Neumayr, *emend.*, A. de Grossouvre.

Ce genre a été établi en 1875 par Neumayr; tel que le comprenait son auteur, il renfermait un grand nombre d'espèces appartenant aux anciennes familles des *Angulicostati*, *Crassecostati*, *Nodosocostati*, *Mamillares* et *Rhotomagenses*. Neumayr le considérait comme dérivant des *Hoplites*.

M. Douvillé a montré (*loc. cit.*) que ce genre, ainsi constitué, était hétérogène et qu'il convenait d'en détacher une première série de formes à côtes plus ou moins tuberculées, généralement interrompues ou déprimées sur la région médiane du bord externe et, en tout cas, ne présentant jamais de tubercules sur la ligne siphonale.

A ce premier groupe appartiennent *Am. Martini*, *Am. Cornueli*, *Am. mamillaris*, *Am. nodosocostatus*, ... ; il est caractérisé par le développement de sa première selle latérale, très large et très élevée, et par la forme du premier lobe latéral, étroit et anguleux. Il doit donc être séparé des *Acanthoceratidés* pour être rattaché aux *Hoplitidés*.

Ce groupe constituera le genre *Douvilléiceras*, n. gen., pour lequel je prends comme type *Am. mamillaris*. J'ai donné plus haut les cloisons de cette espèce et celles d'*Am. Martini* (voir page 23).

Il est fort probable que l'on doit encore rattacher à ce nouveau genre *Ammonites Mantelli*, en écartant bien entendu les formes adultes d'*Am. rhotomagensis*, parfois attribuées à tort à cette espèce, en raison de la ressemblance apparente résultant de la disparition des tubercules de la ligne siphonale : c'est là une confusion qui me paraît avoir été commise assez souvent et je crois que l'on a fréquemment cité sous le nom d'*Am. Mantelli* des individus adultes d'*Am. rhotomagensis*. Je n'ai pu d'ailleurs arriver à observer des échantillons bien authentiques d'*Am. Mantelli* montrant le dessin de leurs cloisons, seul caractère qui permettrait d'affirmer si cette espèce doit être classée définitivement dans les *Douvilléiceras*.

Après cette première élimination d'un certain nombre d'espèces primitivement rattachées au genre *Acanthoceras*, celui-ci ne comprend plus que des formes caractérisées par la présence d'une rangée impaire de tubercules sur la ligne siphonale; tels sont, par exemple : *Am. Lyelli* et *Am. rhotomagensis*, dont je donne ci-dessous le dessin des cloisons.

Fig. 12.

Acanthoceras rhotomagense (gros. = 2), d'après un échantillon de Rouen.

Fig. 13.

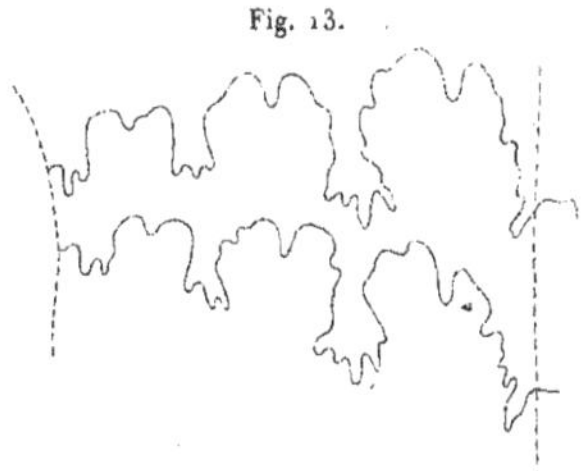

Am. Lyelli (gros. = 3), d'après un échantillon du département de l'Aube.

On voit qu'il existe des différences assez sensibles dans le plan de ces deux cloisons et que celles d'*Am. Lyelli*, par la forme de l'extrémité de leurs lobes, rappellent assez celles des *Pulchellia*, tout en en différant par leur plus faible largeur. Je réserverai donc le nom générique d'*Acanthoceras* aux formes à lobes et selles larges, de forme approximativement rectangulaire, dont le premier lobe latéral présente une fourche terminale nettement accusée, et je prendrai comme type de ce genre *Acanthoceras rhotomagense*.

Le genre *Acanthoceras* ainsi défini comprend des formes du cénomanien et du turonien.

Genre MAMMITES. Laube et Bruder.

Ce genre a été établi en 1886 par MM. Laube et Bruder dans leur mémoire sur les Ammonites de la craie de Bohême (*Palæontographica*, XXXIII).

On peut prendre comme type *Mammites nodosoïdes*, dont le dessin des cloisons a été donné dans le mémoire que je viens de citer; je le reproduis ci-dessous (fig. 14).

Les cloisons des *Mammites Revellierei* (=*Rochebrunei*) fournissent également un bon type du plan général de ces cloisons.

Ce genre comprend des formes à bord externe tronqué ou même légèrement excavé, ornées sur les flancs de côtes épaisses partant ordinairement d'un tubercule ombilical et aboutissant à des tubercules externes.

Fig. 14.

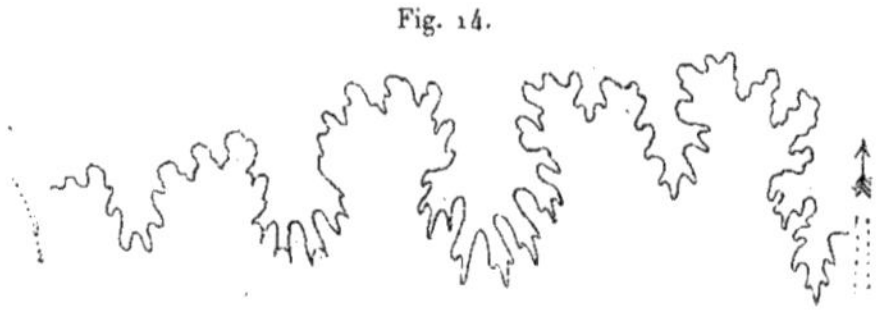

Mammites nodosoïdes, d'après Laube et Bruder, *Ammoniten der böhmischen Kreide*, p. 230.

Fig. 15.

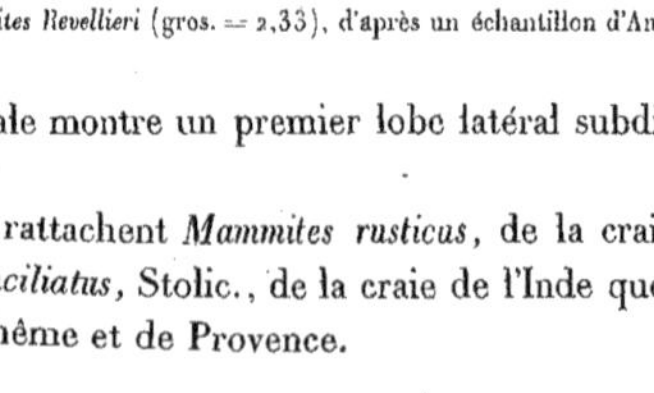

Mammites Revellieri (gros. = 2,33), d'après un échantillon d'Angoulême.

La ligne suturale montre un premier lobe latéral subdivisé par une petite selle.

A ce genre se rattachent *Mammites rusticus*, de la craie turonienne d'Angleterre, et *M. conciliatus*, Stolic., de la craie de l'Inde que l'on retrouve dans le turonien de Bohême et de Provence.

Genre PRIONOTROPIS. Meek.

Ce genre a été créé en 1876 par Meek pour *Ammonites Woolgari*, ou du moins pour une forme qu'il croit identique à cette espèce.

Il comprendra donc des formes d'*Acanthoceratidés* à carène ventrale discontinue formée de forts tubercules saillants. Les cloisons appartiennent au type des *Mortoniceras*, c'est-à-dire que l'extrémité du premier lobe latéral est arrondie et simplement denticulée, sans présenter la fourche que l'on trouve dans *Stoliczkaia*, *Acanthoceras*, etc.

Ce genre, auquel se rapportent *Prionotropis Woolgari*, *P. papalis*, paraît être surtout caractéristique de l'étage turonien.

Genre TISSOTIA. Douvillé.

Ce genre a été établi par M. Douvillé pour les formes du groupe *Ewaldi-Tissoti*, en prenant comme espèce type le *Buchiceras Tissoti* figuré en 1878 par M. Bayle dans le quatrième volume de l'*Explication de la carte géologique de France;* comme cette ammonite n'avait été représentée que vue de côté, M. Douvillé en a donné le profil en 1891 (*Bull. Soc. géol. de France*, 3ᵉ série, XIX, p. 501, fig. 1), pour montrer son bord ventral tricaréné.

Ces formes, rapprochées d'abord des Cératites triasiques, avaient ensuite été rattachées au genre *Buchiceras*, Hyatt, mais M. Douvillé a montré (*Bull. Soc. géol. de France*, 3ᵉ série, XVIII, p. 282) que ce dernier, qui a pour type *Buchiceras bilobatum*, est caractérisé par une cloison absolument différente de celle des ammonites du groupe *Ewaldi-Tissoti :* celles-ci se rattachent, au contraire, très nettement au groupe d'*Am. compressissimus*, *Am. Didayi*, etc.

Fig. 16.

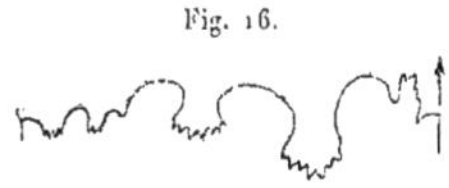

Tissotia Tissoti, d'après Douvillé, *B. S. G. F.* 3ᵉ, XVIII, p. 282.

Le genre créé par M. Douvillé est bien caractérisé par le plan de ses cloisons simples, à selles larges et arrondies, non dentelées : la première selle latérale, très large, est subdivisée par un ou deux lobules secondaires; elle est suivie de deux ou trois autres selles arrondies qui ne sont jamais subdivisées sur aucun des échantillons que j'ai examinés. Le dessin de la ligne suturale de *Tissotia Tissoti* que j'emprunte à M. Douvillé (*Bull. Soc. géol. de France*, 3e série XVIII, p. 282, fig. 1) peut être considéré comme donnant un bon type du plan général des cloisons de ce groupe.

Il y a évidemment une assez grande analogie entre le plan de ces cloisons et celui du premier stade des cloisons de *Pulchellia compressissima*, d'Orb., telles que M. Nicklès nous les a fait connaître dans son mémoire sur les fossiles du terrain crétacé du sud-est de l'Espagne (*Mémoires de la Soc. géol. de France. — Paléontologie*. I. — Mémoire n° 4, 1890. Pl. III, fig. 1 et 1a). Il est à remarquer toutefois que dans les *Tissotia* les lobes sont beaucoup plus étroits que dans les *Pulchellia* et que le premier lobe latéral est surtout beaucoup moins développé. Il est élargi à sa partie inférieure et denticulé. J'ai pu étudier le détail de ces denticulations sur un échantillon de *Tissotia Ewaldi* (collection Sayn) des grès verdâtres de Dieulefit, dont une partie était en meilleur état de conservation que la plupart des échantillons de même provenance, toujours plus ou moins usés superficiellement. On observe bien nettement sur ce lobe les particularités déjà relevées par M. Nicklès à l'occasion de *Pulchellia compressissima*. (*Loc. cit.*, p. 9.) « Les dentelures sont plus grandes à l'extrémité inférieure du lobe que sur les côtés et décroissent plus rapidement du côté de l'ombilic que du côté externe. » La figure des cloisons de *Tissotia Tissoti* donnée plus haut d'après M. Douvillé offre nettement le même caractère.

On voit combien le genre *Tissotia* est étroitement lié au genre *Pulchellia* limité au groupe de *P. compressissima*. — *P. Sauvageaui*.

Les formes de ce genre présentent une carène ventrale tantôt continue, tantôt dentelée, accompagnée de deux quilles latérales ou bien bordée de part et d'autre d'une ligne de tubercules situés à l'extrémité des côtes qui ornent les flancs.

Les ammonites crétacées à cloisons simples, qui constituent ce groupe, avaient été primitivement rattachées aux Cératites; elles ont été tout d'abord signalées en 1847 par de Buch d'après un échantillon des grès verdâtres de Dieulefit, auquel ce savant avait donné le nom d'*Ammonites Ewaldi;* presque en même temps Thiollière faisait connaître du même gisement une espèce voisine à laquelle il donnait le nom d'*Am. Robini*.

En 1849, M. Bayle décrivait sous le nom d'*Am. Fourneli* une espèce d'Algérie appartenant à ce même groupe. Depuis lors, une série de formes semblables ont été retrouvées à maintes reprises dans le nord de l'Afrique française (Algérie et Tunisie), en Égypte et en Palestine; elles jouent donc un rôle important dans la stratigraphie de la craie à facies méditerranéen, et tout récemment mon confrère et ami M. Péron a longuement insisté sur leurs caractères dans son beau mémoire sur les mollusques fossiles crétacés de la Tunisie.

Toutefois, comme je ne puis adopter complètement sa manière de voir et que je m'écarte aussi de l'opinion développée sur ce même sujet par M. Fallot, auquel on doit une excellente monographie des Ammonites de Dieulefit (1885, *Étude géologique sur les étages moyens et supérieurs du terrain crétacé dans le sud-est de la France*), je crois devoir reprendre cette question qui servira de point de départ à mon étude sur les formes sénoniennes de ce groupe.

J'emprunte à M. Fallot (*loc. cit.*, p. 237) le résumé suivant relatif à l'historique des espèces de de Buch et de Thiollière.

« Le 12 juillet 1847, L. de Buch donnait à l'Académie de Berlin (*Ueber Ceratiten. Bericht ueber die zur Bekanntmachung geeigneten Verhandl. der königl. preuss. Akad. der Wissenschaften zu Berlin*, p. 221; 1847) la description de plusieurs ammonites de la craie auxquelles il reconnaissait les caractères des Cératites du trias. C'était notamment l'*Am. Ewaldi* provenant des grès verts de Dieulefit (Drôme). Cette description était accompagnée seulement d'un dessin très inexact des lobes que la figure (p. 222) montre terminés par une pointe aiguë.

« Le 3 mars 1848, Thiollière présentait à la Société d'agriculture de Lyon un échantillon provenant du même point, et le 5 mai de la même année, il publiait dans les annales de cette Société l'*Ammonites Robini*, auquel il reconnaissait tous les caractères des Cératites. Les caractères de cette espèce lui semblaient différer de ceux de l'*Am. Ewaldi*, de Buch, dont il ne connaissait que la description et les lobes. Or le dessin publié par de Buch autorisait complètement la création d'une espèce nouvelle pour l'échantillon de Thiollière. Mais le travail de L. de Buch relatif à sa communication du 12 juillet 1847 et publié dans les mémoires de l'Académie de Berlin pour l'année 1848, postérieurement à la communication de Thiollière, contient deux figures de l'*Am. Ewaldi* qui montrent parfaitement des lobes légèrement dentelés comme ceux de l'*Ammonite Robini* décrit et figuré par Thiollière. Les principaux caractères différentiels invoqués par ce dernier auteur, c'est-à-dire les lobes non dentelés et pointus, n'existaient donc plus sur ces nouvelles figures de L. de Buch. Il faut cependant constater que les lobes de l'*Am. Ewaldi* figurés dans les Comptes rendus mensuels et insérés dans les Mémoires de l'Académie de Berlin (voir 1848, pl. VII), ainsi que la description du texte, ne correspondent pas avec les figures de la planche VI; comme l'a fait remarquer Redtenbacher, il y a là un singulier désaccord.

« De Buch figure, dans le même mémoire, l'*Am. Robini*, Thioll, tel que celui-ci l'a dessiné dans les Annales de la Société d'agriculture de Lyon (*loc. cit.*). Lorsque l'on compare alors les deux espèces, on voit que les cloisons sont identiques dans les parties bien conservées. Le seul fait qui frappe, c'est l'absence de tubercules parallèles à la carène dans l'*Am. Robini,* Thioll. Mais en comparant ces figures avec les échantillons que j'ai eus entre les mains, j'ai pu me convaincre avec M. Munier-Chalmas que les *Am. Robini,* Thioll., et *Ewaldi*, de Buch, n'étaient que deux formes d'une même espèce : en effet, les tubercules, qui sont très marqués chez les échantillons jeunes, disparaissent dans le dernier tour de l'individu adulte, si bien que le nom d'*Am. Robini* peut être considéré comme ayant été donné à des individus adultes de *l'Am. Ewaldi.* En effet, si l'on se rapporte à la figure de l'*Am. Robini* donnée par Thiollière et non à la copie de L. de Buch qui n'en est qu'une réduction, on voit que l'espèce figurée par le premier de ces auteurs est très grande; il n'y a donc rien d'étonnant à ce qu'elle ne présente plus de tubercules. Ces deux espèces sont donc identiques.

« Le nom d'*Ammonites Ewaldi* étant antérieur de quelques mois à celui d'*Am. Robini,* c'est celui que j'admettrai, me conformant ainsi à un usage constant. »

Je ne puis adhérer à cette conclusion de M. Fallot : d'abord le nom d'*Ewaldi* ne peut avoir la priorité sur celui de *Robini,* car si de Buch a employé ce nom un peu avant l'époque à laquelle Thiollière a décrit et figuré *Am. Robini,* il a, à ce moment, donné de son espèce une définition et une figure non seulement insuffisantes, mais erronées, et ce n'est que plus tard, postérieurement à la publication de Thiollière, qu'il a complété sa première définition; encore y a-t-il dans cette nouvelle description des erreurs et un désaccord entre le texte et les figures.

Le nom d'*Am. Ewaldi* doit d'autant moins être substitué à celui d'*Am. Robini* que l'on peut tenir pour certain que ces deux noms s'appliquent à deux espèces différentes, au moins autant qu'on peut en juger par les dessins donnés en 1848 par L. de Buch, car il n'y a pas seulement désaccord entre le texte et les figures, mais celles-ci mêmes sont loin d'être semblables : l'une, pl. VI, fig. 6, montre des lobes denticulés, et l'autre, pl. VII, fig. 4, terminés par un angle obtus.

On peut cependant chercher à interpréter les descriptions et figures de L. de Buch en admettant que la première figure donne bien le dessin exact des lobes et que l'autre nous fait connaître la forme de la selle ventrale, divisée en deux parties à contours arrondis : dans l'individu de Thiollière, si le plan général de la cloison est le même que dans l'espèce de de Buch, par contre la subdivision externe de la selle ventrale, au lieu d'être à contour arrondi, est bilobée, et ce détail me paraît suffisant, en raison de sa constance, pour motiver une distinction spécifique des deux types.

Passons maintenant aux espèces d'Afrique : je laisse ici la parole à M. Péron (*loc. cit.*, p. 5).

« En décrivant l'*Ammonites Fourneli*, en 1849, M. Bayle faisait remarquer que son espèce présentait la plus grande analogie avec l'*Am. Robini,* que Thiollière venait de découvrir dans les environs de Dieulefit (Drôme). Il était porté à croire qu'une comparaison directe des échantillons conduirait à identifier les deux espèces, si on retrouvait dans les jeunes individus de l'*Am. Robini* tous les ornements du test qu'il avait signalés sur le jeune individu d'Algérie. En conséquence, ce n'était que provisoirement que M. Bayle donnait le nom de *Fourneli* à ses exemplaires, sauf à le remplacer par celui de *Robini*, quand l'identité des espèces serait constatée. A la vérité, M. Bayle semble avoir abandonné aujourd'hui cette manière de voir, car, dans son bel atlas publié pour l'*Explication de la carte géologique détaillée de la France,* il a reproduit, sous le nom de *Buchiceras Fourneli*, les deux spécimens d'*Am. Fourneli* qu'il avait autrefois figurés dans la *Richesse minérale d'Algérie.*

« Cependant le moment nous semble venu d'opérer la réunion que M. Bayle avait indiquée. La condition que ce savant avait mise à cette réunion ne s'est pas, il est vrai, réalisée; c'est-à-dire que l'on ne retrouve pas dans les jeunes *Am. Robini* les caractères qu'il avait signalés dans son jeune *Am. Fourneli;* mais cela s'explique fort naturellement. M. Bayle, en effet, a compris sous le nom d'*Am. Fourneli* deux formes bien distinctes de *Buchiceras* qui se trouvent presque toujours ensemble dans le sénonien inférieur. Ces deux formes sont représentées, dans la *Richesse minérale* et dans l'*Atlas de paléontologie*, par deux spécimens dont l'un est, à tort, considéré comme le jeune de l'autre. Ces deux individus sont, en somme, fort différents et l'inspection seule des figures suffit à le montrer.

« Pénétré de l'idée que ces deux fossiles appartenaient à la même espèce, M. Bayle a dû, dans sa diagnose de l'*Am. Fourneli,* combiner leurs caractères, et c'est seulement par la variation résultant de l'âge qu'il explique leurs différences.

« Or nous avons reconnu, par l'étude d'une série d'individus de chacun des types figurés par M. Bayle, que la transformation attribuée à l'âge par le savant paléontologue ne se produisait en réalité aucunement. Nous avons des jeunes, des moyens, des vieux, et, dans chaque série, tous les individus conservent bien les caractères respectifs de leur type. Il n'est donc pas douteux pour nous que sous le nom d'*Am. Fourneli* se trouvent réunies deux espèces qu'il y a lieu de séparer. Sans doute ces espèces ont entre elles certaines affinités, peut-être même certaines transitions; mais c'est ainsi qu'il en est toujours quand on étudie de nombreux individus d'espèces voisines. Il n'en demeure pas moins nécessaire d'opérer des coupures et de distinguer les types spécifiques quand ils sont suffisamment caractérisés.

« Des deux individus d'*Am. Fourneli* étudiés par M. Bayle, c'est évidemment l'adulte dont la ressemblance avec l'*Am. Robini* l'avait frappé. Le deuxième, en effet, en diffère d'une façon notable et nous définirons plus loin ses caractères propres.

« Les découvertes que nous avons faites nous-même en Algérie, celles que M. Thomas a faites en Tunisie ont complètement confirmé l'idée de rapprochement émise autrefois par M. Bayle. L'identité de l'ammonite de Thiollière avec celle de M. Bayle nous paraît actuellement évidente.

« D'autre part, M. Fallot a montré récemment que les *Ammonites Robini,* Thioll., et *Am. Ewaldi,* de Buch, n'étaient que deux variétés de la même espèce. Cette manière de voir, que notre savant confrère a appuyée d'une bonne démonstration, est d'autant plus admissible que nous avons nous-même observé, dans nos individus d'Afrique, des variations tout à fait semblables et équivalentes.

« Les tubercules latéraux qui caractérisent principalement l'*Am. Ewaldi* s'atténuent et s'effacent avec l'âge. Nous avons pu nous en convaincre en enlevant des portions de tour à des individus adultes qui paraissaient entièrement lisses, et qui, par suite, pouvaient être appelés *Am. Robini;* dans les tours antérieurs nous avons retrouvé, souvent très accentués, les tubercules marginaux et dorsaux. L'individu que nous faisons figurer est dans ce cas : une moitié de tour environ, représentant presque toute la dernière loge, a pu être détachée et, dans la partie fraîche, mise à nu, les tubercules dorsaux sont apparus très accentués.

« Nous souscrivons donc pleinement à la réunion proposée par M. Fallot, des *Am. Robini* et *Am. Ewaldi*, et, à l'exemple de notre confrère, c'est ce dernier nom que nous adopterons comme ayant le droit de priorité. »

Mettant à part la question de l'identité spécifique des *Am. Robini* et *Am. Ewaldi* sur laquelle je viens de faire connaître mon opinion, j'ajouterai que je dois encore faire des réserves sur certaines conclusions de mon savant confrère : avec lui, je considère qu'il y a lieu de distinguer dans les individus rapportés par M. Bayle à *Am. Fourneli* deux types distincts, mais il me paraît impossible de voir dans ces deux types les équivalents des formes de Dieulefit et de Gosau. Je ne puis assimiler l'*Am. Ewaldi* d'Algérie soit à l'*Am. Ewaldi*, soit à l'*Am. Robini* de Dieulefit. Ces formes diffèrent complètement à plusieurs points de vue : l'aspect général n'est pas le même et les individus d'Afrique, avec un ombilic proportionnellement plus étroit, sont bien plus renflés et ont leurs flancs plus convexes que ceux des individus de Dieulefit; sous le rapport de l'ornementation, l'écart n'est pas moins grand, car dans *Am. Fourneli* et les formes affines, les côtes sont minces, anguleuses et terminées vers le bord externe par un tubercule arrondi ou même presque radial, tandis que dans *Am. Robini* les côtes sont larges, plates et terminées par un tubercule nettement pincé et allongé dans le sens transverse.

Je crois donc devoir distinguer d'*Am. Ewaldi* la forme africaine définie par M. Péron sous ce nom, et je l'appelle :

TISSOTIA FICHEURI. A. de Grossouvre, n. sp.

1849. **Am. Fourneli.** Bayle, p. parte, in *Fournel, Richesse minér. Algérie*, p. 360, pl. XVII, fig. 1 et 2 (non fig. 3 et 4).

1880. **Buchiceras Fourneli.** Bayle, p. parte, *Explication de la carte géol. de France*, t. IV, *Atlas paléont.*, pl. XL, fig. 4 et 5 (non fig. 3).

1890. **Buchiceras Ewaldi.** Péron, *Description des mollusques fossiles des terrains crétacés de la région Sud des hauts plateaux de la Tunisie*, p. 5, pl. XV, fig. 1 à 9.

Je renvoie pour les figures aux ouvrages que je viens de citer, et pour la description aux détails si complets que renferme l'ouvrage de M. Péron; je me borne à donner ci-dessous le dessin des cloisons de cette espèce.

Fig. 17.

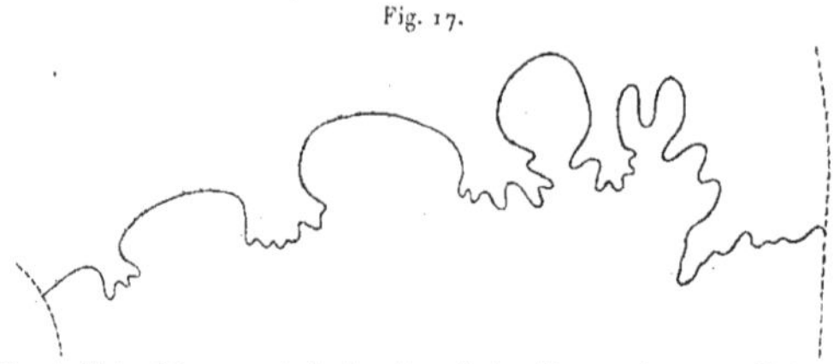

Tissotia Ficheuri (gros. = 2), dessin pris sur l'échantillon représenté par M. Péron, *Mollusques fossiles*, ... (pl. XV, fig. 3).

De même, je ne pense pas que *Buchiceras Fourneli*, Bayle, emend., Péron, soit la même espèce qu'*Am. haplophyllus* de Redtenbacher ou que *Buchiceras Slizewiczi*, Fallot; les différences entre l'espèce d'Algérie et celles de France sont analogues à celles que je viens de signaler entre *Am. Ficheuri* et *Am. Robini*, et je crois qu'il y a lieu de maintenir à la fois comme types spécifiques distincts *Am. Fourneli* et *Am. haplophyllus*. Pour la définition du premier, je me range complètement aux idées émises par M. Péron.

TISSOTIA FOURNELI. Bayle, sp. emend. Péron.

1849. **Am. Fourneli.** Bayle, p. parte, in *Fournel, Richesse minér. Algérie*, p. 360, pl. XVII, fig. 3 et 4 (non fig. 1 et 2).

1880. **Buchiceras Fourneli.** Bayle, p. parte, *Explication de la carte géologique de France*, t. IV, *Atlas paléont.*, pl. XL, fig. 3 (non fig. 2 et 4).

1890. **Buchiceras Fourneli.** Bayle, emend. Péron, *Description des mollusques fossiles des terrains crétacés de la région Sud des hauts plateaux de la Tunisie*, p. 9, pl. XV, fig. 10 à 14 (et [?], pl. XVII, fig. 11 à 13).

Je renvoie également, pour les descriptions et les figures, aux ouvrages cités ci-dessus; je dois cependant faire quelques réserves sur l'attribution à cette espèce des exemplaires figurés par M. Péron, pl. XVII, fig. 11 à 13, dont les cloisons paraissent bien différentes de celles du *Fourneli* type.

Il reste à examiner si *Tissotia Ficheuri* et *Tissotia Fourneli* appartiennent, comme le pense M. Douvillé, au même type spécifique, dont le premier serait seulement une variété inerme : je ne le crois pas et je considère ces deux espèces comme nettement distinctes; dans l'une, le bord externe devient de plus en plus pincé et effilé au fur et à mesure que la coquille s'accroît, tandis que dans l'autre il reste toujours épais et terminé par un biseau obtus. Nous retrouverons deux séries de formes analogues dans les espèces d'Europe.

Fig. 18.

Tissotia Fourneli, cloisons d'après M. Bayle.

Fig. 19.

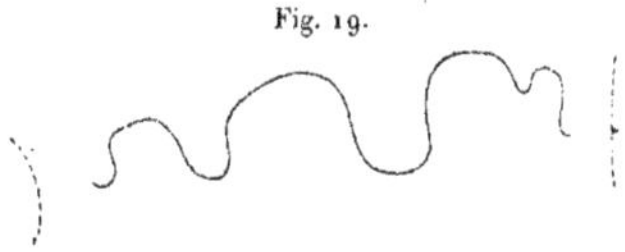

Tissotia Fourneli (gros. = 2), dessin pris sur l'échantillon représenté par M. Péron, *Mollusques fossiles*..... (pl. XV, fig. 10 [1]).

On peut ajouter que *T. Ficheuri* et *T. Fourneli* se distinguent aussi très nettement l'un de l'autre par la forme bien différente de leurs premières selles latérales.

TISSOTIA ROBINI. Thiollière, sp. emend. A. de Grossouvre.

(Pl. IV, fig. 1 et 2.)

1848. **Ammonites Robini.** Thiollière, p. parte, *Note sur une nouvelle espèce d'Ammonite provenant des grès verts supérieurs du département de la Drôme* (*Extrait des Annales de la Soc. nationale d'agriculture, etc., de Lyon*, 1re série, t. XI), pl. I, p. parte.

1885. **Buchiceras Ewaldi.** Fallot, *Crétacé du sud-est de la France*, p. 237, pl. III, fig. 1 et 2.

Coquille discoïdale, comprimée.

Spire formée de tours très embrassants, croissant rapidement en hauteur, très peu convexes sur les flancs et ayant leur plus grande épaisseur au voisinage immédiat de l'ombilic.

Bord externe formé par un biseau assez tranchant, séparé des flancs par deux carènes latérales plus ou moins marquées.

Ombilic très étroit.

Section des tours ogivale.

Les flancs sont ornés de côtes légèrement arquées, radiales, assez larges, très peu saillantes, prenant naissance à une certaine distance de l'ombilic, et se terminant sur les carènes latérales qui limitent le biseau siphonal par des

[1] Cet échantillon étant usé superficiellement, les denticulations des lobes ont disparu; il convient de remarquer aussi que sa cloison diffère assez notablement de celle qui a été donnée par M. Bayle : en particulier, le premier lobe latéral est proportionnellement beaucoup plus large.

tubercules transverses mieux indiqués que les côtes. Ces côtes sont de longueurs inégales, une côte longue alternant avec une courte. L'ornementation de cette espèce est d'ailleurs toujours assez obscure : côtes et tubercules, un peu mieux marqués dans le jeune que dans l'adulte, disparaissent complètement à un âge plus avancé et la coquille devient alors complètement lisse, comme le grand échantillon figuré par Thiollière.

Cloisons. — Les cloisons de cette espèce sont bien bâties sur le plan général de celles des *Tissotia,* comme on peut le voir sur la figure 1[a] de la planche IV. Je donne ci-dessous leur dessin amplifié et pris sur une cloison de la face, non vue sur la figure 1[a]; les détails y sont mieux conservés que ceux de la face reproduite, où ils sont peu nets, les échantillons de Dieulefit étant d'ordinaire assez frustes en raison de la nature de la gangue.

On voit que le premier lobe latéral est plus étroit que la subdivision adjacente de la selle externe, et que l'autre subdivision de cette selle est dentelée et légèrement bilobée.

Fig. 20.

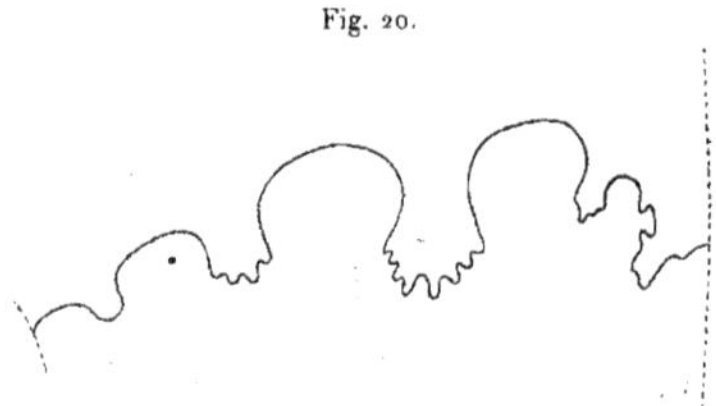

Tissotia Robini (gros. = 2), d'après l'échantillon représenté pl. IV, fig. 1.

Rapports et différences. — En donnant la description de la nouvelle espèce qu'il venait de découvrir, Thiollière faisait observer que le fragment représenté au bas et à droite de sa planche se rapporte à un exemplaire plus petit que celui d'après lequel ont été dessinées les trois autres figures; sur cette figure, la subdivision externe de la première selle latérale est entière et à contours arrondis. L'échantillon qui possède cette cloison appartient donc à une autre espèce et doit être vraisemblablement rattaché à *Tissotia Ewaldi.*

Les cloisons représentées sur le grand échantillon vu de côté se rapportent aussi bien que possible à celles de la figure 1[a], pl. IV. Si l'on tient compte de ce qu'elles ont dû être dessinées à main levée, on s'expliquera les différences qui peuvent exister dans les proportions des diverses parties.

Par contre, le dessin de la selle ventrale sur la figure placée en haut et à droite de la planche de Thiollière ne concorde pas du tout avec celui donné dans l'autre figure, bien que l'auteur dise expressément que ces trois figures se rapportent à un même exemplaire; il y a là, évidemment, une erreur commise par le dessinateur.

Redtenbacher, dans son ouvrage sur les céphalopodes des couches de Gosau, a figuré plusieurs exemplaires de *Tissotia* provenant de deux ravins, Schmolnauer-Alp et Hofergraben, qui se trouvent au voisinage de Strobl-Weissenbach; ces échantillons paraissent exister en assez grande quantité dans ces gisements, puisque ce savant en a eu en main cinquante-quatre. Parmi ceux qu'il a figurés sous le nom d'*Am.* cf. *Ewaldi,* il en est qui appartiennent à l'espèce de Thiollière, par exemple celui représenté fig. 5^g et dont la figure 5^i donne le dessin de la cloison.

L'échantillon que j'ai fait représenter pl. IV, fig. 1, avait déjà été figuré dans le mémoire de M. Fallot, pl. III, fig. 1, et avait servi de base à sa description de *Buchiceras Ewaldi.*

Gisement. — Cette espèce a été rencontrée en Aquitaine, dans l'assise L^1 de M. Arnaud, à Pons (Charente-Inférieure) et dans les grès de Dieulefit, qui ont d'ailleurs fourni le type de Thiollière.

Échantillons examinés. — Un échantillon (collection Arnaud).

Deux échantillons (collection de la Sorbonne, collection Sayn) des grès de Dieulefit.

EXPLICATION DES FIGURES.

Planche IV.

Fig. 1^a. — Individu de taille moyenne (collection de la Sorbonne), vu du côté pour montrer le dessin des cloisons et l'ornementation de cette espèce qui disparaît avec l'âge.
Grès verdâtre de Dieulefit (Drôme).

Fig. 1^b. — Le même, vu du côté ventral, pour montrer la forme de la section des tours, qui est subtrapézoïdale au commencement du dernier tour et ogivale à son extrémité.

Fig. 2^a. — Individu de petite taille (collection Arnaud), vu de côté; on aperçoit les côtes flexueuses qui ornent les flancs des premiers tours de cette espèce.
Pons (Charente-Inférieure), assise L^1 de M. Arnaud.

Fig. 2^b. — Le même, vu du côté ventral.

TISSOTIA EWALDI. L. DE BUCH, sp.

(Pl. IV, fig. 6; pl. IX, fig. 5.)

1847. **Ammonites Ewaldi.** De Buch, *Ueber Ceratiten. Bericht ueber die zur Bekanntmachung geeigneten Verhandl. der k. preuss. Akad. der Wissenschaften zu Berlin*, p. 221.
1848. **Ammonites Ewaldi.** De Buch, *Abhandl. der Akad. der Wissensch. zu Berlin*, p. 26; pl. VI, fig. 6 et 7; pl. VII, fig. 4.

Cette espèce, telle que je l'interprète (voir précédemment, p. 31), ressemble à peu près complètement à *T. Robini*: elle en diffère par la forme de sa selle ventrale, subdivisée par un lobule en deux parties inégales, dont l'externe est la plus petite; cette subdivision externe est entière, à contour arrondi, tandis que dans *T. Robini* elle est découpée et légèrement bilobée.

Je donne ci-dessous le dessin d'une partie de la cloison de l'échantillon de la craie de Villedieu (collection de l'abbé Bourgeois), représenté pl. IV, fig. 6, et celui de l'échantillon des Corbières (collection Toucas), représenté pl. IX, fig. 5.

Fig. 21.

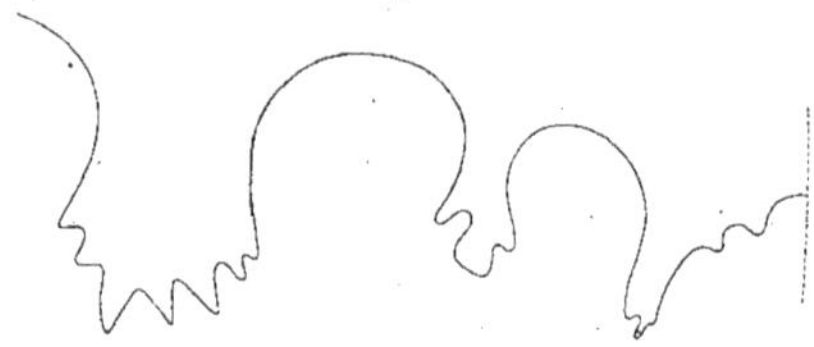

Tissotia Ewaldi (gros. = 3,3), d'après l'échantillon de la craie de Villedieu, représenté pl. IV, fig. 6.

Fig. 22.

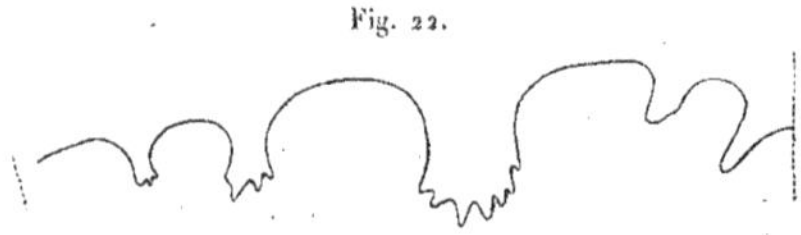

Tissotia Ewaldi (gros. = 2, 8), d'après l'échantillon de Rennes-les-Bains, représenté pl. IX, fig. 5.

Parmi les exemplaires se rapportant à cette espèce que j'ai eu l'occasion d'examiner, je citerai particulièrement un individu des grès verdâtres de

Dieulefit, dont le dernier tour présente sur sa première moitié des tubercules assez prononcés placés tout autour de l'ombilic, à peu près comme nous le verrons plus loin dans *T. Slizewiczi* et comme il en existe aussi dans l'échantillon des Corbières, pl. IX, fig. 6; mais sur ce dernier ils sont moins saillants. Ils disparaissent ensuite sur la dernière partie du dernier tour.

Il existe donc, dans *T. Ewaldi*, et probablement aussi dans *T. Robini*, des variétés à ornementation plus ou moins prononcée, chez lesquelles se trouvent, tout autour de l'ombilic, des tubercules servant de point de départ à des côtes se terminant sur le bord externe par un tubercule transverse. A un âge plus avancé, ces tubercules disparaissent et la coquille devient alors à peu près lisse, comme dans les individus à ornementation peu accentuée.

Redtenbacher signale ce même caractère dans les jeunes individus provenant des environs de Strobl-Weissenbach, qu'il a décrits sous le nom d'*Am.* cf. *Ewaldi*. J'ai dit précédemment qu'un certain nombre des échantillons de cette région devaient être rapportés à *T. Robini;* il en est d'autres qui se rattachent au contraire à *T. Ewaldi*, comme par exemple celui qui a été figuré pl. XXII, fig. 5^f, et dont le dessin de la cloison est donné fig. 5^h.

Gisement. — Cette espèce a été rencontrée à Cangey (Loir-et-Cher) dans les calcaires durs qui forment la base de la craie de Villedieu; aux Eyzies (Dordogne), dans les Corbières et dans les couches de Gosau des Alpes orientales, à Strobl-Weissenbach.

Échantillons examinés. — Un échantillon de la base de la craie de Villedieu (collection de l'abbé Bourgeois à l'École de Pontlevoy).

Un échantillon des Eyzies (collection Boreau-Lajanadie); assise L^1 de M. Arnaud.

Un échantillon (collection Toucas) des environs de Rennes-les-Bains (Aude) des calcaires durs à *Cyphosoma Archiaci.*

EXPLICATION DES FIGURES.

Planche IV.

Fig. 6. — Individu d'assez grande taille (collection de l'abbé Bourgeois, à l'École de Pontlevoy), vu de côté pour montrer l'ornementation des flancs.

Calcaires durs de la base de la craie de Villedieu. Cangey, près Amboise (Indre-et-Loire).

Planche IX.

FIG. 5. — Individu (collection Toucas) vu de côté pour montrer l'ornementation des flancs : on voit que les tubercules ombilicaux disparaissent à l'extrémité du dernier tour.
Environs de Rennes-les-Bains (Aude).
Calcaires durs à *Cyphosoma Archiaci* de l'étage sénonien.

TISSOTIA REDTENBACHERI. A. DE GROSSOUVRE, n. sp.

Je distingue sous ce nom un échantillon du coniacien moyen de la Dordogne, qui possède la forme et l'ornementation des individus appartenant à la variété plate de *T. Ewaldi*, mais dont la ligne suturale montre une selle externe bien particulière et tout à fait différente de celles que l'on rencontre chez *T. Ewaldi* aussi bien que chez *T. Robini*, comme le montre la figure ci-dessous.

Fig. 23.

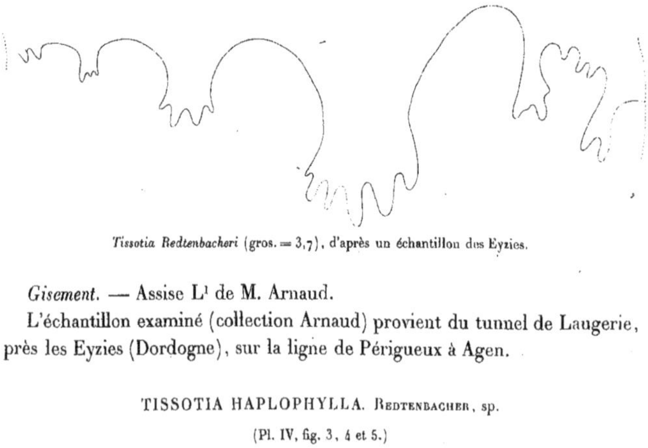

Tissotia Redtenbacheri (gros. = 3,7), d'après un échantillon des Eyzies.

Gisement. — Assise L[1] de M. Arnaud.

L'échantillon examiné (collection Arnaud) provient du tunnel de Laugerie, près les Eyzies (Dordogne), sur la ligne de Périgueux à Agen.

TISSOTIA HAPLOPHYLLA. REDTENBACHER, sp.

(Pl. IV, fig. 3, 4 et 5.)

1873. **Am. haplophyllus.** Redtenbacher, *Die Cephalopodenfauna der Gosauschichten. Abhandl. d. k. k. geol. Reichsanstalt*, t. V, p. 100, pl. XXIII, fig. 1.

Coquille discoïdale, comprimée.

Spire formée de tours très embrassants, croissant assez rapidement, peu convexes sur les flancs, ayant leur plus grande épaisseur à peu près vers le tiers de la hauteur.

Bord externe formé par un biseau plus ou moins obtus, qui se déprime de plus en plus avec l'âge.

Ombilic petit.

Section des tours subtrapézoïdale.

L'ornementation de cette coquille se compose de nodosités situées tout autour de l'ombilic, fortement surélevées et dirigées très obliquement en avant : le maximum de surélévation se trouve à une très petite distance de l'ombilic et, entre ce point et le bord de l'ombilic, le tubercule est très étroit et comme pincé; de l'autre côté, il s'abaisse rapidement et en même temps s'élargit beaucoup pour donner naissance par bifurcation à deux, plus généralement trois, côtes larges, très atténuées, qui s'infléchissent d'abord en avant, puis reviennent ensuite un peu en arrière et se terminent sur le contour même par un tubercule transverse. Le nombre des tubercules marginaux est à peu près trois fois celui des tubercules ombilicaux.

Le biseau qui forme le bord externe est limité de chaque côté par une série de tubercules allongés dans le sens de l'enroulement : son tranchant paraît lisse dans le jeune; plus tard, il devient crénelé d'une manière plus ou moins distincte, et ses dentelures alternent avec les tubercules latéraux.

A mesure que la coquille grossit, les tubercules ombilicaux se surélèvent de plus en plus (pl. IV, fig. 5) et les côtes deviennent de moins en moins distinctes, de sorte que finalement l'ornementation de la coquille consiste en une série de tubercules ombilicaux saillants et obliques en avant, et une série de tubercules marginaux, en nombre à peu près triple de celui des premiers.

A côté de la forme renflée et à ornementation vigoureuse ainsi définie et qui paraît répondre exactement au type créé par Redtenbacher, viennent se ranger des variétés moins épaisses à ornementation moins accentuée. Tels sont, par exemple, les deux échantillons, fig. 3 et fig. 4 de la planche IV, chez lesquels les côtes sont moins surélevées sur le bord de l'ombilic; elles paraissent même tendre à disparaître complètement dans cette région, comme cela se produit dans les adultes de *T. Robini* et *T. Ewaldi*.

Cloisons. — Elles sont bâties sur le plan général des cloisons des *Tissotia* et offrent en particulier beaucoup d'analogies avec celles de *T. Ewaldi*, ainsi que le montre la figure ci-dessous.

Fig. 24.

Tissotia haplophylla (gros. = 3), d'après l'échantillon de Puymoyen représenté pl. IV, fig. 4.

Comme dans *Tissotia Ewaldi*, la selle externe est subdivisée en deux parties à contours arrondis : la subdivision la plus externe est légèrement déprimée en son milieu, comme si elle avait tendance à se bilober. Dans le dessin des cloisons de *T. haplophylla* données par Redtenbacher (*loc. cit.*, pl. XXIII, fig. 1[c]), cette subdivision est indiquée comme dentelée; mais l'exactitude de ce caractère peut être suspectée, car Redtenbacher dit que les cloisons sont peu distinctes.

Ce qui distingue le dessin des cloisons de *T. haplophylla* de celui des cloisons de *T. Ewaldi*, c'est que le premier lobe latéral, tout en étant moins large que la première selle auxiliaire, est aussi large ou même un peu plus large que la subdivision adjacente de la selle externe, tandis que dans *T. Ewaldi*, le premier lobe latéral est nettement moins large que cette subdivision.

Rapports et différences. — Cette espèce a été créée par Redtenbacher sur un échantillon unique provenant des marnes du ravin de Schmolnauer Alp, près Strobl-Weissenbach.

Elle présente beaucoup d'analogies avec *T. Robini* et *T. Ewaldi*, et se distingue de ces deux espèces par la forme de ses tours dont le biseau ventral tend à devenir de plus en plus méplat avec l'âge, tandis que pour les autres, l'inverse se produit et le bord ventral devient, au contraire, de plus en plus tranchant à mesure que la coquille s'accroît.

Elle est aussi très voisine de *Barroisia Haberfellneri* et la distinction est assez difficile pour les échantillons sur lesquels on ne peut pas examiner les cloisons. On peut dire cependant que dans cette dernière espèce, le bord ventral se déprime encore plus rapidement que dans *T. haplophylla*, et que les nodosités ombilicales y sont, à taille égale, moins pincées, plus larges et moins saillantes.

Gisement. — Cette espèce habite l'étage coniacien et plus particulièrement les couches inférieures de cet étage. On l'a rencontrée en Touraine, en Aquitaine, dans les Corbières et dans les Alpes orientales (couches de Gosau).

Échantillons examinés. — Un échantillon de Nieul-le-Virouil (Charente-Inférieure) [collection Réjaudry], dans l'assise K de M. Arnaud.

Un échantillon de Pons (Charente-Inférieure) [collection Arnaud], dans l'assise L^1 de M. Arnaud.

Un échantillon de Puymoyen, route de Torsac (Charente) [collection Boreau-Lajanadie], dans les calcaires glauconieux à texture gréseuse de l'assise K de M. Arnaud.

Un échantillon (collection Réjaudry) de Saint-Hilaire-de-Jonzac (Charente-Inférieure), dans l'assise L^1 de M. Arnaud.

Un échantillon (collection A. de Grossouvre) provenant des calcaires durs de la partie inférieure de la craie de Villedieu, exploités dans les carrières de la Ribochère, commune de Couture (Loir-et-Cher.)

EXPLICATION DES FIGURES.

Planche IV.

FIG. 3^a. — Individu de petite taille (collection Réjaudry), vu de côté pour montrer les côtes flexueuses partant des tubercules ombilicaux qui constituent l'ornementation de cette espèce.
Saint-Hilaire-de-Jonzac (Charente-Inférieure).
Coniacien moyen : assise L^1 de M. Arnaud.

FIG. 3^b. — Le même, vu du côté ventral pour montrer la section des tours qui est trapézoïdale, le bord ventral tendant à se déprimer de plus en plus à mesure que la coquille s'accroît.

FIG. 4^a. — Individu de petite taille (collection Boreau-Lajanadie), vu de côté : on voit qu'il existe encore, au commencement du dernier tour, des tubercules ombilicaux qui disparaissent sur la dernière partie de ce tour.
Puymoyen, route de Torsac (Charente).
Étage coniacien inférieur.

FIG. 4^b. — Le même, vu du côté ventral pour montrer la forme de la section des tours, analogue à celle de l'individu précédent.

FIG. 5ª. — Individu d'assez grande taille (collection Réjaudry), de forme renflée, vu de côté pour montrer l'ornementation vigoureuse des flancs; à cette taille, les côtes qui réunissent les tubercules ombilicaux aux tubercules ventraux ont à peu près complètement disparu.

Environs de Pons (Charente-Inférieure).

Coniacien moyen : assise L[1] de M. Arnaud.

FIG. 5ᵇ. — Le même, vu du côté ventral pour montrer l'épaisseur des tours, la forme déprimée du bord ventral et les tubercules de la carène siphonale.

TISSOTIA SLIZEWICZI. FALLOT, sp.

(Pl. VII, fig. 2.)

1885. **Buchiceras Slizewiczi**, Fallot, *Crétacé du sud-est de la France*, p. 240, pl. II, fig. 2.

Cette espèce ressemble beaucoup pour la forme et l'ornementation à *T.*

Fig. 25.

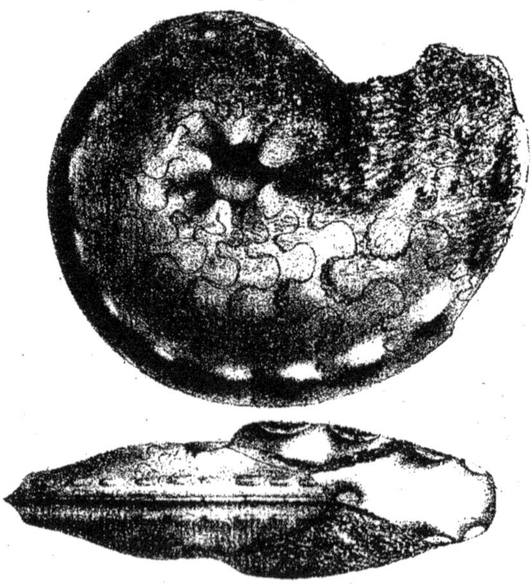

Tissotia Slizewiczi, reproduction de la figure donnée par M. Fallot, *Crétacé*..... pl. II, fig. 2.

haplophylla. Elle comprend des formes à ornementation très accentuée, comme l'individu qui a servi de type à M. Fallot pour établir cette espèce et dont j'ai fait reproduire ci-dessus le dessin emprunté à l'ouvrage de M. Fallot, et d'autres à ornementation presque nulle, comme l'individu représenté par la figure 2 de la planche VII.

Ce qui distingue cette espèce, c'est le dessin de ses cloisons (voir fig. 25, 26 et 27); le lobe latéral supérieur est plus large que la première selle latérale et plus large aussi que la subdivision adjacente de la selle latérale supérieure. En même temps, la subdivision externe de la selle externe est elle-même profondément bilobée, de telle sorte que cette selle est en définitive subdivisée en trois parties par deux lobules. Ce caractère ressort bien sur l'échantillon type de M. Fallot; nous le retrouvons aussi net sur un autre échantillon de Pons, provenant de l'assise L[1] de M. Arnaud, dont je donne le dessin ci-dessous.

Fig. 26.

Tissotia Slizewiczi (gros. = 2,5), fragment de cloison d'après un échantillon de Pons (collection Arnaud).

Fig. 27.

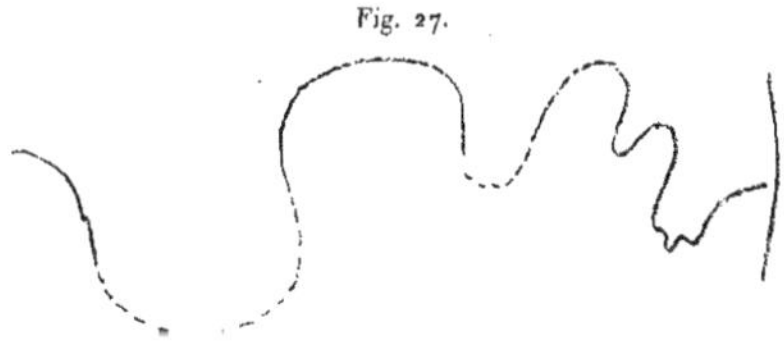

Tissotia Slizewiczi (gros. = 3,6), d'après un échantillon des Eyzies (collection Boreau-Lajanadie).

Gisement. — Cette espèce appartient à l'étage coniacien et paraît habiter de préférence la partie moyenne de cet étage.

Elle a été rencontrée dans l'Aquitaine et à Dieulefit.

Échantillons examinés. — Un échantillon (collection Arnaud) des environs de Pons (Charente-Inférieure); assise L[1] de M. Arnaud.

Un échantillon (collection Boreau-Lajanadie) des Eyzies (Dordogne); assise L[1] de M. Arnaud.

Un échantillon (collection Arnaud) de Toutyfaut, près Angoulême; assise L^1 de M. Arnaud.

EXPLICATION DES FIGURES.

Planche VII.

FIG. 2ª. — Individu jeune (collection Arnaud), vu de côté pour montrer les tubercules ombilicaux et leur disparition à l'extrémité du dernier tour.
Assise L^1 de M. Arnaud.
Pons (Charente-Inférieure).

FIG. 2ᵇ. — Le même, vu du côté ventral.

RÉSUMÉ.

On voit qu'il existe dans les *Tissotia* deux séries de formes bien distinctes.

Dans les unes (*T. Ficheuri, T. Robini, T. Ewaldi, T. Redtenbacheri*), la coquille adulte a le bord ventral tranchant; dans les autres, au contraire, (*T. Fourneli, T. haplophylla, T. Slizewiczi*), le bord externe tend à devenir de plus en plus méplat au fur et à mesure que la coquille s'accroît.

Dans ces deux séries, on retrouve les mêmes variations dans l'ornementation : les variétés plates sont presque lisses et les variétés renflées ont une ornementation plus vigoureuse, avec tubercules ombilicaux parfois très accentués, servant de point de départ à des côtes flexueuses, qui se terminent par des tubercules sur le contour externe.

Dans ces deux séries, les espèces que j'ai distinguées diffèrent principalement par les détails de la cloison et surtout par la forme de la selle ventrale, qui est tantôt bilobée, tantôt trilobée, à contours simples ou persillés, et il semble que le nombre des subdivisions de cette selle est plus grand dans les individus qui appartiennent aux assises plus récentes que dans ceux des assises plus anciennes.

Il est possible que ces espèces, ou un certain nombre d'entre elles, aient été munies d'une quille, prolongeant la carène ventrale, qui aurait disparu sur les moules internes, en raison de sa fragilité; ainsi, M. Péron a montré son existence, à l'état de lame mince très saillante, chez *T. Ficheuri* (*loc. cit.*, p. 7, et pl. XV, fig. 1).

Les *Tissotia* d'Afrique, parmi lesquels les deux formes les plus fréquentes paraissent être *T. Fourneli* et *T. Ficheuri*, ont été considérés jusqu'ici comme appartenant à la base de l'étage sénonien, mais il est fort difficile d'établir la correspondance exacte des couches crétacées d'Afrique avec celles d'Europe, en raison du petit nombre de fossiles communs et du peu de valeur stratigraphique de ceux qui se rencontrent à la fois dans les deux régions. En réalité, l'assimilation que l'on a faite des *Tissotia* africains avec les formes européennes ne paraît pas fondée et ne peut servir de base pour un parallélisme. D'autre part, on rencontre en France, dans l'étage turonien, des formes qui paraissent beaucoup plus voisines de celles d'Algérie que ne le sont les espèces de Dieulefit et de Gosau.

Leur aspect général est à peu près le même et elles n'en diffèrent guère que par leurs cloisons, denticulées au lieu d'être à contours simples.

Ainsi, dans la Charente-Inférieure, M. Arnaud a trouvé à Taillebourg, dans l'assise F[1] (Angoumien inférieur), un échantillon à peu près identique comme forme et comme ornementation à l'individu figuré par M. Péron (*loc. cit.*, pl. XV, fig. 10 et 11), et en Provence, M. Bertrand a trouvé à la base de l'étage turonien du ravin des Jeannots, près la Bédoule (Bouches-du-Rhône) des échantillons tout à fait analogues aux précédents.

M. Douvillé a d'ailleurs signalé l'analogie de *Tissotia Tissoti* avec *Ammonites Galliennei*, espèce que l'on trouve dans le tuffeau de Touraine en compagnie d'*Acanthoceras Deverioïdes*, *Prionotropis Woolgari*, *Sonneratia perampla*.

Enfin, il n'est pas sans intérêt non plus de signaler l'analogie d'une espèce d'Algérie, *Sonneratia Rollandi*, Péron, sp., avec une autre du tuffeau des environs de Saumur, décrite par Courtiller sous le nom d'*Am. cephalotus* : sous le rapport de la forme extérieure, elles sont à peu près complètement identiques; elles ne diffèrent guère que par le dessin des cloisons, qui sont beaucoup plus découpées dans la figure donnée par Courtiller que dans celle de M. Péron. J'ajouterai que Courtiller a figuré comme jeune de son *Am. cephalotus* un échantillon bien voisin de l'espèce de Tunisie décrite par M. Péron sous le nom de *Pachydiscus* (*Sonneratia*) *africanus*.

Ces dernières espèces sont indiquées comme appartenant à l'étage turonien de la Tunisie : elles doivent donc être considérées comme provenant d'un niveau inférieur à celui des *Tissotia Ficheuri* et *T. Tissoti*.

Or je regarde le tuffeau de Maine-et-Loire caractérisé par *Sonneratia perampla*, *Sonneratia cephalota*, *Mammites Revellierei* (=*Rochebrunei*), *Prionotropis Woolgari*, etc., comme inférieur au tuffeau de la vallée du Loir, des environs de Château-du-Loir et de Couture, où l'on rencontre bien encore *Prionotropis Woolgari*, mais aussi d'autres formes : *Acanthoceras Deverioïdes*

IMPRIMERIE NATIONALE.

et *Tissotia Galliennei;* ces dernières espèces n'ont jamais été trouvées dans le tuffeau de Maine-et-Loire, qui renferme au contraire *Mammites Revellierei* (=*Rochebrunei*), espèce cantonnée partout dans le turonien le plus inférieur.

On voit ainsi que *Sonneratia cephalota* habite un niveau inférieur à celui de *Tissotia Galliennei*, de même que *Sonneratia Rollandi* se trouve au-dessous de *Tissotia Tissoti :* il y a là, dans la position de ces formes similaires et l'on pourrait dire représentatives, une symétrie qui paraît favorable au parallélisme des assises qui les renferment. Je suis donc tout disposé, conformément aux idées déjà exprimées par M. Douvillé, à croire que *Tissotia Fourneli* et *T. Ficheuri* appartiennent plutôt à l'étage turonien qu'à l'étage sénonien.

Les *Tissotia* à cloisons simples sont très répandus, comme je l'ai dit précédemment, dans les couches crétacées du facies méditerranéen, en Afrique et en Palestine; ils ont été rencontrés en outre dans les couches de Gosau des Alpes-Orientales, dans les Corbières, dans l'Aquitaine, et de ce côté ils remontent vers le Nord jusqu'en Touraine, mais ils font complètement défaut dans la craie de Westphalie et dans celle de Bohême. Leur aire d'extension se trouve donc avoir à peu près la même limite que celle des couches jurassiques dites *à facies alpin*, et il est assez remarquable de voir pénétrer dans la région de la Loire ces fossiles caractéristiques de couches crétacées plus méridionales, alors qu'une circonstance analogue s'est déjà produite pendant l'ère jurassique : j'ai en effet montré, il y a quelques années, que l'on rencontre dans le Poitou un certain nombre de formes de brachiopodes spéciales aux couches de la région alpine.

Genre BARROISIA. A. DE GROSSOUVRE, nov. gen.

Ce genre, qui renferme des espèces très voisines des *Tissotia*, me paraît pouvoir être établi en raison de certains caractères particuliers.

Les cloisons diffèrent de celles des *Tissotia* par la réduction du nombre des lobes : la forme générale n'est pas la même non plus. Chez les *Tissotia*, les cloisons ne sont pas seulement très simples, ayant leurs selles à contours arrondis, comme cela se présente dans les *Tissotia* d'Afrique ou dans ceux de Dieulefit; mais elles peuvent être aussi denticulées comme dans les exemplaires d'Alcoy (Espagne), que M. Douvillé rattache aux *Tissotia*[1] et que

[1] Douvillé, *Classification des Cératites de la craie* (*Bull. Soc. géol. de France*, 3e série, XIX, p. 285, fig. 7).

M. Nicklès a décrits sous le nom de *Pulchellia* (*Tissotia*) *Chalmasi*[1]. Néanmoins, même chez ces derniers, les cloisons sont moins profondément déchiquetées que dans les formes que je groupe sous le nom de *Barroisia;* en outre, la selle interne de celles-ci est bien divisée par un lobule en deux parties inégales, comme dans *Tissotia,* mais la plus petite est du côté interne, au lieu de se trouver du côté externe.

Fig. 28.

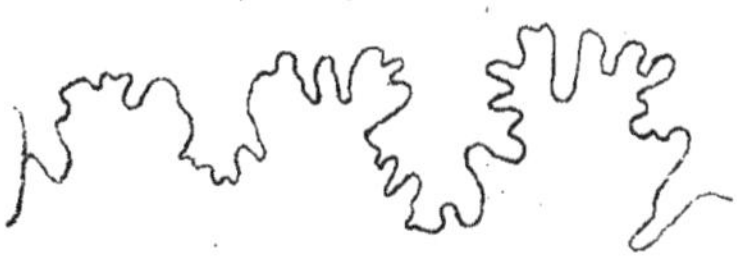

Barroisia Haberfellneri (gros. = 3,5), dessin de M. Douvillé, d'après l'échantillon de la craie de Villedieu représenté pl. II, fig. 3.

Ce ne sont assurément que des différences de second ordre, mais, comme je l'ai déjà dit, je crois qu'actuellement il y a avantage à multiplier les coupures, de manière à ne grouper dans un même genre que des formes réellement affines. Il est préférable, à mon avis, de tomber dans cet excès plutôt que d'établir des genres trop étendus qui risquent d'être hétérogènes, comme cela s'est produit pour les anciens genres *Acanthoceras*, *Schlönbachia*, etc.

BARROISIA HABERFELLNERI. F. von Hauer, sp.

(Pl. I, fig. 1 à 5, et pl. II, fig. 1 à 8.)

1859. **Ammonites petrocoriensis.** Coquand, *Synopsis des fossiles de la formation crétacée du sud-ouest de la France.*

1866. **Ammonites Haberfellneri.** F. von Hauer, *Neue Cephalopoden aus den Gosaugebilden*, p. 2, pl. I, fig. 1 à 5. (*Sitzungsber. der k. k. Akad. der Wissenschaften.* Bd. LIII.)

1872. **Ammonites Neptuni.** Gein (?), Fritsch und Schlönbach, *Cephalopoden d. böhmischen Kreide*, p. 30, pl. XIV, fig. 3.

1872. **Ammonites dentato-carinatus.** Röm, Fritsch und Schlönbach, *Cephalopoden d. böhmischen Kreide*, p. 32; pl. XVI, fig. 1 à 3.

(?) 1873. **Ammonites Haberfellneri.** Redtenbacher, *Die Cephalopodenfauna der Gosauschichten. Abhandl. d. k. k. geolog. Reichsanstalt*, t. V, p. 101; pl. XXIII, fig. 2.

1873. **Ammonites Päon.** Redtenbacher, *Die Cephalopodenfauna der Gosauschichten. Abhandl. d. k. k. geolog. Reichsanstalt*, t. V, p. 103; pl. XXIII, fig. 3.

[1] Nicklès, *Contributions à la paléontologie du sud-est de l'Espagne* (*Mémoires Soc. géol. de France, Paléontologie*, t. I, mémoire n° 4, p. 16; pl. I, fig. 17-19; pl. III, fig. 3).

1876. **Ammonites alstadenensis.** Schlüter, *Cephalopoden der oberen deutschen Kreide*, p. 152; pl. XL, fig. 13 à 16.

1885. **Buchiceras Nardini.** Fallot, *Crétacé du sud-est de la France*, p. 241; pl. III, fig. 3 et 4.

Coquille discoïdale, comprimée, dont la forme et l'ornementation sont très variables dans les diverses phases de développement.

Spire formée de tours embrassants, s'accroissant assez rapidement, très peu convexes sur les flancs.

Section des tours de forme trapézoïdale, ayant sa plus grande épaisseur au voisinage de l'ombilic.

Ombilic de grandeur médiocre, nettement séparé des flancs par un pourtour arrondi un peu anguleux.

Bord externe terminé par un biseau, obtus dans le jeune, se déprimant ensuite rapidement de manière à paraître même concave à cause de la saillie des tubercules latéraux; enfin, quand ceux-ci ont disparu, il reste déprimé et un peu convexe, mais la carène médiane s'est effacée complètement.

Les variations de l'ornementation et de la forme se produisent tellement rapidement, que je crois nécessaire de décrire complètement une série d'échantillons représentant ce type à divers degrés de développement.

Sur les échantillons de 2 à 3 centimètres de diamètre (pl. I, fig. 4 et 5; pl. II, fig. 3), les flancs sont ornés de côtes fortes, élevées, partant de l'ombilic et se dirigeant obliquement en avant. Ces côtes sont droites ou très faiblement arquées et elles se terminent vers le milieu de la hauteur des flancs par une surélévation de laquelle partent, en général, deux côtes légèrement flexueuses portant à leur extrémité, sur le pourtour externe, un tubercule transverse assez fortement relevé. Ces côtes externes sont larges, arrondies, peu saillantes, légèrement atténuées dans leur partie médiane. Entre elles, il s'en intercale parfois une qui prend naissance dans la région moyenne des flancs : si le point de départ de cette côte intercalaire se trouve au-dessus du milieu des flancs, elle n'est bien marquée qu'au voisinage même du bord externe; si, au contraire, elle part d'un point plus rapproché de l'ombilic, elle est surélevée au milieu de la hauteur des flancs, tout comme les côtes principales.

Le bord externe est limité de chaque côté par une série de tubercules symétriques placés à l'extrémité des côtes. Ils sont allongés dans le sens de la spirale et séparés par des intervalles un peu plus grands que leur longueur : leur nombre est deux ou trois fois plus grand que celui des côtes ombilicales.

Le bord externe est un biseau obtus dont le tranchant est crénelé ; chacune des dentelures de la carène médiane correspond à un des tubercules latéraux et se trouve légèrement en avant, par rapport à celui-ci.

Le bord externe se déprime très rapidement : déjà, à l'extrémité de la spire de certains individus n'ayant que 3 centimètres de diamètre, il est coupé à peu près carrément et la carène médiane est à peine apparente ; les deux rangées latérales de tubercules font alors saillie de chaque côté vers l'extérieur, de sorte que le bord externe semble concave.

Il existe entre les échantillons examinés quelques différences qui tiennent au mode de fossilisation et surtout à la nature de la gangue.

Dans un des échantillons provenant de la craie de Villedieu (pl. II, fig. 3), les côtes ombilicales présentent à leurs extrémités, c'est-à-dire sur le bord de l'ombilic et vers le milieu de la hauteur des flancs, une surélévation formant un petit tubercule aigu, moins prononcé vers l'ombilic qu'au milieu des flancs.

Sur les autres échantillons, dont l'état de conservation est moins bon ou dont la gangue est moins dure, c'est à peine si une légère surélévation au voisinage de l'ombilic laisse soupçonner en ce point l'existence du tubercule que montre l'échantillon, mieux conservé, dont je viens de parler ; la côte ombilicale aussi est seulement surélevée à son extrémité, vers le milieu des flancs.

Lorsque la coquille se développe, les côtes ombilicales s'épaississent, deviennent moins nettes, moins tranchantes et se transforment en une grosse nodosité placée sur le bord de l'ombilic, de laquelle partent deux côtes très larges, peu marquées, très affaiblies dans la région médiane des flancs et allant aboutir sur le bord externe à des tubercules transverses très saillants. A ce stade, le point de bifurcation des côtes est donc beaucoup plus rapproché de l'ombilic, et si, de distance en distance, il s'intercale une côte supplémentaire, celle-ci n'est guère visible que sur la région externe au voisinage immédiat du tubercule qui la termine. C'est à ce stade également que les tubercules externes deviennent très prononcés, très proéminents vers l'extérieur, de telle sorte que le contour ventral, à peu près méplat, paraît concave à cause de la saillie des deux rangées de tubercules entre lesquels il est compris ; c'est avec peine que l'on peut distinguer en son milieu une légère arête qui correspond à la carène dentelée du stade précédent.

Plus tard, les côtes qui réunissent les nodosités du bord de l'ombilic aux tubercules du pourtour interne s'affaiblissent peu à peu dans la région médiane des flancs et finissent même par disparaître complètement ; à un stade ultérieur, les nodosités ombilicales et les tubercules externes disparaissent à leur tour et la coquille devient complètement lisse, à section subquadrangulaire, à bord externe très faiblement convexe : l'individu de la planche I, fig. 2, présente cet aspect sur une longueur d'environ un tiers de tour paraissant correspondre à la dernière loge.

La forme et l'ornementation de la coquille se modifient très notablement suivant son degré de renflement ou d'aplatissement, et on trouve toute une série de variétés présentant entre elles à peu près les mêmes relations que celles qui existent entre *Am. varians, Am. Coupei* et les échantillons formant passage graduel entre ces formes extrêmes.

Dans les variétés plates (pl. II, fig. 2, 4, 7 et 8), l'ombilic est plus petit et plus nettement séparé des flancs; le bord externe est formé par un biseau plus tranchant. L'ornementation est plus faible, les côtes sont moins prononcées et plus nombreuses; elles disparaissent plus tôt et la coquille devient presque complètement lisse avant d'avoir atteint un diamètre un peu grand. C'est à peine si l'on voit alors sur le bord de l'ombilic quelques nodosités allongées et obliques. Le pourtour externe est encore orné de petits tubercules et le bord externe a toujours la forme d'un biseau à carène très faiblement crénelée. Souvent même, sur les moules internes, on n'aperçoit plus aucune trace des côtes au voisinage de l'ombilic, et l'ornementation se réduit à la triple rangée des dents de la carène et des tubercules latéraux, eux-mêmes très effacés et à peine visibles. Cependant, sur quelques échantillons de même taille ayant conservé leur test, on aperçoit au voisinage de l'ombilic de petites côtes fortement infléchies en avant, mais s'effaçant avant d'avoir atteint le premier quart de la hauteur des flancs.

Sur un échantillon (pl. II, fig. 8) ayant 4 centimètres de diamètre et seulement 6 millimètres d'épaisseur et ayant conservé son test, l'ornementation est si faible, que pour l'apercevoir il faut faire miroiter la coquille à la lumière; les dentelures de la quille médiane et des carènes latérales sont à peine perceptibles. Cet échantillon montre que la plus grande épaisseur de la coquille n'est pas exactement sur le bord de l'ombilic, mais à peu près au tiers de la hauteur des tours.

Dans les exemplaires renflés, la saillie des tubercules ombilicaux donne, au contraire, l'illusion que la plus grande épaisseur se trouve près de l'ombilic, ainsi que je l'indiquais en commençant. Ceux-ci ont l'ombilic relativement plus grand et l'ornementation beaucoup plus vigoureuse; les côtes sont moins nombreuses et plus fortes. Tandis que sur les échantillons de forme moyenne le nombre des côtes ou des nodosités du bord de l'ombilic est d'environ onze par tour, il peut se réduire à six ou sept, comme sur l'échantillon que j'ai fait figurer pl. II, fig. 6. Ces nodosités sont alors tellement prononcées et tellement saillantes, qu'elles forment tout autour de l'ombilic une rangée de pointes, à peu près comme dans *Ammonites orthocera* du Kimméridien.

De nombreuses variétés se rattachent donc à ce type spécifique. L'aspect général de la coquille et son ornementation sont si différents aux divers stades du développement, qu'on pourrait être entraîné à en faire des espèces distinctes : c'est ainsi, par exemple, que le nombre des tubercules externes peut varier de seize, dans les échantillons les plus renflés, à trente-six dans les échantillons plats. J'ai indiqué, en outre, combien le mode de fossilisation, la nature de la gangue, la conservation du test, pouvaient entraîner de différences dans certains détails de l'ornementation.

En comparant entre eux les divers échantillons que j'ai fait figurer, on pourra constater qu'il n'en existe pas deux qui soient complètement identiques et que les différences entre eux sont souvent de même ordre que celles qui ont motivé dans bien des cas la création d'espèces différentes.

Il est bien certain que je n'aurais pu identifier et rapporter au même type spécifique tous ces individus si je n'avais pas eu sous les yeux une grande quantité d'exemplaires présentant toute une série de formes intermédiaires et établissant une gradation continue depuis les échantillons à forme comprimée, à ornementation nulle ou peu apparente et ceux plus renflés à ornementation très vigoureuse et très saillante. Comme tous ces exemplaires proviennent, sinon du même gisement, du moins de localités peu éloignées, et qu'ils appartiennent tous à un même horizon géologique bien nettement défini, on pourrait presque dire à la même couche, il faut bien n'y voir que des variations d'un même type et les comprendre sous la même désignation spécifique.

Cependant, il me paraît utile d'établir dans cette série continue de formes variées un certain nombre de points de repère pour définir les variations que l'on peut avoir l'occasion d'observer dans chaque localité.

Je distinguerai donc :

1° *Barroisia Haberfellneri*, type, pour les formes demi-renflées, telles que l'individu de la planche I, fig. 1 ;

2° *Barroisia Haberfellneri*, var. *alstadenensis*, Schlüter, pour les formes plates à ornementation faible, telles que les individus de la planche II, fig. 4

et 7, qui me paraissent bien correspondre à l'exemplaire de Westphalie figuré par M. le docteur Schlüter sous le nom d'*Am. alstadenensis* (*Cephalopoden der ob. d. Kreide*, pl. XL, fig. 13 à 15);

3° *Barroisia Haberfellneri*, var. *Desmoulinsi*, pour les formes très renflées telles que l'individu de la planche II, fig. 6, qui me paraît correspondre à l'exemplaire représenté par MM. Fritsch et Schlönbach sous le nom d'*Ammonites dentato-carinatus* (*Cephal. d. bömischen Kreide*, pl. XVI, fig. 3);

4° *Barroisia Haberfellneri*, var. *Harléi*, pour les variétés très plates et à peu près lisses, telles que les individus représentés pl. II, fig. 7 et 8.

Cloisons. — La ligne suturale de *B. Haberfellneri* est assez réduite et ne comprend, outre le lobe siphonal, que deux lobes latéraux et un lobe auxiliaire. Le premier lobe latéral est de forme très irrégulière : il est bifide à son extrémité et présente du côté externe une échancrure très développée, assez analogue à celle que l'on rencontre dans certaines cloisons d'*Hoplitidés*. Le contour de la première selle latérale est très déchiqueté : cette selle est subdivisée en trois parties par deux lobules.

Le dessin ci-dessous, pris sur l'échantillon de la figure 3, pl. II, provenant de la craie de Villedieu, donne les détails de cette cloison.

Fig. 29.

Barroisia Haberfellneri (gros. = 3,5), dessin de M. Douvillé, d'après l'échantillon représenté pl. II, fig. 3.

Observations. — C'est Coquand qui, le premier, en 1859, dans son *Synopsis des fossiles de la formation crétacée du sud-ouest de la France*, a signalé, sous le nom d'*Ammonites petrocoriensis*, le type que je viens de décrire; mais comme sa diagnose n'était accompagnée d'aucune figure, ce nom doit être écarté de la nomenclature. J'ai cru devoir reproduire pl. II, fig. 5, l'individu qui a servi de type à Coquand; je donne ici la description du synopsis :

« Coquille légèrement renflée au milieu, de la forme des *Ammonites syriacus*, costulée et tuberculeuse; ombilic très étroit, côtes épaisses, plates, mal indiquées, partant du pourtour de l'ombilic, où elles commencent par un tubercule très saillant, se bifurquant ou se trifurquant et s'effaçant, pour ainsi dire, sur la partie médiane du tour et se terminant autour du dos par un tubercule très saillant. Dos tranchant, formé par une carène tuberculeuse. Chaque tubercule correspond aux tubercules dorsaux, c'est-à-dire que le dos présente trois séries de tubercules, dont les médians tranchants et allongés. Montignac (Dordogne), de la collection de l'École des Mines. »

Coquand avait classé à tort cette espèce dans son étage campanien, tandis que les couches de Montignac appartiennent, au contraire, à la partie inférieure de l'étage conacien, ainsi que l'a démontré plus tard Harlé dans sa *Note sur le niveau des calcaires crétacés de Sarlat (Dordogne)*. [*Bul. Soc. géol. de France*, 2e série, XX, p. 120; 1862.]

En 1866, M. F. von Hauer a décrit et figuré sous le nom d'*Ammonites Haberfellneri* une espèce basée sur l'examen de divers échantillons recueillis dans les couches de Gosau, à Gams, près Hieflau (Styrie), et dans les environs de Strobl-Weissenbach, près Saint-Wolfgang (Haute-Autriche). La figure 1, pl. I, de ce savant paraît se rapporter assez exactement à certains échantillons que j'ai eu l'occasion d'examiner et en particulier à celui représenté ici, pl. I, fig. 1. Je ne pense pas que l'assimilation puisse être douteuse : la coupe des tours, pl. I, fig. 2 (v. Hauer), faite suivant un plan passant par une nodosité ombilicale et un tubercule externe, correspond bien à ce que donnerait une coupe analogue faite dans les échantillons de France; les figures 3 et 4 sont également bien conformes à ce que l'on trouve dans ces derniers. Le dessin des cloisons concorde aussi exactement qu'on peut le désirer pour un dessin, fait vraisemblablement à main levée, avec celui qu'il a été possible de relever sur l'échantillon de la craie de Villedieu.

En 1873, Redtenbacher, dans son ouvrage sur les céphalopodes des couches de Gosau, a soumis à une revision les échantillons examinés par M. F. von Hauer et a cru devoir y distinguer deux espèces, en raison des différences qui existeraient dans l'ornementation et dans le dessin des cloisons. Cependant si l'on compare, pour la structure des lobes, les figures données par Redtenbacher avec celles de M. F. von Hauer, on ne trouve entre elles que des différences d'ordre tout à fait secondaire et qui ne paraissent pas suffisantes pour motiver une distinction spécifique.

Redtenbacher a conservé le nom d'*Am. Haberfellneri* pour des échantillons de Gams; il en fait figurer trois, dont l'un (pl. XXIII, fig. 2a) est un jeune de

14 millimètres de diamètre, assez peu caractérisé; l'autre (pl. XXIII, fig. 2[b]) est en trop mauvais état pour qu'il soit possible d'en dire quelque chose. Le troisième (même planche, fig. 2[c]) est à peu près de même taille que l'échantillon de M. von Hauer (pl. II, fig. 1), mais présente néanmoins des différences telles, qu'il nous paraît difficile de le rapporter à la même espèce. La figure de M. von Hauer représente un échantillon de taille moyenne ayant 62 millimètres de diamètre total, un ombilic de 11 millimètres de diamètre et possédant environ 12 nodosités ombilicales et 23 tubercules externes, tandis que l'échantillon représenté par Redtenbacher, pour un diamètre total de 62 millimètres et une largeur d'ombilic de 8 millimètres, ne montre que 5 ou 6 nodosités ombilicales et 24 tubercules externes. Or j'ai montré précédemment que les variations qui se rattachent au type d'*Am. Haberfellneri* obéissent à cette règle : les échantillons de forme renflée ont un ombilic proportionnellement plus large et un nombre beaucoup plus faible de nodosités ombilicales que les échantillons peu épais : si, à ce point de vue, la figure d'*Am. Haberfellneri* chez M. von Hauer répond bien à ce que l'on peut constater dans les échantillons de France, il n'en est pas de même de celle de Redtenbacher et dès lors il ne me paraît guère possible de rattacher l'échantillon qu'il a figuré sous le nom d'*Haberfellneri* au type défini par M. F. von Hauer.

Par contre, les figures de *Am. Päon* et en particulier les figures 3[a] et 3[b] correspondent assez bien, comme dimensions de l'ombilic et comme ornementation, au véritable type d'*Am. Haberfellneri :* Redtenbacher indique précisément dans le texte que pour lui les différences entre *Am. Päon* et *Am. Haberfellneri*, telles qu'il les comprend, consistent en ce que ce dernier n'a que 5 ou 6 nodosités ombilicales, tandis que l'autre espèce en a 9; que chez le premier le nombre des tubercules externes est de 18 ou 19, tandis qu'il est de 24 dans le second. Si l'on se reporte à la figure de M. von Hauer, pl. I, fig. 1, on constate, au contraire, comme je viens de l'indiquer, que le nombre des nodosités ombilicales y est bien plus élevé que dans l'individu figuré sous ce même nom par Redtenbacher, et que par contre l'accord est à peu près complet entre les figures d'*Am. Päon*, Redt., et *Am. Haberfellneri*, v. Hauer.

En 1872, MM. Fritsch et Schlönbach ont figuré avec doute sous le nom d'*Ammonites Neptuni*, Geinitz (*loc. cit.*), un échantillon des rognons de sphérosidérite formant le niveau le plus élevé des Priesener-Schichten aux environs de Priesen, sur la rive droite de l'Eger. M. Fritsch fait remarquer dans le texte que cet échantillon doit vraisemblablement se rapporter à *Am. dentato-carinatus*,

Römer, dont il a trouvé plusieurs échantillons dans le même gisement. Je considère en effet que cet échantillon aussi bien que ceux figurés sous le nom d'*Am. dentato-carinatus,* doivent être en réalité rapportés à une même espèce, à celle de M. von Hauer. La figure 2, planche XVI, montre notamment d'une manière bien nette la même ornementation que les jeunes échantillons que j'ai fait représenter, et la figure 3 de cette même planche se rapporte évidemment à la variété renflée de la figure 6, planche II.

En 1876, M. le docteur Schlüter a décrit sous le nom d'*Am. alstadenensis* une espèce des couches crétacées de Westphalie (Emscher-Mergel) qui doit également être réunie à l'espèce de M. von Hauer. C'est bien le même mode d'ornementation; cependant le savant professeur de l'université de Bonn n'indique qu'une nodosité ombilicale pour quatre dents du bord externe, tandis que dans les échantillons que j'ai examinés il n'y a jamais plus de trois dents externes pour un tubercule du bord de l'ombilic. M. le docteur Schlüter signale en outre que quelques côtes ont, vers la moitié de la hauteur des flancs, un petit tubercule qui est ensuite caché sous le recouvrement du tour suivant. C'est en effet une particularité que l'on retrouve sur un des échantillons de Villedieu; d'ailleurs M. le docteur Schlüter, à qui M. Arnaud a communiqué quelques-uns de ses échantillons du Périgord, n'a pas hésité à les rapprocher de son espèce [1]. Il convient d'ailleurs d'ajouter que l'espèce de Westphalie est fondée sur l'examen d'un seul bon échantillon, et que je ne vois pas de différences sensibles entre cet exemplaire et celui de ma planche II, figure 4.

Plus récemment, en 1885, M. Fallot a, dans un important mémoire sur le terrain crétacé du sud-est de la France (*Annales des sciences géologiques*, t. XVIII), figuré deux échantillons des grès verdâtres de Dieulefit sous le nom de *Buchiceras Nardini*, n. sp. (pl. III, fig. 3 et 4). Je les regarde comme se rapportant à *Am. Haberfellneri*. L'échantillon jeune, figure 4, ne peut se séparer des jeunes d'*Am. Haberfellneri* (voir pl. I, fig. 4 et 5, pl. II, fig. 3), tandis que l'adulte, figure 3, correspond au stade de développement représenté par la figure 3 de ma planche I. Je possède du reste un exemplaire d'Aubas, près Montignac, qui est absolument identique, sauf une taille légèrement supérieure, au moulage en plâtre de l'individu figuré par M. Fallot.

[1] Voici son appréciation : « Besonders interessant war mir den *Am. petrocoriensis*, Coq. kennen zu lernen. Derselbe hat die grösste Aehnlichkeit mit meinem *Am. alstadenensis* aus dem Emscher-Mergel. Sobald von ihrem Exemplare der Nabel freigelegt sein wird, wird man wohl mit Sicherheit entscheiden können ob beide wirklich identisch oder nur verwandt sind. »

Rapports et différences. — Les analogies de cette espèce avec *Am. Fleuriausi* d'Orb., de l'étage turonien, et *Am. dentato-carinatus*, Römer, de la craie du Texas, sont si peu prononcées que je ne crois pas devoir insister sur les caractères distinctifs. Il suffit de jeter un coup d'œil sur les figures de d'Orbigny et de Römer pour se rendre compte qu'aucune confusion n'est possible.

Barroisia Haberfellneri jeune présente au contraire beaucoup d'analogie avec *Am. Neptuni*, Geinitz (*Quadersandsteingebilde*. Pl. III, fig. 3), dont M. le docteur Schlüter a donné (*loc. cit.*) une série de bonnes figures; cette dernière espèce se distingue par des côtes plus nombreuses et plus serrées, leur point de bifurcation plus rapproché de l'ombilic, et surtout la forme de son bord ventral qui porte une quille dentelée très saillante, tandis que dans *B. Haberfellneri* il y a seulement une carène ventrale dentelée. La section des tours, qui est rectangulaire dans *Am. Neptuni*, est trapézoïdale dans *B. Haberfellneri*.

Habitat. — *Barroisia Haberfellneri* est cantonné dans les couches les plus inférieures de l'étage sénonien.

Dans le sud-ouest de la France, il caractérise la partie inférieure du sous-étage coniacien, l'assise K de M. Arnaud. Il est surtout abondant dans le Périgord, dans les marnes grises glauconieuses qui constituent la base de cet étage à Gourd-de-l'Arche près Périgueux, à Aubas près Montignac, à Paulin, à Saint-Cirq, à Sainte-Nathalène, etc.; malheureusement, en raison de la nature de la roche, il y est très rarement en bon état de conservation.

Dans le bassin de la Touraine, il a été trouvé par l'abbé Bourgeois et M. Le Mesle, dans les carrières de la Ribochère, commune de Couture (Loir-et-Cher), dans les calcaires durs, spathiques ou gréseux qui constituent la base de la craie de Villedieu.

Il a été cité dans les grès de Dieulefit par Schlönbach, et plus récemment sous le nom de *Buchiceras Nardini* par M. Fallot (*loc. cit.*); M. Carez l'a signalé sous le nom d'*Am. alstadenensis* des grès siliceux des environs de Nyons (*Bull. Soc. géol. de France*, 3e série, XI, p. 363).

Il se trouve dans les couches crétacées des Alpes orientales, dites *couches de Gosau*.

En Westphalie, il existe dans l'étage de l'Emscher-Mergel.

En Bohême, il habite la partie supérieure des Priesener-Schichten.

Échantillons examinés. — Plus de cent échantillons de la craie du Périgord : collections Arnaud, Boreau-Lajanadie, Desmond, Mouret, A. de Grossouvre.

Trois échantillons de la craie de Touraine : collection de l'abbé Bourgeois à l'École de Pontlevoy (Loir-et-Cher) et collection Le Mesle.

EXPLICATION DES FIGURES.

Planche I.

Fig. 1ᵃ. — Individu (collection Arnaud) bien conforme au type de l'espèce, vu de côté, montrant le stade moyen de développement; les côtes ombilicales, encore visibles au commencement du dernier tour, se transforment, vers l'extrémité de celui-ci, en tubercules allongés.

Calcaires glauconieux de l'étage coniacien : assise K de M. Arnaud.

Les Eyzies (Dordogne).

Fig. 1ᵇ. — Le même, vu du côté ventral pour montrer la carène dentelée et les variations de forme du bord externe, d'abord terminé en biseau obtus et devenant méplat à l'extrémité du dernier tour.

Fig. 2ᵃ. — Individu (collection Arnaud) de la plus grande taille connue, vu de côté, montrant la disparition des tubercules ombilicaux et ventraux sur le dernier tour.

Calcaires glauconieux de l'étage coniacien : assise K de M. Arnaud.

Gourd-de-l'Arche, près Périgueux (Dordogne).

Fig. 2ᵇ. — Le même, vu du côté ventral pour montrer la forme du bord externe.

Fig. 3ᵃ. — Individu (collection Arnaud) un peu plus renflé que le type.

Calcaires glauconieux de l'étage coniacien : assise K de M. Arnaud.

Gourd-de-l'Arche, près Périgueux (Dordogne).

Fig. 3ᵇ. — Le même, vu du côté ventral : le bord externe, légèrement convexe à la partie inférieure du profil, est devenu assez fortement concave à la partie supérieure, en raison de la saillie des tubercules ventraux.

Fig. 4ᵃ. — Individu jeune (collection A. de Grossouvre), vu de côté pour montrer l'ornementation des flancs à la taille immédiatement inférieure à celle de l'individu représenté par la figure 1.

Calcaires marneux glauconieux de la partie inférieure de l'étage coniacien : assise K de M. Arnaud.

Aubas, près Montignac (Dordogne).

Fig. 4ᵇ. — Le même, vu du côté ventral.

Fig. 5ᵃ. — Individu jeune (collection le Mesle), appartenant à une variété un peu plus renflée que le type. L'ombilic est proportionnellement plus large et les côtes, plus épaisses, sont moins nombreuses.

Craie de Villedieu, partie inférieure : calcaires durs à texture gréseuse et à bryozoaires, exploités à la Ribochère près Couture (Loir-et-Cher).

Fig. 5ᵇ. — Le même, vu du côté ventral.

Planche II.

Fig. 1^a. — Individu (collection Arnaud) intermédiaire entre le type et la variété *Desmoulinsi*, de taille moyenne, vu de côté : on voit que les tubercules et les côtes sont moins nombreux et que l'ornementation est beaucoup plus vigoureuse.

Calcaires glauconieux de l'étage coniacien : assise K de M. Arnaud.
Gourd-de-l'Arche, près Périgueux (Dordogne).

Fig. 1^b. — Le même, vu du côté ventral.

Fig. 2^a. — Individu de taille moyenne (collection Arnaud), type de la variété *Harléi*, vu de côté pour montrer l'absence complète d'ornementation sur les flancs, où persistent seulement sur le bord externe des tubercules très atténués.

Calcaires glauconieux de l'étage coniacien : assise K de M. Arnaud.
Gourd-de-l'Arche, près Périgueux (Dordogne).

Fig. 2^b. — Le même, vu du côté ventral ; les tubercules de la carène médiane ont à peu près complètement disparu et la carène est devenue sensiblement lisse et continue ; on voit aussi que le bord externe se déprime avec l'âge.

Fig. 3. — Individu de petite taille (collection Le Mesle) ; moule interne en très bon état de conservation, montrant les petits tubercules qui existent à l'extrémité des côtes ombilicales.

Craie de Villedieu : partie inférieure. Calcaires durs à texture gréseuse et à bryozoaires, exploités à la Ribochère près Couture (Loir-et-Cher).

Fig. 4^a. — Échantillon d'assez grande taille (collection Arnaud) de la variété *alstadenensis*, bien conforme au type figuré par M. Schlüter (*Cephal. d. ob. deutschen Kreide*, pl. XL, fig. 13 à 16) ; les côtes visibles au commencement du dernier tour disparaissent à l'extrémité.

Calcaires glauconieux de l'étage coniacien : assise K de M. Arnaud.
Gourd-de-l'Arche, près Périgueux (Dordogne).

Fig. 4^b. — Le même, vu du côté ventral ; les tubercules de la carène ventrale sont visibles sur le dernier tour.

Fig. 5. — Échantillon type d'*Am. petrocoriensis*, Coq. (collection de l'École des Mines) ; il est déformé par compression et montre à l'extrémité du dernier tour, comme accident pathologique, un tubercule isolé à l'intérieur de la rangée des tubercules du bord externe.

Montignac (Dordogne).

Fig. 6^a. — Échantillon (collection Arnaud) type de la variété *Desmouslinsi*, vu de côté, remarquable par son épaisseur et la vigueur de son ornementation.

Calcaires glauconieux de l'étage coniacien : assise K de M. Arnaud.
Gourd-de-l'Arche, près Périgueux (Dordogne).

FIG. 6^b. — Le même, vu du côté ventral : les tubercules de la carène ventrale ont disparu en raison du mauvais état de conservation de l'échantillon.

FIG. 7^a. — Individu jeune (collection Arnaud), d'une variété intermédiaire entre la var. *alstadenensis* et la var. *Harléi*, vu de côté, sur lequel les côtes ont déjà disparu à l'extrémité du dernier tour.
Calcaires glauconieux de l'étage coniacien : assise K de M. Arnaud.
Gourd-de-l'Arche, près Périgueux (Dordogne).

FIG. 7^b. — Le même, vu du côté ventral.

FIG. 8^a. — Individu jeune (collection Arnaud), appartenant à la var. *Harléi*, montrant l'absence de toute ornementation dès cette taille.
Calcaires glauconieux de l'étage coniacien : assise K' de M. Arnaud.
Gourd-de-l'Arche, près Périgueux (Dordogne).

FIG. 8^b. — Le même, vu du côté ventral.

BARROISIA NICKLÈSI. A. DE GROSSOUVRE, n. sp.

(Pl. III, fig. 2.)

Cette espèce rappelle tout à fait par sa forme la précédente : les échantillons que j'en ai sous les yeux sont malheureusement insuffisants pour étudier l'espèce à ses divers degrés de développement.

Toutefois ils montrent bien nettement que cette forme ne peut être assimilée à une variété de *B. Haberfellneri*, car, tout en présentant le même aspect et le même mode d'ornementation, elle en diffère par ce caractère qu'elle a l'ombilic proportionnellement beaucoup plus large, les tours moins épais et une ornementation relativement peu accentuée. Si nous avions seulement affaire à une variété de *B. Haberfellneri*, formant un terme de la série précédemment définie, cette forme, avec la largeur relativement grande de son ombilic, devrait être beaucoup plus renflée et ornée de côtes et de tubercules plus accentués. Elle se distingue encore de *B. Haberfellneri* par son bord ventral beaucoup plus déprimé, possédant une carène plus obtuse non tuberculée.

Cloisons. — Inconnues.

Gisement. — Cette espèce habite un niveau supérieur à celui où est cantonné *B. Haberfellneri*, dont elle constitue ainsi une mutation : elle a été recueillie dans les calcaires blancs, compacts, pétris de nombreux bryozoaires qui recouvrent dans la Charente les grès de la partie inférieure du coniacien et qui constituent les couches groupées par M. Arnaud sous la lettre L¹.

Les échantillons examinés proviennent l'un de Toutyfaut, près Angoulême, l'autre de la Quina, près Lavalette (Charente).

EXPLICATION DES FIGURES.

Planche III.

FIG. 2ᵃ. — Individu, type de l'espèce, vu de côté.
Calcaires blancs à texture gréseuse et à bryozoaires du coniacien moyen : assise L¹ de M. Arnaud.
Toutyfaut, près Angoulême (Charente).

FIG. 2ᵇ. — Le même, vu du côté ventral.

BARROISIA SEQUENS. A. DE GROSSOUVRE, n. sp.

(Pl. III, fig. 1.)

Cette coquille a la même forme générale que l'espèce précédente, mais son ornementation est bien différente : elle se compose de côtes larges, peu élevées, peu distinctes, assez serrées, se terminant vers le pourtour externe par un petit tubercule transverse; quelquefois entre deux côtes principales, il s'intercale une côte secondaire qui n'est visible que sur la moitié externe des flancs.

Cloisons. — Inconnues.

Gisement. — Elle se trouve avec l'espèce précédente dans les calcaires blancs, compacts, à bryozoaires, assise L¹ de M. Arnaud.

Échantillon examiné : un seul de Toutyfaut, près Angoulême.

EXPLICATION DES FIGURES.

Planche III.

FIG. 1. — Individu, type de l'espèce, vu de côté.
Calcaires blancs à texture gréseuse et à bryozoaires du coniacien moyen : assise L¹ de M. Arnaud.
Toutyfaut, près Angoulême (Charente).

BARROISIA BOISSELLIERI. A. de Grossouvre, n. sp

(Pl. III, fig. 3.)

Ammonite discoïdale, comprimée.

Spire formée de tours beaucoup plus hauts que larges, recouverts sur la moitié de leur hauteur.

Ombilic moyen, peu profond, à paroi verticale séparée des flancs par un pourtour anguleux.

Flancs médiocrement convexes.

Section des tours subovalaire ayant sa plus grande largeur vers le milieu de la hauteur.

Bord externe très déprimé, tronqué presque carrément, orné en son milieu d'une quille peu saillante.

Les flancs sont ornés de côtes simples, légèrement flexueuses, étroites, un peu élevées, séparées par d'assez grands intervalles et terminées sur le bord externe par un tubercule transverse très peu saillant en dehors.

Cloisons. — Peu visibles sur l'échantillon examiné, mais paraissant bien se rapporter au type des cloisons de *Barroisia.*

Observations. — Cette espèce se distingue facilement par ses côtes étroites flexueuses, espacées, ornées seulement d'un tubercule externe.

Habitat. — Étage coniacien moyen.

Échantillon examiné. — Un seul (collection Arnaud) provenant des calcaires blancs grenus de la Quina; assise L^1 de M. Arnaud.

EXPLICATION DES FIGURES.

Planche III.

Fig. 3^a. — Individu (collection Arnaud) type de l'espèce, vu de côté.
Calcaires blancs à texture gréseuse et à bryozoaires du coniacien moyen; assise L^1 de M. Arnaud.
La Quina, près Lavalette (Charente).

Fig. 3^b. — Le même, vu du côté ventral.

IMPRIMERIE NATIONALE.

RÉSUMÉ.

Les *Barroisia* sont caractéristiques de l'étage coniacien; néanmoins ils paraissent cantonnés de préférence dans les couches inférieures et moyennes de cet étage, et je n'en connais pas d'échantillons provenant des couches les plus supérieures situées immédiatement sous l'étage santonien.

La répartition géographique de ce genre est assez étendue en Europe, car nous le voyons représenté dans la craie de Bohême, de Westphalie, de la Touraine, de l'Aquitaine, du bassin de Dieulefit et des Alpes orientales. J'ai recueilli dans les Corbières, dans les couches à *Micraster brevis* des environs de Rennes-les-Bains, un fragment d'ammonite appartenant à ce genre, mais ne rentrant dans aucune des espèces précédemment définies.

En Afrique, ce genre paraît représenté par *Schlönbachia tunetana*, Péron, forme qui me semble devoir être rattachée à ce groupe et non aux *Schlönbachia*.

Je ne connais pas de formes analogues de l'Inde ni de l'Amérique.

Genre MORTONICERAS. Meek.

Ce genre a été établi par Meek (1876, *in Hayden, Ann. rep. of the U. S. geol. surv. of the territories*) en prenant pour type *Ammonites vespertinus*, Morton. Or, Gabb qui a comparé des spécimens d'*Am. texanus*, Römer, de la même localité que l'original de Morton, dit que les deux espèces sont absolument identiques en tout, la figure de Morton étant très défectueuse. Je prends donc, comme type du genre *Mortoniceras*, *Ammonites texanus* de Römer.

Ce groupe renferme des espèces que Neumayr avait rattachées à son genre *Schlönbachia* : ce sont en général des coquilles dont la section des tours est plus élevée que large, de forme subquadrangulaire, à bord externe large et orné sur la ligne siphonale d'une petite quille arrondie très peu saillante.

La cloison ressemble par certains traits à celle des *Acanthoceras*, sauf que le premier lobe latéral est arrondi à son extrémité et terminé par des digitations ayant toutes à peu près la même valeur, de sorte que l'on n'y distingue pas, ou tout au moins très peu nettement, la fourche terminale caractéristique des *Acanthoceras* et des *Stoliczkaia*. La ligne suturale très réduite ne comprend en dehors du lobe siphonal que deux lobes latéraux. Les extrémités des lobes forment une ligne droite normale à l'enroulement, c'est-à-dire que, déroulée sur un plan, la cloison est limitée supérieurement par une droite perpendiculaire à son axe.

Les échantillons de *Mortoniceras texanum* que j'ai examinés ne m'ont pas montré les cloisons en assez bon état pour permettre d'en prendre le dessin : j'ai pu m'assurer cependant qu'elles présentent une analogie complète avec celles des autres *Mortoniceras*, et en particulier celles de *M. Bourgeoisi*, dont je donne ci-dessous le dessin.

Fig. 30.

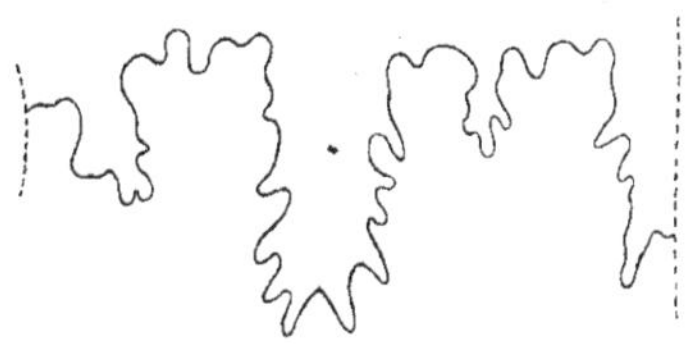

Mortoniceras Bourgeoisi (gros. = 4), d'après l'échantillon de la craie de Villedieu représenté pl. XIV, fig. 5.

MORTONICERAS ZEILLERI. A. DE GROSSOUVRE, n. sp.

(Pl. XIV, fig. 1.)

1867. **Ammonites texanus.** Schlüter, *Jüngsten Ammoneen Norddeutschlands, p. parte*, p. 32, pl. VI, fig. 1^a, 1^b (non fig. 3).

Coquille discoïdale, comprimée.

Spire formée de tours peu embrassants, à section ovalaire un peu rétrécie sur le bord externe.

Ombilic assez grand, se raccordant graduellement avec les flancs par un pourtour arrondi.

Les flancs sont ornés de côtes élevées, arrondies, assez espacées, droites, radiales et interrompues sur le bord externe, dont le milieu est occupé par une quille arrondie très peu saillante.

Les côtes portent quatre tubercules ou nodosités : la première, consistant seulement en une légère surélévation de la côte, est située d'abord au voisinage immédiat de l'ombilic sur les premiers tours, puis s'en écarte peu à peu sur les tours suivants et arrive finalement à peu près vers le quart de la hauteur des flancs; la seconde, de forme arrondie, est située vers les deux tiers de la hauteur, et les deux dernières constituent deux tubercules très rapprochés, transverses et saillants, placés sur le bord externe. Entre le deuxième et le troisième tubercule, les côtes se bifurquent souvent en deux costules séparées par une légère dépression en forme de gouttière. Entre le troisième et le quatrième tubercule, les côtes sont très effacées. Les tubercules de la rangée externe sont assez allongés dans le sens de l'enroulement et séparés par des intervalles à peu près égaux à leur longueur; souvent la quille médiane se surélève un peu vis-à-vis d'eux et prend un aspect ondulé.

Cloisons. — Se rapportent au type défini précédemment.

Rapports et différences. — Cette espèce diffère de *Mortoniceras texanum* parce que ses côtes ne portent que quatre tubercules au lieu de cinq. Elle se distingue de *Mortoniceras Bourgeoisi* par trois tubercules à l'extrémité des côtes au lieu de deux, et de *M. serrato-marginatum,* parce que le troisième tubercule est plus rapproché du quatrième que du deuxième, tandis que c'est l'inverse dans cette dernière espèce.

L'échantillon des marnes de Hernes (Westphalie), étage de l'Emscher-Mergel, figuré en 1867 par M. le docteur Schlüter sous le nom de *Am. texanus* (non *A. texanus,* Römer), me paraît appartenir bien nettement à cette espèce.

Gisement. — En Westphalie, dans l'étage de l'Emscher-Mergel; en France, dans les calcaires qui forment la base de la craie de Villedieu.

Échantillon examiné. — Un seul (collection de la Sorbonne), provenant des calcaires durs exploités dans les carrières de la Ribochère, commune de Couture (Loir-et-Cher).

EXPLICATION DES FIGURES.

Planche XIV.

FIG. 1ᵃ. — Individu (collection de la Sorbonne) vu de côté, montrant des côtes droites, radiales, surélevées au voisinage de l'ombilic et portant trois tubercules à leur extrémité externe; mais la distance entre le premier tubercule du côté interne et le second est beaucoup plus grande que celle de celui-ci au dernier, caractère qui distingue cette espèce de *M. serrato-marginatum.*

Calcaires de la base de la craie de Villedieu. Carrières de la Ribochère, commune de Couture (Loir-et-Cher).

FIG. 1[b]. — Le même, vu du côté ventral.

MORTONICERAS SERRATO-MARGINATUM. REDTENBACHER, sp.

(Pl. XVI, fig. 1.)

1872. **Ammonites texanus.** Schlüter, *Cephalopoden der oberen deutschen Kreide*, p. 41; pl. XII, fig. 1 à 3.

1873. **Ammonites serrato-marginatus.** Redtenbacher, *Die Cephalopodenfauna der Gosauschichten, Abhandl. d. k. k. geol. Reichsanstalt*, t. V, p. 110; pl. XXV, fig. 2.

1876. **Ammonites Emscheris.** Schlüter, *Cephalopoden der oberen deutschen Kreide*, p. 115; pl. XLII, fig. 8 à 10.

Coquille discoïdale, comprimée.

Spire formée de tours peu embrassants, croissant assez lentement, à section subquadrangulaire, à flancs peu convexes.

Ombilic large, peu nettement séparé des flancs avec lesquels il se raccorde par un pourtour arrondi.

Les flancs sont ornés de côtes le plus souvent simples, larges et élevées, séparées par des intervalles bien supérieurs à leur largeur, légèrement infléchies en avant, élevées ou subtuberculées autour de l'ombilic, encore un peu surélevées vers le tiers de la hauteur et terminées extérieurement par une double rangée de tubercules très rapprochés, au delà desquels elles se continuent par une ondulation peu marquée, un peu plus infléchie en avant que la côte proprement dite et finissant à un tubercule transverse, allongé et très saillant. Sur le milieu du bord externe s'élève une petite quille lisse, arrondie, mais dont la saillie est bien inférieure à celle de la rangée latérale de tubercules : en face de ceux-ci, la quille est d'ordinaire un peu surélevée.

Dans les échantillons jeunes, les côtes sont un peu plus flexueuses et inégales : parfois elles partent par paires d'un tubercule ombilical.

Les trois tubercules externes sont transverses et vont en croissant très rapidement de longueur du plus interne à l'externe : les deux premiers du côté interne très rapprochés, presque confondus par leur base, constituent en quelque sorte un gros tubercule bifide. Les tubercules de la rangée la plus externe, nettement distincts des deux précédents, sont très allongés dans le sens de l'enroulement et sont séparés les uns des autres par des intervalles inférieurs à leur longueur. Ils font fortement saillie et encadrent le contour externe, qui semble concave.

Cloisons. — Les cloisons de cette espèce ressemblent à celles des divers autres *Mortoniceras*. La ligne de suture est très simple et se compose seulement, en dehors du lobe ventral, de deux lobes latéraux. Le premier lobe latéral est à peine plus long que le lobe ventral; le second lobe latéral est moitié plus court. Les lobes sont beaucoup plus étroits que les selles et terminés par des digitations. Les selles, assez larges, sont subdivisées en deux parties sensiblement égales par un lobule accessoire très développé dans la première selle latérale.

Fig. 31.

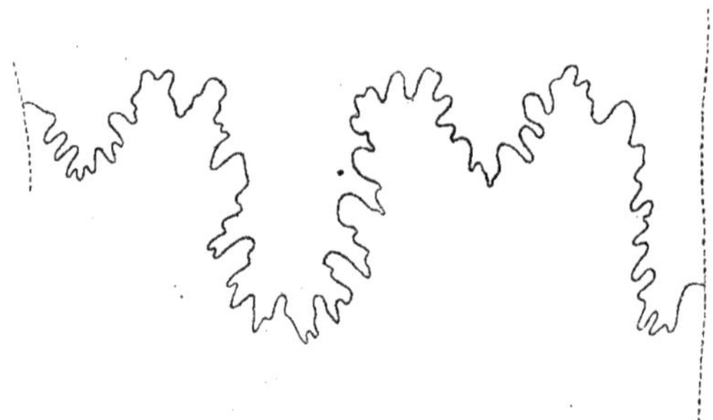

Mortoniceras serrato-marginatum (gros. = 2), d'après l'échantillon de la craie de Villedieu représenté pl. XVI, fig. 1.

L'ensemble de la ligne suturale est limité à sa partie supérieure par une ligne droite normale à l'enroulement.

Observations. — Cette espèce doit avoir été comprise par d'Orbigny, en 1850, parmi les formes qu'il a rattachées à un même type spécifique désigné par lui sous le nom d'*Ammonites Bourgeoisi* (*Prodrome de paléontologie stratigraphique*, t. II, terrains crétacés, 22e étage sénonien, n° 16, p. 212). Il le caractérise ainsi : « Belle espèce, voisine de l'*A. varians*, mais pourvue de côtes simples, ornées chacune, près du dos, de trois ou quatre tubercules externes; une carène munie de sillons latéraux. » Cette courte diagnose est insuffisante pour préciser le type spécifique, et le nom de d'Orbigny, bien qu'il ait été appliqué en général par tous les géologues français à l'espèce dont je viens de m'occuper, ne peut être conservé pour elle. Il est vrai que postérieurement M. Arnaud a fait dessiner un magnifique échantillon de cette espèce provenant de la Charente-Inférieure, mais la planche ne porte pas de date de publication et ne peut servir pour maintenir la priorité du nom de d'Orbigny.

Dans son premier ouvrage (1867) sur les céphalopodes de la craie supérieure de Westphalie et dans les premières livraisons de sa belle monographie (1872), M. le docteur Schlüter a décrit sous le nom d'*Ammonites texanus* une série de formes qui doivent vraisemblablement correspondre à celles que d'Orbigny avait en vue sous le nom d'*Am. Bourgeoisi*. En 1876, ayant reconnu la confusion qu'il avait commise, il sépara, sous le nom d'*Am. Emscheris*, une forme de l'Emscher-Mergel de Westphalie, dont il précisa les caractères spéciaux dans les figures 8 à 10 de la planche XLII; à cette même espèce se rapporte incontestablement l'échantillon figuré d'abord sous le nom d'*Am. texanus*, pl. XII, fig. 1 à 3, mais les échantillons décrits sous ce même nom dans le mémoire de 1867 doivent être distingués comme appartenant à d'autres types spécifiques.

Pendant ce temps, Redtenbacher avait décrit en 1873, sous le nom d'*Ammonites serrato-marginatus* des échantillons provenant de Glaneck, près Salzbourg, d'un escarpement marneux situé au pied de l'Untersberg; ces échantillons me paraissent représenter le jeune de l'espèce dont je m'occupe. Si l'on compare, il est vrai, les figures de Redtenbacher avec les miennes, on y remarquera bien quelques différences. Sur les individus de Glaneck, le premier tubercule interne est situé immédiatement sur le bord de l'ombilic, tandis que sur l'échantillon de Villedieu il en est à une certaine distance. C'est là, en réalité, une différence qui est uniquement en rapport avec l'âge, et on peut voir sur la figure de la planche XVI que si, sur le dernier tour, le premier tubercule est à une certaine distance de l'ombilic, il s'en rapproche de plus en plus sur le tour précédent et qu'il est tout contre l'ombilic au commencement de celui-ci. J'ajouterai que j'ai recueilli dans les couches M[1] de la Charente des individus de la taille de ceux de Glaneck, qui leur sont complètement identiques, et comme M. Arnaud possède de ces mêmes couches un exemplaire de même taille que celui de Villedieu et absolument semblable, je crois qu'on ne doit pas hésiter à considérer les échantillons figurés sous le nom. d'*Am. serrato-marginatus* comme les jeunes de l'espèce de Westphalie définie par des formes adultes. Le nom d'*Am. serrato-marginatus* ayant la priorité doit donc être conservé et celui d'*Am. Emscheris* passer en synonymie.

Rapports et différences. — Cette espèce est facile à distinguer de *Mortoniceras texanum*, dont les côtes portent cinq rangées de tubercules nettement individualisés, et de *M. Bourgeoisi*, qui ne possède que deux tubercules à l'extrémité de ses côtes. Elle offre plus d'analogies avec *M. Zeilleri* en raison des trois tubercules externes que présente cette espèce, mais la disposition n'est pas la même des deux côtés : chez *M. Zeilleri*, l'intervalle (en partant du côté interne) entre le premier et le second tubercule externe est beaucoup plus grand que dans *M. serrato-marginatum*, chez lequel ces deux tubercules sont très rapprochés et se touchent presque.

Gisement. — *M. serrato-marginatum* habite les couches supérieures de l'étage coniacien et la base de l'étage santonien.

En Touraine, on le trouve dans la partie moyenne de la craie de Villedieu, dans les bancs à *Ostrea auricularis* immédiatement supérieurs aux calcaires durs spathiques de la base.

Dans l'Aquitaine, il a été recueilli dans les couches supérieures de l'étage coniacien, assise L^1 de M. Arnaud, et dans les couches inférieures de l'étage santonien, assise M^1 de M. Arnaud ; dans ce dernier gisement, il est accompagné de *Placenticeras syrtale* et *Mortoniceras texanum*.

Dans les Corbières, MM. Péron, Toucas et J^h Jean ont constaté sa présence dans les marnes à *Micraster brevis*, qui forment partout un horizon facile à distinguer.

Il a été aussi recueillli en Provence dans les marnes à micrasters du Beausset.

Dans les Alpes orientales, il existe dans les couches dites *couches de Gosau*, aux environs de Salzbourg.

En Westphalie, M. le docteur Schlüter a fait connaître son existence dans les marnes de l'Emscher-Mergel.

Dans la région subhercynienne, M. G. Müller a signalé sa présence sous le nom d'*Am. Emscheris* dans les marnes à nodules de phosphorite, exploitées aux environs de Zilly sur le revers septentrional du Hartz, niveau qu'il rattache à l'étage de l'Emscher. (*Jahrbuch der k. p. geol. Landesanstalt und Bergakademie*, 1887, p. 372.)

Échantillons examinés. — Échantillons de la craie de Touraine (collections de la Sorbonne, de l'École des mines, A. de Grossouvre).

Échantillons de la Charente et de la Dordogne (collections Arnaud et A. de Grossouvre).

Échantillons des Corbières (collections J[h] Jean, Péron et Toucas).

Échantillon du Beausset (collection de l'École des mines) provenant de l'ancienne collection Coste (de Marseille).

EXPLICATION DES FIGURES.

Planche XVI.

Fig. 1[a]. — Individu (collection A. de Grossouvre) vu de côté, pour montrer l'ornementation des flancs composée de côtes légèrement flexueuses, un peu obliques en avant, terminées par trois tubercules dont les deux premiers, assez rapprochés, semblent souvent réunis en un tubercule unique bifide.

Couche à *Ostrea auricularis* de la partie moyenne de la craie de Villedieu.

Carrières de la Ribochère, commune de Couture (Loir-et-Cher).

Fig. 1[b]. — Le même, vu du côté ventral.

MORTONICERAS BOURGEOISI. D'Orbigny, sp. emend. A. de Grossouvre.

(Pl. XIII, fig. 2; pl. XIV, fig. 2 à 5.)

1872. **Ammonites texanus.** Fritsch und Schlönbach, *Cephalopoden der böhmischen Kreide*, p. 28; pl. VI, fig. 5.

Cette espèce est très voisine de la précédente ; elle s'en distingue par ce caractère que les côtes ont, sur le bord externe, seulement deux rangées de tubercules au lieu de trois. Comme dans la série des échantillons, appartenant à ces formes, que j'ai eu l'occasion d'examiner, je n'en ai pas observé montrant le passage entre les deux types, je crois devoir maintenir entre eux une distinction spécifique.

Si l'étude de nouveaux matériaux permet un jour d'établir leur réunion, l'espèce dont je vais m'occuper pourra être considérée comme une variation de la précédente et désignée sous le nom de *M. serrato-marginatum*, var. *Bourgeoisi*.

L'examen d'échantillons de petite taille me permet de préciser les divers stades d'ornementation.

La coquille, vers le diamètre d'un centimètre, est à peu près complètement lisse ; puis vers cette taille commencent à se montrer des côtes un peu fortes, au nombre de huit environ par tour, entre lesquelles apparaissent plus tard des côtes un peu plus faibles. Toutes ces côtes sont flexueuses, presque falculiformes et s'infléchissent fortement en avant lorsqu'elles arrivent sur le pourtour externe. Elles sont le plus souvent inégales comme force et comme longueur : les unes commencent sur le bord même de l'ombilic par une partie subtuberculée, tandis que les autres, intercalées entre celles-ci, prennent naissance à une petite distance de l'ombilic, sont d'abord peu apparentes et deviennent de même valeur que les premières seulement sur la région externe des flancs. Toutes ces côtes croissent régulièrement en largeur de l'ombilic vers le bord externe; au point où elles se coudent brusquement en avant, au voisinage du bord externe, elles portent d'ordinaire un petit tubercule, mais ce dernier n'existe régulièrement sur toutes les côtes qu'à partir d'un certain diamètre.

Les côtes, très élargies, se terminent brusquement à une certaine distance de la quille médiane par des tubercules transverses très nets, au delà desquels on voit une ondulation très affaiblie présentant une forte inflexion en avant qui disparaît un peu plus loin, avant la quille médiane.

Au fur et à mesure que la coquille s'accroît, les différences entre les diverses côtes deviennent moins accentuées; néanmoins on remarque encore bien des écarts dans leur ornementation : tantôt, près de l'ombilic, la côte est surélevée en un tubercule presque conique, tantôt en un tubercule allongé plus ou moins prononcé.

Sur les échantillons de plus grande taille, la côte est surélevée et pincée dans la région ombilicale jusque vers le premier tiers de la hauteur des flancs; à partir de là, elle s'atténue très notablement jusqu'à la première rangée de tubercules externes.

Même sur les échantillons de grande taille, comme celui de la planche XIII, figure 2, on observe encore des inégalités entre les diverses côtes.

Sur les individus de formes plus épaisses, l'ornementation est plus vigoureuse et les tubercules ombilicaux sont plus accentués.

Cloisons. — Les cloisons sont à peu près semblables à celles du *M. serratomarginatum*, comme le montre la figure ci-dessous, et comme on peut le voir sur l'échantillon de la figure 2ᵃ de la planche XIII.

Fig. 32.

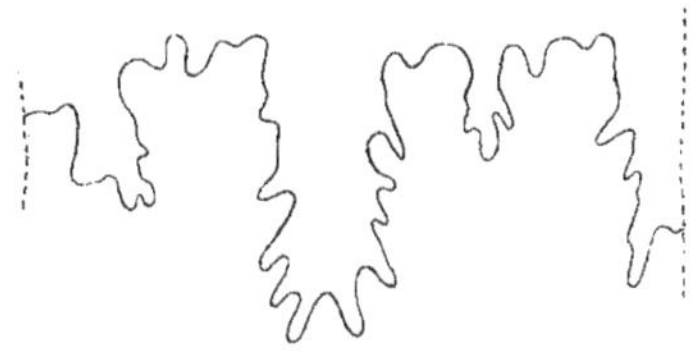

Mortoniceras Bourgeoisi (gros. = 4), d'après l'échantillon de la craie de Villedieu représenté pl. XIV, fig. 5.

Rapports et différences. — J'ai indiqué précédemment comment cette espèce se distingue de *M. serrato-marginatum;* j'ajouterai que ses côtes sont plus obliques en avant que celles de cette dernière.

Elle présente, dans le jeune âge, une assez grande analogie avec les jeunes de *Prionotropis Woolgari* figurés par d'Orbigny sous le nom d'*Ammonites Carolinus;* mais dans ces derniers, les tours sont un peu plus convexes, aussi bien sur les flancs que sur le bord externe; les côtes sont un peu plus espacées et moins nombreuses; les tubercules sont plus saillants et plus réguliers, mais le caractère distinctif le plus net est donné par la forme du bord externe, sur lequel on rencontre chez *Mortoniceras Bourgeoisi* seulement une quille arrondie peu élevée, tandis que dans *Prionotropis Woolgari* il porte une série de tubercules fortement saillants. Ce caractère suffit pour distinguer au premier coup d'œil les deux types malgré leur grande analogie; il sert également à séparer les formes adultes renflées de *M. Bourgeoisi* des individus de même taille appartenant à *Prionotropis Woolgari,* avec lesquels ils ont une grande similitude.

Observations. — Cette forme rentre dans l'ensemble de celles que d'Orbigny a groupées sous le nom d'*Am. Bourgeoisi* et je crois devoir lui conserver ce nom en l'appliquant spécialement au type que je viens de préciser.

Habitat. — Elle appartient aux couches les plus élevées de l'étage coniacien. En Touraine, elle se trouve avec *Mortoniceras serrato-marginatum* dans les couches moyennes de la craie de Villedieu, où elle est un peu moins rare que ce dernier. Dans les Corbières, elle habite aussi avec lui dans l'assise à *Micraster brevis.*

Échantillons examinés. — Échantillons de la craie de Villedieu, de la Ribochère, commune de Couture (Loir-et-Cher); de Langeais, Chenonceaux, etc. (Indre-et-Loire); [collection de l'abbé Bourgeois à l'École de Pontlevoy; collections Le Mesle, Péron, A. de Grossouvre, École des mines, Sorbonne].

Échantillons des Corbières (collections J[h] Jean, Péron, Savin et Toucas).

EXPLICATION DES FIGURES.

Planche XIII.

FIG. 2. — Superbe individu (collection Le Mesle) vu de côté : on voit qu'il n'existe à l'extrémité des côtes que deux tubercules, caractère qui distingue cette espèce de *M. serrato-marginatum.*
Couche à *Ostrea auricularis* de la partie moyenne de la craie de Villedieu.
Carrières de la Ribochère, commune de Couture (Loir-et-Cher).

Planche XIV.

FIG. 2^a. — Individu (collection Le Mesle) vu de côté.
Couche à *Ostrea auricularis* de la partie moyenne de la craie de Villedieu.
Carrières de la Ribochère, commune de Couture (Loir-et-Cher).

FIG. 2^b. — Section du dernier tour du précédent.

FIG. 2^c. — Partie centrale du précédent, après enlèvement d'une portion du dernier tour, de manière à montrer l'ornementation du jeune qui consiste en côtes de force inégale, légèrement flexueuses.

FIG. 3^a. — Individu (collection Le Mesle) vu de côté, à ombilic un peu plus grand que le précédent.
Couche à *Ostrea auricularis* de la partie moyenne de la craie de Villedieu.
Carrières de la Ribochère, commune de Couture (Loir-et-Cher).

FIG. 3^b. — Le même, vu du côté ventral.

FIG. 4. — Individu (collection Le Mesle) de petite taille, à ombilic un peu plus large que celui de la figure 2^a, et montrant une ornementation un peu plus accentuée.
Couche à *Ostrea auricularis* de la partie moyenne de la craie de Villedieu.
Carrières de la Ribochère, commune de Couture (Loir-et-Cher).

FIG. 5. — Individu (collection A. de Grossouvre) de taille moyenne, à ombilic relativement large et à ornementation plus accentuée.
Couche à *Ostrea auricularis* de la partie moyenne de la craie de Villedieu.
Carrières de la Ribochère, commune de Couture (Loir-et-Cher).

MORTONICERAS BONTANTI. A. de Grossouvre, n. sp.

(Pl. XVII, fig. 2 et 3.)

Coquille discoïdale, comprimée.

Spire formée de tours médiocrement embrassants, croissant assez rapidement, à flancs peu convexes, à bord externe coupé carrément, présentant en son milieu une quille arrondie très peu saillante, encadrée entre deux rangées de tubercules latéraux allongés dans le sens de l'enroulement, un peu plus saillants que la quille médiane.

Ombilic moyen, à paroi verticale raccordée avec les flancs par un pourtour arrondi un peu pincé.

Sur le bord de l'ombilic se trouve une série de tubercules allongés et pincés, au nombre de seize par tour, faisant un peu saillie à son intérieur. De ces tubercules partent deux côtes larges, arrondies, peu élevées, un peu obliques en avant, un peu flexueuses et falculiformes, se terminant sur le bord externe par un tubercule transverse; en avant de ce tubercule, elles sont faiblement surélevées, ce qui donne naissance à une seconde rangée de tubercules.

Les tubercules de la rangée externe, séparés par des intervalles égaux à leur longueur, sont au nombre de trente-deux par tour; ils forment, de chaque côté du contour externe, deux crêtes régulièrement dentelées, qui constituent, avec la quille médiane, deux larges dépressions.

L'individu représenté par la figure 3 de la planche XVII offre un stade plus avancé. Vers l'extrémité du dernier tour, dans la partie correspondant à la chambre d'habitation, les côtes présentent une rangée supplémentaire de tubercules situés à une petite distance de l'ombilic. De plus, sur la dernière moitié de ce tour, les tubercules de la troisième rangée sont plus nets, plus pincés et plus saillants.

Cloisons. — Le dessin des cloisons de cette espèce ressemble complètement à ceux des autres espèces de ce genre, comme le montre la figure 33.

Rapports et différences. — Cette espèce est assez voisine, comme ornementation, d'*Ammonites Neptuni*, Gein. Elle s'en distingue par les tubercules ombilicaux plus saillants, desquels partent toujours deux côtes, tandis que chez ce dernier ils ne donnent d'ordinaire naissance qu'à une seule. La différence la plus nette et la plus frappante réside dans le bord externe, qui chez *Am. Neptuni* porte une quille fortement saillante et dentelée, tandis que dans l'autre cette quille est arrondie et peu élevée.

Fig. 33.

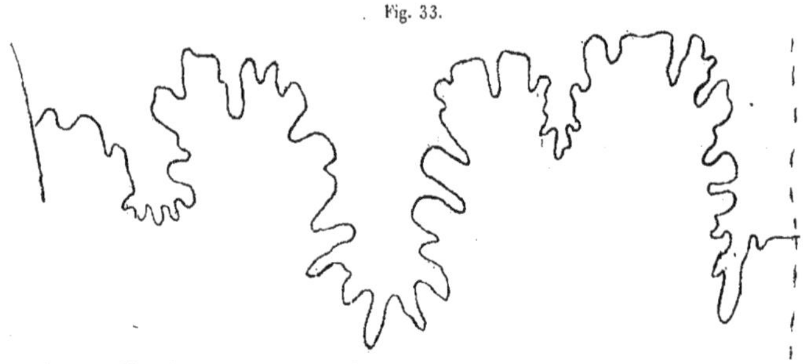

Mortoniceras Bontanti (gros. = 3), d'après l'échantillon de la craie de Villedieu représenté pl. XVII, fig. 3.

Il existe aussi, au point de vue de l'ornementation, quelques analogies entre *Mortoniceras Bontanti*, *Barroisia Haberfellneri* et *Prionotropis Fleuriausi;* mais il suffit de jeter un coup d'œil sur les figures qui représentent ces diverses espèces pour saisir les différences qui les séparent.

Cette espèce ressemble beaucoup à *M. Bourgeoisi* et en diffère principalement par un ombilic plus étroit, circonstance qui amène toujours des variations correspondantes dans l'ornementation et dans la forme des tours : il est donc fort possible que l'on ne doive voir dans cette espèce qu'une variation de *M. Bourgeoisi*, mais l'absence de formes intermédiaires entre les deux types ne permet pas d'affirmer leur identité spécifique.

Gisement. — Cette espèce habite le niveau moyen de la craie de Villedieu, avec *Mortoniceras serrato-marginatum*, *M. Bourgeoisi*, etc. [1].

Échantillons examinés. — Deux échantillons (collection de l'abbé Bourgeois, à l'École de Pontlevoy, collection A. de Grossouvre) provenant des marnes à *Ostrea auricularis* de la partie moyenne de la craie de Villedieu.

[1] Pendant l'impression de ce mémoire, M. H. Parent m'a communiqué un échantillon de *M. Bontanti* provenant de la craie à *Inoceramus involutus* des environs de Saint-Omer.

EXPLICATION DES FIGURES.

Planche XVII.

FIG. 2. — Individu, type de l'espèce (collection A. de Grossouvre), vu de côté.
Couche à *Ostrea auricularis* de la partie moyenne de la craie de Villedieu.
Carrières de la Ribochère, commune de Couture (Loir-et-Cher).

FIG. 3ᵃ. — Individu (collection de l'abbé Bourgeois) vu de côté, à ombilic plus large que le précédent et à évolution plus rapide, car il montre, à l'extrémité du dernier tour, sa dernière loge et un mode d'ornementation différent de celui des premiers tours.
Couche à *Ostrea auricularis* de la partie moyenne de la craie de Villedieu.
Carrières de la Ribochère, commune de Couture (Loir-et-Cher).

FIG. 3ᵇ. — Le même, vu du côté ventral.

MORTONICERAS DESMONDI. A. de Grossouvre, n. sp.

1867. **Ammonites texanus.** Schlüter, *Jüngsten Ammoneen Norddeutschlands, p. parte*, p. 32; pl. VI, fig. 3 (non fig. 1).

Coquille discoïdale, à tours peu embrassants, à large ombilic.

Section des tours ovalaire, un peu plus haute que large, ayant sa plus grande épaisseur au tiers inférieur de la hauteur.

Bord ventral convexe portant une petite quille arrondie peu saillante.

Côtes droites, étroites, élevées, assez éloignées les unes des autres, ornées de quatre rangées de tubercules. La première est placée au premier tiers de la hauteur des flancs, la deuxième au second tiers, et les deux dernières, sur le pourtour externe, sont très rapprochées et forment presque un tubercule bifide. Ces deux derniers tubercules sont à peu près arrondis comme les autres et non largement transverses comme dans la plupart des espèces de ce groupe.

Ces divers caractères permettent donc de la distinguer facilement des autres *Mortoniceras*.

Gisement. — Calcaire gréseux à la limite du coniacien et du santonien. Les Bobinettes, près Aubas, localité située au voisinage de Montignac (Dordogne).

Échantillon examiné. — Un fragment de tour (collection Desmond) tout à fait semblable à celui qui a été figuré par M. le docteur Schlüter, mais de plus grande taille.

MORTONICERAS TEXANUM. F. Römer, sp.

(Pl. XVI, fig. 2 à 4; pl. XVII, fig. 1.)

1852. **Ammonites texanus.** F. Römer, *Kreidebildungen von Texas*, p. 31; pl. III, fig. 1^a, 1^b, 1^c et 1^d.

1858. **Ammonites texanus.** F. von Hauer, *Cephalopoden der Gosauschichten*, p. 10; pl. II, fig. 4 à 6.

1859. **Ammonites coniacensis.** Coquand, *Synopsis des fossiles de la formation crétacée du sud-ouest de la France.*

1873. **Ammonites quinquenodosus.** Redtenbacher, *Die Cephalopodenfauna der Gosauschichten, Abhandl. d. k. k. geol. Reichsanstalt*, t. V; p. 108; pl. XXIV, fig. 3.

Coquille discoïdale, comprimée.

Spire formée de tours médiocrement embrassants, croissant assez lentement, à section ovalaire.

Ombilic assez grand, séparé peu nettement des flancs.

Bord externe convexe, muni d'une quille arrondie peu saillante.

Flancs convexes, ornés dans l'adulte de côtes simples, droites, très peu inclinées en avant, assez larges, arrondies, séparées par des intervalles plus grands que leur largeur. Ces côtes sont interrompues sur le bord externe et ornées, sur chaque flanc, de cinq rangées de tubercules.

La première rangée est placée sur le bord de l'ombilic; la deuxième rangée est à peu près à égale distance de la première et de la troisième : celle-ci est située environ aux deux tiers de la hauteur des flancs; la quatrième rangée est séparée de la troisième par un intervalle bien moins grand que ceux qui existent entre les premières. Le quatrième et le cinquième tubercule sont beaucoup plus rapprochés encore que le troisième et le quatrième. Les deux premiers tubercules du côté de l'ombilic consistent en nodosités arrondies; le troisième commence à s'allonger dans le sens transverse, et les deux derniers sont encore plus allongés dans le sens de l'enroulement.

Les échantillons de petite taille ont à peu près la même forme et la même ornementation que les adultes, sauf que souvent deux côtes partent ensemble d'un même tubercule ombilical : quelquefois la bifurcation est peu nette et il semble alors qu'il existe une côte intercalaire qui ne commence à se montrer que vers la deuxième rangée de tubercules. A un stade plus avancé, toutes les côtes sont ordinairement simples, mais il peut arriver, même à une taille assez grande, que les côtes sont partie simples, et partie issues par paires d'un même tubercule ombilical. Coquand dit, dans la diagnose de son *Ammonites coniacensis*, que les côtes sont alternativement simples et bifides : j'ai pu également constater cette particularité, mais sans aucune régularité dans l'alternance, sur un échantillon de grande taille de la collection de l'École des mines provenant de Frayssinet-le-Gélat (Lot).

Dans les jeunes, la section des tours est proportionnellement moins haute que dans les adultes, et en même temps les différences entre les intervalles des tubercules sont moins prononcées, comme on peut le voir sur les petits échantillons représentés pl. XVI, fig. 2, 3 et 4, et comme le montrent aussi les figures 1[c] et 1[d] de Römer; on peut néanmoins constater que ces intervalles ne sont pas exactement égaux, mais vont en décroissant de l'ombilic vers le bord externe.

Cloisons. — Les cloisons de cette espèce se rapportent bien exactement au type général indiqué pour les *Mortoniceras*; je n'ai pas eu entre les mains d'échantillons les présentant assez nettement pour que l'on pût les dessiner exactement.

Rapports et différences. — J'ai indiqué précédemment les caractères qui servaient à distinguer cette espèce des autres formes affines appartenant au même groupe.

Observations. — Cette espèce a été établie en 1852 par F. Römer, d'après deux échantillons de la craie du Texas. L'un, le grand exemplaire, provenant d'Austin, est représenté fig. 1[a] et 1[b] de la planche III. L'autre, plus petit, représenté fig. 1[c] et 1[d] de la même planche, provient de Neu-Braunfels, vers la chute du Guadaloupe, où il est accompagné de *Pl. syrtale;* il diffère du premier par la section de ses tours, presque carrée, et plutôt moins haute que large; en même temps les intervalles qui séparent les divers tubercules sont sensiblement égaux.

En 1858, M. F. von Hauer a fait connaître l'existence de cette espèce dans les couches de Gosau des environs d'Ischl; l'échantillon qu'il figure correspond exactement au grand exemplaire d'Austin (Texas), représenté par F. Römer. Il fait remarquer dans sa description que sur les tours internes

IMPRIMERIE NATIONALE.

deux côtes partent parfois d'un tubercule ombilical, ainsi que je l'ai indiqué plus haut.

En 1867, M. le docteur Schlüter décrit et figure comme *Am. texanus* une série d'individus de *Mortoniceras* appartenant à de tout autres espèces. Cette confusion a été le point de départ des erreurs qui se sont produites vers cette époque dans la détermination de diverses formes affines, mais appartenant à d'autres types spécifiques, et c'est ainsi qu'en 1872, MM. Fritsch et Schlönbach rapportent à *Am. texanus* un échantillon de Bohême, qui n'est autre que le *Mortoniceras Bourgeoisi*. En 1872, M. le docteur Schlüter figure encore, sous le nom d'*Am. texanus*, une nouvelle forme, de sorte que, en 1873, se basant sur ces données, Redtenbacher refuse le nom d'*Am. texanus* au type précédemment figuré par M. F. von Hauer et lui donne une nouvelle dénomination : *Am. quinquenodosus*.

En 1876, M. le docteur Schlüter, reconnaissant la confusion qu'il a commise, sépare, sous le nom d'*Am. Emscheris* (*Mortoniceras serrato-marginatum*), une des formes qu'il avait précédemment décrites sous le nom d'*Am. texanus* et figure, comme se rapportant à ce dernier type, un échantillon provenant des marnes de l'Emscher, des environs de Herten, en Westphalie. Celui-ci a sensiblement la même forme générale que l'échantillon d'Austin, et que ceux des couches de Gosau figurés par MM. F. von Hauer et Redtenbacher, c'est-à-dire qu'il a la section de ses tours beaucoup plus haute que large, mais il en diffère par ce caractère que les intervalles entre les tubercules sont égaux entre eux, comme le montre la figure, et comme le fait d'ailleurs remarquer M. le docteur Schlüter[1].

Gisement. — En France, cette espèce n'est pas connue de l'étage coniacien; elle se trouve seulement dans la partie inférieure de l'étage santonien, où elle est le plus souvent accompagnée de *Placenticeras syrtale*, notamment dans l'Aquitaine, dans les couches M¹ et M² de M. Arnaud, à Pons, Épagnac, Miremont, Sergeac.

Dans les Corbières, cette ammonite a été trouvée dans les marnes bleues que l'on rencontre au bas du chemin de Sougraignes aux Croutets (Aude), immédiadiatement au-dessous de la couche à *Lima marticensis*.

Dans les Alpes occidentales, elle a été recueillie à Peaudelaure, près l'Es-

[1] « Beim Ammonites texanus steht die erste Höckerreihe auf der Nabelkante und es folgen die uebrigen Reihen in regelmässigen Intervallen. » (Schlüter, *Cephalopoden*. . . . . , p. 155.)

carène, au nord-est de Nice, par M. Potier, et au col des Peyres, au nord-est de Digne, par M. Kilian.

Dans les Alpes orientales, elle ne paraît pas être rare dans les couches de Gosau de la région de Salzbourg et d'Ischl ; d'après M. F. von Hauer et Redtenbacher, on la rencontrerait à Gosau, Strobl-Weissenbach, Weissenbach près Aussee, Wolfsbachau près Riefling, et Sankt-Wolfgang.

Échantillons examinés. — De l'Aquitaine, environs de Pons et Miremont (collections Arnaud et Réjaudry), environs de Frayssinet-le-Gélat (Lot) [collection de l'École des mines].

Des Corbières, environs de Sougraignes (collections J[h] Jean, Toucas et A. de Grossouvre).

De la région alpine, environs de l'Escarène (Alpes-Maritimes) [collection de l'École des mines] et col des Peyres (Basses-Alpes) [collection Kilian].

EXPLICATION DES FIGURES.

Planche XVI.

Fig. 2. — Individu de petite taille (collection Arnaud), vu de côté et montrant des côtes tantôt simples, tantôt partant par paires d'un tubercule ombilical et ornées de cinq rangées de tubercules.
Étage santonien : assise M^2 de M. Arnaud.
Nieul-le-Virouil (Charente-Inférieure).

Fig. 3^a. — Individu de plus petite taille encore (collection Rejaudry), vu de côté.
Étage santonien : assise M^2 de M. Arnaud.
Nieul-le-Virouil (Charente-Inférieure).

Fig. 3^b. — Le même, vu du côté ventral pour montrer la forme de la section des tours.

Fig. 4^a. — Fragment d'un individu de petite taille (collection Arnaud), vu de côté.
Étage santonien : assise M^2 de M. Arnaud.
Nieul-le-Virouil (Charente-Inférieure).

Fig. 4^b. — Le même, vu du côté ventral.

Planche XVII.

Fig. 1^a. — Individu de grande taille (collection Toucas), vu de côté pour montrer les cinq rangées de tubercules qui caractérisent cette espèce et leur disposition relative.
Marnes bleues à petits fossiles situées au bas du chemin de Sougraignes-aux-Croutets (Aude), sous la couche à *Lima marticensis*.

Fig. 1^b. — Le même, vu du côté ventral.

MORTONICERAS PSEUDO-TEXANUM. A. DE GROSSOUVRE, n. sp.

1876. **Ammonites texanus.** Schlüter, *Cephalopoden der oberen deutschen Kreide*, p. 155; pl. XLI, fig. 1 et 2; pl. XLII, fig. 11.

Il résulte de ce qui précède qu'il y a lieu de distinguer, comme type particulier, les formes voisines de *M. texanum*, à tours élevés, chez lesquelles les intervalles des divers tubercules sont égaux : je donne à ce type le nom de *M. pseudo-texanum*.

Comme en France le véritable *M. texanum* est seulement connu de l'étage santonien, qu'au Texas il se trouve au même niveau avec *Pl. syrtale*, et qu'en Westphalie *M. pseudo-texanum* n'existe que dans l'Emscher-Mergel, équivalent de l'étage coniacien, on doit en conclure que ce dernier est une mutation de *M. texanum* appartenant à un niveau inférieur.

Après ce que j'ai dit précédemment, je me borne à renvoyer, pour la figure de la nouvelle espèce, à l'ouvrage de M. le docteur Schlüter.

MORTONICERAS CAMPANIENSE. A. DE GROSSOUVRE, n. sp.

(Pl. XIII, fig. 1 et 3.)

Coquille discoïdale, comprimée.

Spire formée de tours peu embrassants, croissant un peu plus rapidement en largeur qu'en hauteur, à section tronquée sur le bord siphonal et comprimée latéralement dans la région externe.

Ombilic moyen assez profond, à paroi verticale nettement séparée des flancs par un pourtour anguleux.

Le bord externe porte en son milieu une quille arrondie peu saillante.

Les flancs sont ornés de côtes nombreuses, légèrement infléchies en avant, séparées par des intervalles à peu près égaux à leur largeur.

Les côtes sont subtuberculées au voisinage de l'ombilic, et font légèrement saillie à son intérieur. Elles sont surélevées de nouveau vers le premier tiers, puis vers les deux tiers de la hauteur des flancs. De ce dernier point partent deux côtes qui se terminent sur le bord externe par un tubercule transverse assez saillant et qui sont, en outre, surélevées vers la moitié de leur longueur. Il existe donc, sur les flancs, cinq rangées de tubercules assez nettement arrondis, sauf les plus externes, qui sont transverses.

Cloisons. — Bâties sur le type général de celles des *Mortoniceras.*

Observations. — Cette espèce, qui ressemble un peu à *M. texanum* et qui a été confondue avec lui à cause de ses cinq rangées de tubercules, en diffère par l'ensemble de ses caractères et principalement par ses côtes bifurquées au troisième tubercule.

Gisement. — Elle habite les couches inférieures de l'étage campanien.

En Aquitaine, elle se trouve à Saint-Hilaire-de-Montmoreau et à Montmoreau (Charente), et à Montils (Charente-Inférieure), dans la partie supérieure de l'assise P^1 de M. Arnaud.

Dans la région alpine, elle a été rencontrée dans les calcaires marneux exploités dans les carrières de Contes-les-Pins (Alpes-Maritimes).

Échantillons examinés. — Quatre échantillons de Saint-Hilaire-de-Montmoreau, Montmoreau et Montils, assise P^1, partie supérieure (collection Arnaud).

Un échantillon de Contes-les-Pins (collection de la Sorbonne).

Un bel échantillon du musée de Périgueux, sans indication de localité.

EXPLICATION DES FIGURES.

Planche XIII.

FIG. 1^a. — Fragment d'un individu (collection Arnaud), vu de côté pour montrer l'ornementation des flancs, qui consiste en côtes portant cinq tubercules et se bifurquant au troisième, à partir de l'ombilic.

Couches marneuses de la partie supérieure de l'assise P^1 de M. Arnaud : Campanien inférieur.

Saint-Hilaire-de-Montmoreau (Charente).

FIG. 1^b. — Le même, vu du côté ventral.

FIG. 3^a. — Fragment d'un individu (collection Arnaud), vu de côté, de plus grande taille que le précédent et montrant plus nettement la quatrième rangée de tubercules.

Couches marneuses de la partie supérieure de l'assise P^1 de M. Arnaud : Campanien inférieur.

Saint-Hilaire-de-Montmoreau (Charente).

FIG. 3^b. — Section des tours du précédent.

RÉSUMÉ.

Les *Mortoniceras* constituent donc un groupe très homogène, dont les divers membres présentent entre eux de grandes affinités, ce qui a parfois occasionné des confusions dans leur détermination. C'est ainsi qu'on a donné souvent le nom d'*Ammonites texanus* à des *Mortoniceras*, qui sont réellement bien distincts du type de Römer.

L'extension géographique de ce genre est fort grande, notamment en Europe : ses représentants se montrent en assez grand nombre en Bohême, en Westphalie, en Touraine, en Aquitaine, en Périgord, dans les Corbières, dans le bassin de Dieulefit, dans les Alpes occidentales et enfin dans les Alpes orientales (couches de Gosau).

Mortoniceras texanum, qui paraît avoir spécialement une grande extension, a été indiqué encore dans la craie de l'Afrique du Nord; il existe d'ailleurs au Texas, qui a fourni le type de cette espèce.

Je ne crois pas qu'on ait signalé de vrais *Mortoniceras* dans la craie de l'Inde.

Ce genre apparaît dès le début de l'étage coniacien et a son maximum de développement vers sa limite supérieure. Le dernier représentant connu appartient à la base du campanien, où il se trouve assez isolé, puisque aucun *Mortoniceras* n'a encore été indiqué dans le santonien supérieur.

RÉPARTITION VERTICALE DES *MORTONICERAS*.

ESPÈCES OBSERVÉES.	CONIACIEN		SANTONIEN		CAMPANIEN
	INFÉRIEUR ET MOYEN.	SUPÉRIEUR.	INFÉRIEUR.	SUPÉRIEUR.	INFÉRIEUR.
M. Zeilleri, n. sp.	✶	»	»	»	»
M. serrato-marginatum, Redt, sp.	»	✶	✶	»	»
M. Bourgeoisi, d'Orb, sp.	»	✶	✶	»	»
M. Bontanti, n. sp.	»	✶	»	»	»
M. Desmondi, n. sp.	»	✶	»	»	»
M. pseudo-texanum, n. sp.	?	?	»	»	»
M. texanum, Römer, sp.	»	»	✶	»	»
M. campaniense, n. sp.	»	»	»	»	✶

Genre GAUTHIERICERAS. A. de Grossouvre, nov. gen.

Je distingue sous ce nom générique une série d'espèces dont les tours à section subquadrangulaire présentent sur leur bord externe une quille médiane très saillante : en dehors de ce caractère extérieur, les cloisons offrent aussi certaines particularités spéciales qui les placent comme formes de transition entre celles des *Mortoniceras* et celles du genre suivant, *Peroniceras*.

Les *Gauthiericeras* ont, comme les *Mortoniceras*, des cloisons moins découpées que celles des *Peroniceras*; leur premier lobe latéral diffère de celui de ces derniers par l'absence d'une fourche terminale nettement individualisée.

Par contre, les lignes suturales des *Gauthiericeras* et des *Peroniceras*, moins réduites que celle des *Mortoniceras*, ont la même disposition générale : dans les deux genres, l'extrémité supérieure de la troisième selle latérale est située bien au-dessous du niveau des extrémités des deux premières, circonstance toute différente de ce que l'on trouve dans les *Mortoniceras*.

Je prends comme type de ce genre *Ammonites Margæ*, Schlüter, dont je donne ci-dessous le dessin des cloisons.

Fig. 34.

Gauthiericeras Margæ (gros. = 3,3), d'après l'échantillon représenté pl. XV, fig. 2.

GAUTHIERICERAS BAJUVARICUM. Redtenbacher, sp.

(Pl. IX, fig. 1; Pl. XII, fig. 2 et 3.)

1873. **Ammonites bajuvaricus.** Redtenbacher, *Die Cephalopodenfauna der Gosauschichten; Abhandl. d. k. k. geol. Reichsanstalt,* t. V, p. 107, pl. XXIV, fig. 2.
1885. **Ammonites Isamberti.** Fallot, *Crétacé du sud-est de la France,* p. 232, pl. II, fig. 1.

Coquille discoïdale, comprimée, à tours peu embrassants, à flancs plats, à bord externe subconvexe, portant en son milieu une quille saillante assez marquée, bordée de deux petits méplats limités par deux carènes à peine visibles.

Ombilic de grandeur moyenne, peu profond, à paroi verticale se raccordant avec les flancs par un pourtour un peu anguleux.

Sur le bord de l'ombilic prennent naissance des côtes surélevées à son voisinage immédiat : elles sont droites, légèrement obliques en avant et se terminent vers le bord externe par un tubercule presque rond, à peine transverse. Les côtes tantôt restent simples, tantôt se bifurquent d'une manière un peu obscure à mi-hauteur des flancs; la proportion des côtes simples et des côtes bifurquées est variable d'un échantillon à un autre.

Quand la coquille s'accroît, les côtes s'effacent peu à peu et les flancs deviennent à peu près lisses, sauf sur le bord ombilical et sur le pourtour externe où l'on aperçoit encore quelques nodosités.

Les échantillons figurés paraissent bien conformes au type décrit par Redtenbacher sous le nom d'*Ammonites bajuvaricus.* C'est la même forme générale et le même mode d'ornementation : seulement, Redtenbacher indique dans sa description que la quille médiane est bordée de deux légers sillons, ce que ne montre pas bien nettement la figure. D'ailleurs, à première vue, les échantillons que j'ai examinés paraissent posséder aussi des sillons et ce n'est qu'en les examinant avec soin qu'on voit que l'ensemble de la quille médiane et des méplats en donne l'illusion. Le dessin des cloisons de cette espèce donné par Redtenbacher présente beaucoup d'analogies avec celui des échantillons que j'y rattache et est notamment bien caractérisé par la forme de son premier lobe latéral.

M. Fallot a décrit une espèce des grès de Dieulefit à laquelle il a donné le nom d'*Ammonites Isamberti;* elle me paraît devoir être rattachée au même type spécifique, et elle diffère seulement d'*A. bajuvaricus* par son ombilic plus large et ses côtes plus fortes.

Nous avons donc avec les échantillons de la Touraine et de Dieulefit une série de formes constituant des variations d'un même type spécifique, en rapport avec les dimensions de l'ombilic.

Redtenbacher a décrit sous les noms d'*Am. Aberlei* (*loc. cit.*, p. 111, pl. XXV, fig. 4) et *Am. propoetidum* (p. 116, pl. XXVI, fig. 6) deux formes bien voisines de *Am. bajuvaricus* comme aspect extérieur, mais s'en distinguent par le dessin de leurs cloisons, dont le premier lobe latéral est à terminaison impaire. Les tubercules du bord de l'ombilic sont aussi beaucoup plus prononcés, et sous ces divers rapports ces deux espèces se rapprochent plutôt du groupe des *Schlönbachia Fournieri*, n. sp., et *Schl. Bertrandi*, n. sp.

Cloisons. — La ligne suturale très réduite comprend seulement, outre le lobe siphonal, deux lobes latéraux et un lobe auxiliaire; le deuxième lobe latéral est très petit et pourrait presque être considéré comme un lobule; la troisième selle latérale est très surbaissée, ce qui donne à la ligne suturale un aspect tout différent de ce que l'on voit chez les *Mortoniceras.*

Fig. 35.

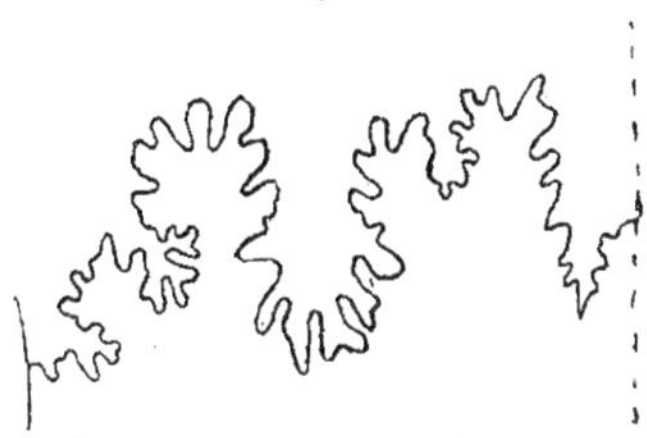

Gauthiericeras bajuvaricum (gros. = 4,30), d'après l'échantillon représenté pl. XII, fig. 3.

Gisement. — En France, cette espèce se trouve dans les couches de l'étage coniacien; en Touraine, dans les calcaires durs qui constituent la base de la craie de Villedieu; en Aquitaine, dans l'assise L[1] de M. Arnaud, à Cognac.

Échantillons examinés. — Quatre échantillons de la partie inférieure de la craie de Villedieu (collection de l'École des mines, collections de l'abbé Bourgeois et Le Mesle).

Un échantillon des environs de Cognac, assise L[1].

12
IMPRIMERIE NATIONALE.

EXPLICATION DES FIGURES.

Planche IX.

FIG. 1. — Individu adulte (collection Le Mesle), vu de côté pour montrer l'ornementation des flancs qui reste la même jusqu'à l'extrémité du dernier tour; les côtes qui réunissent les tubercules ombilicaux aux tubercules externes s'atténuent seulement sur les derniers tours. On aperçoit la quille ventrale qui se détache des flancs.

Partie inférieure de la craie de Villedieu. Carrières de la Ribochère, commune de Couture (Loir-et-Cher).

Planche XII.

FIG. 2ª. — Individu (collection de l'École des mines) vu de côté.

Calcaires de la base de la craie de Villedieu. Carrières de la Ribochère, commune de Couture (Loir-et-Cher).

FIG. 2ᵇ. — Le même, vu du côté ventral.

FIG. 3ª. — Individu (collection de l'abbé Bourgeois à l'École de Pontlevoy) vu de côté.

Calcaires de la base de la craie de Villedieu. Carrières de la Ribochère, commune de Couture (Loir-et-Cher).

FIG. 3ᵇ. — Le même, vu du côté ventral.

GAUTHIERICERAS MARGÆ. SCHLÜTER, sp.

(Pl. XV, fig. 1 et 2.)

1867. **Ammonites Margæ.** Schlüter, *Jüngsten Ammoneen Norddeutschlands*, p. 29; pl. V, fig. 2.

1872. **Ammonites Margæ.** Schlüter, *Cephalopoden der oberen deutschen Kreide*, p. 43; pl. XII, fig. 4.

1873. **Ammonites Margæ.** Redtenbacher, *Die Cephalopodenfauna der Gosauschichten. Abhandl. d. k. k. geol. Reichsanstalt*, t. V, p. 109; pl. XXV, fig. 1.

Coquille discoïdale, comprimée, à ombilic moyen.

Spire formée de tours peu embrassants, croissant d'ordinaire plus vite en hauteur qu'en épaisseur : chaque tour recouvre le précédent sur environ le tiers de sa hauteur.

Ombilic moyen se raccordant avec les flancs par un pourtour bien arrondi.

Bord externe, subconvexe, portant une quille saillante ornée de légères crénelures; de chaque côté de la quille se trouve un méplat limité par une arête, souvent invisible sur les échantillons mal conservés.

Les flancs sont ornés de côtes larges, fortes, séparées par des intervalles bien supérieurs à leur largeur. Près de l'ombilic, ces côtes sont très saillantes, pincées et forment une sorte de crête bien marquée qui s'étend un peu au delà du premier tiers de la hauteur des flancs, puis s'atténuent notablement à partir de ce point et continuent, soit simples, soit bifurquées, jusqu'au bord externe, où elles s'arrêtent à une certaine distance des carènes latérales, se terminant par un tubercule très saillant, très épais et un peu allongé dans le sens de la spirale d'enroulement.

Lorsqu'il y a bifurcation, les deux côtes externes s'infléchissent de part et d'autre de la direction de la côte ombilicale; lorsque les côtes restent simples, elles sont très légèrement flexueuses.

La proportion des côtes simples et des côtes bifurquées varie beaucoup pendant les diverses périodes de développement de la coquille : sur les échantillons jeunes et en général jusqu'au diamètre de 80 millimètres, elles alternent plus ou moins régulièrement; plus tard, la proportion des côtes bifurquées diminue et finalement toutes restent simples.

A un certain degré de développement, les côtes ombilicales ne forment plus la crête nette et tranchée dont je viens de parler, mais seulement une partie surélevée et pincée dont la saillie croît puis décroît régulièrement à partir de l'ombilic; les côtes s'effacent ensuite dans la région médiane et dans la région externe des flancs.

Cloisons. — Analogues à celles de l'espèce précédente, comme le montre le dessin ci-dessous.

Fig. 36.

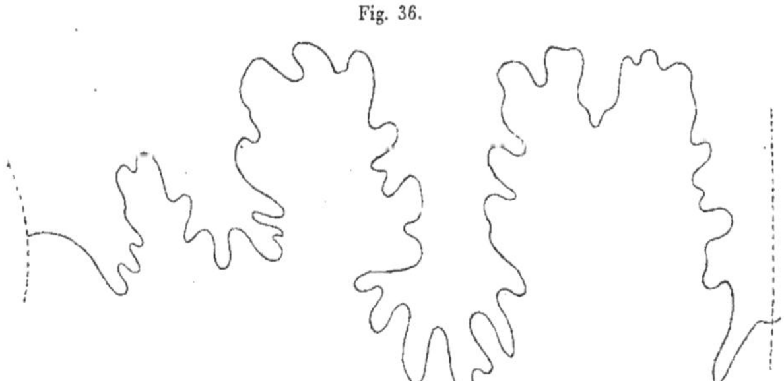

Gauthiericeras Margæ (gros. = 3,3), d'après l'échantillon représenté pl. XV, fig. 2.

Observations. — L'identification des échantillons que j'ai en vue avec *Am.*

Margæ, Schlüter, ne me paraît pas douteuse, bien que ce savant n'ait pas signalé l'existence des deux arêtes latérales qui accompagnent la quille ventrale; mais celles-ci ne sont visibles que sur les échantillons en bon état de conservation et formés par une roche suffisamment dure. De même la crénelure de la quille n'a pu être observée que sur un seul échantillon en raison de l'état de conservation de cette partie de la coquille. On sait d'ailleurs que dans le terrain jurassique, on trouve des échantillons d'*Am. canaliculatus* qui ont indifféremment la quille lisse ou dentelée.

Parmi les formes qui se rattachent à *G. Margæ*, quelques-unes s'en écartent par leur ombilic beaucoup plus large et leurs tours beaucoup moins élevés. Ainsi chez un échantillon des environs de Torsac (Charente) [collection Boreau-Lajanadie], ayant 20 centimètres de diamètre et un ombilic de 10 centimètres, le dernier tour n'a, à son extrémité, que 6 centimètres de hauteur : c'est donc une forme à large ombilic et à tours peu élevés; les côtes sont simples, droites, presque radiales, espacées et au nombre de 20 sur le dernier tour.

Gisement. — Cette espèce habite partout l'étage coniacien. En Touraine, elle se trouve dans les calcaires durs qui forment la base de la craie de Villedieu; en Aquitaine, dans l'assise L^2 de M. Arnaud; dans les Corbières, dans les calcaires marneux immédiatement inférieurs aux couches à *Micraster brevis.*

M. Schlüter l'a signalée dans les marnes de l'Emscher, sur la bordure méridionale du bassin de Westphalie, principalement dans les environs de Herne. Un échantillon qui avait été indiqué primitivement comme venant des marnes à *B. quadrata*, d'Osterfeld, doit, d'après la rectification de M. le docteur Schlüter, être considéré comme venant plus probablement des marnes de Stoppenberg, près Essen (étage de l'Emscher).

Redtenbacher en a figuré un individu provenant de Glaneck, près Salzbourg.

Échantillons examinés. — Deux échantillons de la base de la craie de Villedieu (collections A. et G. de Grossouvre).

Divers échantillons de la Charente et de la Dordogne (assise L^2 de M. Arnaud); Torsac près Angoulême, Fouquebrune, Périgueux, Sarlat..... (collections Arnaud, Boreau-Lajanadie).

Plusieurs échantillons des Corbières (collections Péron et A. de Grossouvre).

EXPLICATION DES FIGURES.

Planche XV.

FIG. 1ᵃ. — Individu de taille moyenne (collection G. de Grossouvre) vu de côté, montrant l'ornementation de l'adulte qui consiste en côtes simples, légèrement sinueuses, un peu infléchies en avant : on voit cependant encore sur le dernier tour une côte bifide.

Calcaires durs de la base de la craie de Villedieu. Carrières de la Ribochère, commune de Couture (Loir-et-Cher).

FIG. 1ᵇ. — Le même, vu du côté ventral.

FIG. 2ᵃ. — Individu de petite taille (collection A. de Grossouvre) vu de côté, montrant des côtes tantôt simples, tantôt bifides. On peut voir que la quille ventrale est dentelée.

Calcaires durs de la base de la craie de Villedieu. Carrières de la Ribochère, commune de Couture (Loir-et-Cher).

FIG. 2ᵇ. — Le même, vu du côté ventral, l'ouverture en arrière.

FIG. 2ᶜ. — Le même, vu du côté ventral, représenté de manière à montrer la section des tours.

RÉSUMÉ.

Les *Gauthiericeras* sont assez abondamment répandus dans la craie d'Europe : Westphalie, Touraine, Aquitaine, Corbières, bassin de Dieulefit, Alpes orientales (couches de Gosau).

Ils caractérisent l'étage coniacien, où ils paraissent être assez strictement cantonnés; il est très probable cependant qu'*Ammonites Bravaisi*, d'Orb., de l'étage turonien supérieur, doit être rapporté à ce genre.

Ammonites inflatus, dont la forme et l'ornementation rappelleraient assez celles de *Gauthiericeras Margæ*, possède des cloisons différentes en raison de la fourche terminale bien développée du premier lobe latéral.

Genre PERONICERAS. A. DE GROSSOUVRE, nov. gen.

Je donne le nom générique de *Peroniceras* à un groupe de formes présentant d'assez grandes affinités avec les *Mortoniceras* et les *Gauthiericeras*, mais s'en distinguant par leur bord externe orné de trois quilles et par une ligne suturale beaucoup plus découpée et plus élancée qui rappelle celle des

Stoliczkaia : le premier lobe latéral est, comme dans ce dernier genre, assez étroit et terminé par une fourche bien nette. La troisième selle latérale a aussi son extrémité supérieure bien au-dessous de celles des deux premières.

Je prends comme type de ce genre *Peroniceras Moureti*, dont je donne ci-dessous le dessin de la cloison de grandeur naturelle.

Fig. 37.

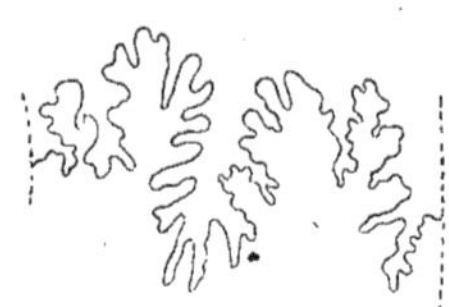

Peroniceras Moureti (grand. nat.), d'après un échantillon de la craie de Villedieu.

PERONICERAS SUBTRICARINATUM. D'ORB., sp.

(Pl. X, fig. 1, 2 et 3; Pl. XI, fig. 1.)

1840. **Ammonites tricarinatus.** D'Orbigny, *Paléontologie française, Terrains crétacés*, I, p. 307, pl. XCI, fig. 1 et 2.

1850. **Ammonites subtricarinatus.** D'Orbigny, *Prodrome de paléontologie*, t. II, p. 212. *Terrains crétacés*, 22e étage, n° 9.

1863. **Ammonites subtricarinatus.** Stoliczka, *Cephal. of Southern India*, p. 54; pl. XXXI, fig. 3.

1867. **Ammonites tridorsatus.** Schlüter, *Jüngsten Ammoneen Norddeutschlands*, p. 26, pl. V, fig. 1.

1872. **Ammonites tricarinatus.** Schlüter, *Cephalopoden der oberen deutschen Kreide*, p. 44, pl. XIII, fig. 1 à 4.

Coquille discoïdale, comprimée, à flancs plats, à bord externe subconvexe, orné en son milieu d'une quille saillante assez marquée, accompagnée de deux quilles latérales plus faibles.

Ombilic de grandeur variable, ordinairement assez grand, peu profond, à paroi verticale se raccordant graduellement avec les flancs par un pourtour arrondi un peu pincé.

Les flancs sont ornés de côtes droites très faiblement obliques en avant, tantôt simples, tantôt bifurquées. Sur le bord de l'ombilic, elles sont légèrement surélevées ou subtuberculées dans le sens de leur longueur et elles se terminent vers le bord externe par un tubercule un peu allongé dans le sens de l'enroulement. Les côtes tantôt restent simples, tantôt se bifurquent un peu au-dessous de la moitié de la hauteur des flancs. La proportion des côtes simples et des côtes bifurquées est variable : parfois ces dernières prédominent, d'autres fois l'inverse a lieu; souvent les unes et les autres alternent régulièrement.

Cette espèce a été établie par d'Orbigny sur deux échantillons provenant des couches crétacées des Corbières : comme je n'ai pas eu l'occasion d'observer d'échantillons complètement identiques à ceux-ci, je crois devoir rappeler ici la diagnose donnée par d'Orbigny pour cette espèce, en même temps que je fais figurer de nouveau (pl. X, fig. 1) l'individu qui lui a servi de type et qui se trouve dans sa collection, conservée au Muséum d'histoire naturelle de Paris :

« *Dimensions :* diamètre, 73; épaisseur, 18; largeur du dernier tour, 17.

Coquille discoïde, comprimée, ornée en travers par tour de vingt-quatre côtes qui partent du pourtour de l'ombilic et forment immédiatement un fort tubercule comprimé, une sur deux se bifurquant ensuite pour aller former une rangée de tubercules de chaque côté du dos. Les côtes qui ne se bifurquent pas ont seulement un tubercule à chacune de leurs extrémités. Dos large, coupé carrément, et pourvu de trois quilles parallèles, celle du milieu un peu plus grosse. Spire composée de tours déprimés, très étroits, carrés, entièrement à découvert. Le dernier a les 22/100 du diamètre entier. Bouche plus large que haute, carrée, évidée sur les côtés. Cloisons inconnues. »

Sur l'échantillon qui a servi de type à d'Orbigny, on compte 36 tubercules externes pour 20 tubercules internes. On voit donc qu'il n'y a pas, comme le dit d'Orbigny dans sa description, alternance régulière des côtes simples et des côtes bifurquées, et que ces dernières prédominent au contraire.

Leur proportion varie beaucoup d'un échantillon à un autre. Par exemple, sur la figure de l'individu que M. le Dr Schlüter a fait représenter comme appartenant à cette espèce (*Cephalopoden der oberen deutschen Kreide*, pl. XIII, fig. 1 et 2), les côtes simples sont en nombre plus considérable que les autres [1].

Les échantillons de l'Inde, provenant des environs de Trichinopoly (*Trichinopoly group*), figurés par Stoliczka, montrent aussi des côtes tantôt simples,

[1] Le dessinateur paraît avoir représenté cette espèce assez inexactement, car les proportions ne sont pas les mêmes dans les figures 1 et 2.

tantôt bifurquées; sur le dernier tour, elles sont toutes à peu près simples (pl. XXXI, fig. 3)[1].

La proportion des côtes simples et des côtes bifurquées est donc excessivement variable d'un individu à un autre, et l'on peut admettre qu'il y a tous les passages entre le *P. subtricarinatum*, type, et les variétés à côtes simples. Celles-ci se rapportent alors au type figuré par M. le docteur Schlüter sous le nom d'*Ammonites tridorsatus*.

Tel est, par exemple, l'échantillon de la craie de Villedieu (niveau inférieur) représenté planche X, fig. 2; comme forme générale, il se rapporte tout à fait au type d'*Am. subtricarinatus*, mais toutes ses côtes sont simples.

Tel est encore celui de Rennes-les-Bains, figuré planche X, fig. 3.

Il y a donc lieu de distinguer dans les formes se rapportant à ce type :

1° *Peroniceras subtricarinatum*, type, chez lequel les côtes simples et les côtes bifurquées sont en nombre à peu près égal;

2° *Peroniceras subtricarinatum*, var. *tridorsatum*, Schlüter, pour les variétés dont toutes les côtes sont simples.

Cloisons. — Les cloisons de cette espèce sont bâties sur le plan de celles des *Peroniceras* en général : je n'ai pas eu entre les mains d'échantillon qui les ait présentées en état de conservation suffisante pour permettre de les dessiner.

Observations. — Cette espèce a été établie en 1840 pour d'Orbigny, sous le nom d'*Ammonites tricarinatus;* mais en 1850 il changea ce nom en celui d'*Am. subtricarinatus*, parce qu'il existait déjà un *Am. tricarinatus* de Poitiez (1838).

Cependant, en 1872, M. le docteur Schlüter crut devoir reprendre le nom de *tricarinatus*, en se basant sur ce que le nom de Poitiez ne se rapportait certainement pas à une ammonite, mais à un foraminifère[2]. En remontant à l'original, on peut se convaincre que le fossile désigné par Poitiez sous le nom de *tricarinatus* est bien réellement une ammonite, et que c'est *Am. cordatus*.

[1] Il y a lieu de remarquer aussi que la forme de la section des tours n'est pas la même suivant que l'on se reporte à la figure 3ª ou à la figure 3ᵇ.

[2] « Den Namen aubelangend, so muss die erste von d'Orbigny gegebene Bezeichnung aufrecht erhalten bleiben, da es sonst keinen *Am. tricarinatus* gibt. Die angebliche ältere Bezeichnung von Poitiez bezieht sich wohl nur auf eine Foraminifere. »

En conséquence, il convient de garder le nom d'*Am. subtricarinatus* pour le type de d'Orbigny.

L'*Am. subtricarinatus* de Westphalie figuré par M. le docteur Schlüter diffère quelque peu du type de d'Orbigny en raison de la forme de son bord externe, tel que le représente la figure 2 de la planche IV (Schlüter, *loc. cit.*), d'après laquelle il semblerait qu'il existe seulement de chaque côté de la quille médiane deux méplats séparés des flancs par une arète bien nette; le texte permet cependant de rectifier cette erreur de dessin, car il y est dit que la quille médiane est accompagnée de deux petites quilles limitant deux sillons peu profonds. « Die beiden Bauchkanten pflegen ein wenig vorzutreten und « die zwischen diesen und dem mittleren Kiele gelegenen Partien etwas « eingesenkt zu sein, so dass der Bauch wie mit drei Kielen versehen er- « scheint. » En tout cas, il résulte de là que les quilles latérales sont moins prononcées que dans les échantillons des Corbières et se rapprochent davantage de la disposition que nous trouverons dans *P. westphalicum*.

Les échantillons des environs de Trichinopoly (Inde) du *Trichinopoly group*, décrits et figurés par Stoliczka, se rapportent assez bien au type de d'Orbigny et montrent des côtes en partie simples, en partie bifides, qui deviennent à peu près toutes simples sur le dernier tour.

Gisement. — Cette espèce est cantonnée en France dans l'étage coniacien; en Westphalie, elle habite principalement l'étage de l'Emscher, mais M. le docteur Schlüter signale son existence à la partie supérieure de l'étage turonien (Cuvieri-Pläner), où elle serait d'ailleurs assez rare.

Échantillons examinés. — Deux échantillons de la base de la craie de Villedieu, Touraine (collection de l'École des mines, collection Le Mesle).

Deux échantillons de l'Aquitaine : la Boulenerie, près Jonzac (Charente-Inférieure) [collection Réjaudry], assise L[1] de M. Arnaud.

Deux échantillons des Corbières, environs de Rennes-les-Bains (Aude) [collection d'Orbigny au Muséum d'histoire naturelle, collection de l'École des mines].

Un fragment d'ammonite des environs d'Argens (Basses-Alpes) [collection de l'École des mines] m'a paru pouvoir être rapporté à cette espèce.

EXPLICATION DES FIGURES.

Planche X.

FIG. 1ª. — Individu (collection d'Orbigny au Muséum d'histoire naturelle) type de l'espèce, déjà représenté par d'Orbigny; vu de côté pour montrer les côtes partie simples, partie bifides.
Calcaires durs de la base de l'étage sénonien.
Environs de Rennes-les-Bains (Aude).

FIG. 1ᵇ. — Le même, vu du côté ventral.

FIG. 2. — Individu (collection Le Mesle) appartenant à la var. *tridorsatum*, vu de côté, chez lequel les côtes sont toutes simples.
Calcaires durs de la base de la craie de Villedieu.
Carrières de la Ribochère, commune de Couture (Loir-et-Cher).

FIG. 3ª. — Individu (collection de l'École des mines) appartenant à la var. *tridorsatum*, vu de côté.
Calcaires de la base de l'étage sénonien.
Chemin de Rennes-les-Bains à Montferrand (Aude).

FIG. 3ᵇ. — Le même, vu du côté ventral.

Planche XI.

FIG. 1ª. — Individu (collection Rejaudry) appartenant à la var. *tridorsatum*, vu de côté, montrant bien nettement les tubercules radiaux qui se trouvent vers l'origine des côtes et les tubercules transverses par lesquels celles-ci se terminent sur le pourtour externe.

FIG. 1ᵇ. — Le même, vu du côté ventral, montrant la section des tours qui est presque carrée.

PERONICERAS WESTPHALICUM. SCHLÜTER, sp.

(Pl. XII, fig. 1 et 4.)

1867. **Ammonites westphalicus.** Schlüter, *Jüngsten Ammoneen Norddeutschlands*, p. 30, pl. VI, fig. 2.

1872. **Ammonites westphalicus.** Schlüter, *Cephalopoden der oberen deutschen Kreide*, p. 45, pl. XIII, fig. 5 et 6.

Je rapporte à cette espèce deux échantillons de la craie de Villedieu, qui me paraissent correspondre assez bien aux descriptions et aux figures données par M. le docteur Schlüter.

Le nom a été donné primitivement, en 1859, par von Strombeck (*Zeitschrift d. deutsch. geol. Ges.*, t. XVI, p. 56) à des exemplaires des marnes grises (Emscher) de la bordure méridionale du bassin crétacé de la Westphalie. Le type créé par Strombeck est appuyé seulement sur une description sans figure. Ce n'est qu'en 1867 que M. le docteur Schlüter a fixé cette espèce en faisant figurer un échantillon des environs d'Essen; mais tandis que, d'après la description de Strombeck, les individus que celui-ci y rattachait avaient une hauteur de tours double de la largeur, dans l'exemplaire trouvé par M. le docteur Schlüter, le rapport de ces deux dimensions est de 4 à 3.

Dans son second ouvrage, M. le docteur Schlüter a figuré un autre exemplaire des environs d'Altenessen, chez lequel la hauteur des tours est assez grande : l'ornementation est bien voisine de celle de l'échantillon figuré ici, pl. XII, fig. 4. Les côtes sont surélevées sur le bord de l'ombilic en un tubercule pincé dans le sens de la longueur, comme chez *Gauthiericeras Margæ;* les quilles latérales sont très peu saillantes et semblent plutôt consister en deux arêtes, limitant un petit méplat du bord externe, de chaque côté de la quille siphonale.

Cloisons. — Elles sont analogues à celles des autres *Peroniceras* et en particulier à celles de *P. Moureti*, comme on peut le constater sur la figure 4 de la planche XII.

Fig. 38.

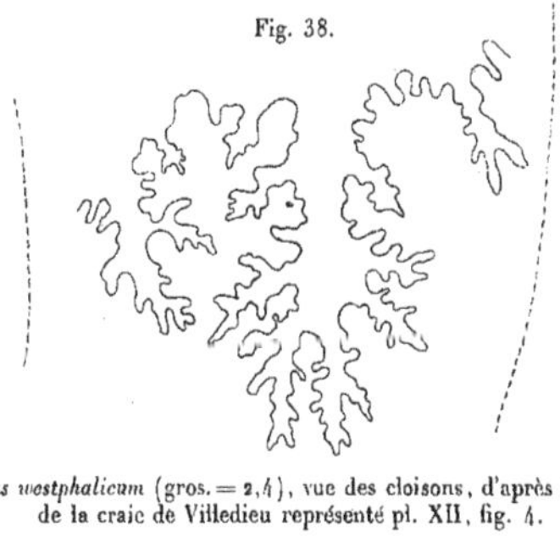

Peroniceras westphalicum (gros. = 2,4), vue des cloisons, d'après l'échantillon de la craie de Villedieu représenté pl. XII, fig. 4.

Rapports et différences. — *Peroniceras westphalicum* se distingue de *P. subtricarinatum* par ses tours un peu plus recouverts, l'absence de tubercules proprement dits autour de l'ombilic, et ses quilles latérales beaucoup moins prononcées : il paraît assez probable que cette forme n'est au fond qu'une variation de *P. subtricarinatum*.

Gisement. — En France, cette espèce n'a été trouvée que dans les calcaires durs qui forment la base de la craie de Villedieu. En Allemagne, elle se trouve dans les marnes de l'étage de l'Emscher (Westphalie).

Échantillons examinés. — Deux échantillons (collection de l'École des mines et collection Le Mesle) provenant de la base de la craie de Villedieu, Touraine.

EXPLICATION DES FIGURES.

Planche XII.

Fig. 1. — Individu (collection de l'École des mines), vu de côté, différent du type par ses côtes, qui sont presque toutes simples.
Craie de Villedieu, Touraine.

Fig. 4ª. — Individu (collection Le Mesle), vu de côté pour montrer les côtes, tantôt simples, tantôt bifides, qui ornent les flancs.
Calcaires durs de la base de la craie de Villedieu.
Carrières de la Ribochère, commune de Couture (Loir-et-Cher).

Fig. 4^b. — Le même, vu du côté ventral.

PERONICERAS MOURETI. A. de Grossouvre, n. sp.

(Pl. XI, fig. 3 et 4.)

1876. **Ammonites** cf. **tridorsatus**. Schlüter. *Cephalopoden der oberen deutschen Kreide*, p. 158; pl. XLI, fig. 3 à 5.

Coquille discoïdale, comprimée.

Spire formée de tours peu embrassants, croissant très lentement, à flancs plats, à bord externe subconvexe, orné en son milieu d'une quille lisse, accompagnée de deux quilles latérales dont elle est séparée par des concavités peu prononcées; de chaque côté des quilles latérales, il existe un méplat oblique se raccordant avec chacun des flancs de la coquille.

Ombilic grand, peu profond, limité par un pourtour largement arrondi.

Les flancs sont ornés de côtes simples, obliques en avant; elles naissent sur le bord de l'ombilic et se dirigent en avant en décrivant une courbure dont la convexité est tournée vers l'arrière; arrivées à une certaine distance du bord ombilical, elles se surélèvent en un tubercule pincé dans le sens radial, puis elles s'abaissent et s'élargissent au fur et à mesure qu'elles s'éloignent de l'ombilic. Elles se terminent sur le bord externe par un tubercule transverse, c'est-à-dire allongé dans le sens de la spirale d'enroulement. Les côtes sont assez rapprochées et séparées par des intervalles un peu supérieurs à leur largeur.

Rapports et différences. — Cette espèce est très voisine de *Peroniceras tridorsatum*, Schlüter, mais elle en diffère par ses côtes plus nombreuses, plus rapprochées et surtout plus infléchies en avant. L'échantillon que M. le docteur Schlüter a figuré sous le nom d'*Ammonites* cf. *tridorsatus* peut être rapporté avec certitude à cette espèce.

M. Fallot a décrit, sous le nom d'*Ammonites L'Epéei*, une forme des grès de Dieulefit, qu'il a séparée de *Am.* cf. *tridorsatus*, Schlüter, à cause de sa quille médiane beaucoup plus accentuée et de l'absence d'un petit tubercule vers l'extrémité ombilicale des côtes. Ces différences tiennent peut-être à l'état de conservation des échantillons examinés par M. Fallot. En tout cas, le caractère basé sur la saillie de la quille médiane est peu accusé, même sur la figure de M. Fallot. Quant au tubercule de l'extrémité ombilicale des côtes, il est très peu marqué, comme l'a d'ailleurs indiqué M. le docteur Schlüter, et il consiste uniquement en une surélévation locale qui fait défaut dans l'exemplaire figuré par M. Fallot. J'ai entre les mains un échantillon des grès de Dieulefit (collection Sayn), complètement identique à ceux de Touraine, dont les côtes possèdent bien des tubercules ombilicaux.

Cloisons. — J'ai déjà indiqué plus haut les caractères particuliers de la ligne suturale de cette espèce; je me borne donc à en répéter le dessin ci-dessous.

Fig. 39.

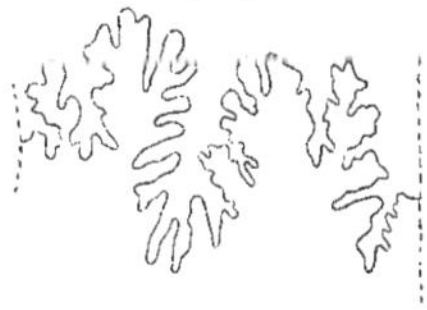

Peroniceras Moureti (grand. nat.), d'après un échantillon de la craie de Villedieu.

Gisement. — Cette espèce habite l'étage coniacien, et plus particulièrement les couches inférieures de cet étage. Elle a été rencontrée en Touraine, en Aquitaine, à Dieulefit, dans l'étage de l'Emscher en Westphalie, dans la craie du souterrain de Maillot, près Sens (dans la zone H de M. Lambert, c'est-à-dire à la partie supérieure de la craie à *Micraster cortestudinarium*), et dans la craie de Lezennes, près Lille, au même niveau.

Échantillons examinés. — Plusieurs échantillons des calcaires durs qui forment la base de la craie de Villedieu (collection de l'École des mines, collections Le Mesle, Péron).

Un échantillon de la craie de Lezennes, près Lille (collection de la Faculté des sciences de Lille).

Un échantillon des grès de Dieulefit.

EXPLICATION DES FIGURES.

Planche XI.

FIG. 3. — Individu (collection Réjaudry), vu de côté.
Étage coniacien moyen. Assise L^1 de M. Arnaud.
La Boulenerie, près Jonzac (Charente-Inférieure).

FIG. 4ª. — Individu (collection de l'École des mines), type de l'espèce, vu de côté : dans cette espèce, comme dans *P. subtricarinatum*, les côtes possèdent, près de l'ombilic, des tubercules pincés dans le sens de la longueur et, près du bord externe, des tubercules transverses; mais elles sont inclinées en avant au lieu d'être normales.
Calcaires tendres gréseux de la base de la craie de Villedieu.
Courtiras, près Vendôme (Loir-et-Cher).

FIG. 4ᵇ. — Le même, vu du côté ventral.

FIG. 4ᶜ. — Le même, section des tours.

PERONICERAS ROUSSEAUXI. A. DE GROSSOUVRE, n. sp.

(Pl. XI, fig. 5.)

Forme très voisine de la précédente, dont elle se distingue par ses côtes un peu infléchies en avant, moins droites, plus convexes en arrière, par le tubercule de l'extrémité des côtes moins transverse et presque rond, et enfin par la forme de la section des tours, qui est moins haute que large, bien que cet individu ait un ombilic relativement plus grand que *P. Moureti*, type, ce qui ne permet pas de considérer cette forme comme une variété de cette dernière espèce.

Gisement. — L'échantillon figuré provient des couches moyennes du coniacien, assise L^1 de M. Arnaud, des environs de Saint-Simon-de-Jonzac.

EXPLICATION DES FIGURES.

Planche XI.

Fig. 5ᵃ. — Fragment d'un individu (collection Arnaud), vu de côté.
Étage coniacien : assise L^1 de M. Arnaud.
Saint-Simon-de-Jonzac (Charente-Inférieure).

Fig. 5ᵇ. — Le même : section des tours, pour montrer la forme de la section, qui est beaucoup plus large que haute, bien que la dimension de l'ombilic soit proportionnellement moins grande que dans *P. Moureti.*

PERONICERAS CZÖRNIGI. Redtenbacher, sp.

(Pl. XI, fig. 2.)

1873. **Ammonites Czörnigi.** Redtenbacher, *Die Cephalopodenfauna der Gosauschichten. Abhandl. der k. k. geolog. Reichsanstalt,* t. V, p. 105, pl. XXIII, fig. 4.
1885. **Ammonites Czörnigi.** Fallot, *Crétacé du sud-est de la France*, p. 229, pl. I, fig. 2.

Cette espèce, qui se rattache au groupe de *Peroniceras Moureti* par sa forme et son mode d'ornementation, s'en distingue principalement par l'absence de tubercules ombilicaux. On voit, sur l'échantillon qui a servi de type à Redtenbacher, s'intercaler, entre les côtes ombilicales, quelques côtes auxiliaires plus courtes; mais ce dernier caractère ne peut être considéré comme absolument constant, et il est fort probable que dans les diverses espèces de *Peroniceras* les côtes peuvent tantôt rester simples et tantôt se multiplier sur la région externe des flancs.

Je rapporte à cette espèce, comme variété, un exemplaire des grès de Dieulefit (pl. XI, fig. 2) caractérisé par ses tours beaucoup plus élevés et plus embrassants et ses côtes plus serrées; celles-ci offrent cette particularité intéressante de porter des rides parallèles à la spirale d'enroulement, caractère que l'on observe assez fréquemment chez diverses ammonites et en particulier chez *Ammonites inflatus.*

L'échantillon figuré par M. Fallot sous le nom d'*Ammonites Czörnigi* paraît bien se rattacher au type de Redtenbacher; cependant ses côtes sont plus larges dans la région ombilicale des flancs que chez ce dernier.

Peroniceras L'Epéei, Fallot, sp., doit probablement être considéré comme une mutation de ce type, dont il diffère par une spire moins embrassante, et en même temps par une section des tours plus élancée; tandis que s'il n'en était qu'une simple variété à ombilic large, il devrait posséder, au contraire, une section des tours plus épaisse.

Gisement. — Cette espèce habite l'étage coniacien : en France, elle n'est connue que des grès de Dieulefit. Dans les Alpes orientales, on la trouve dans les couches dites *de Gosau*, gisement du ravin Schmolnauer Alp, près Strobl-Weissenbach.

Échantillon examiné. — Un seul provenant des grès de Dieulefit (Drôme).

EXPLICATION DES FIGURES.

Planche XI.

FIG. 2ª. — Individu (collection de la Sorbonne), vu de côté.
Grès verdâtres de Dieulefit (Drôme).

FIG. 2ᵇ. — Le même, vu du côté ventral.

RÉSUMÉ.

Les *Peroniceras* sont confinés en France dans l'étage coniacien; cependant M. le docteur Schlüter a signalé *Per. subtricarinatum* dans l'étage turonien supérieur de Westphalie (*Cuvieri-Pläner* des environs de Paderborn), où il est d'ailleurs très rare.

Je ne connais pas de formes de ce groupe dans le santonien.

L'extension géographique des *Peroniceras* est très grande : en Europe, ils sont connus de la craie de Bohême, de la basse Silésie, de Westphalie, de Touraine, d'Aquitaine, des Corbières, de Dieulefit, des Alpes occidentales et orientales (couches de Gosau).

Le *Peroniceras subtricarinatum* a été signalé dans l'Inde orientale par Stoliczka et paraît ne pas y être rare (*Trichinopoly group*).

Il est fort probable que *Am. serrato-carinatus*, Stol., du *Trichinopoly group*, appartient aussi à ce genre.

Ammonites tehamaensis, Gabb, de la Californie, d'abord rapporté à *Am. subtricarinatus* (*Survey of California, Paleontology*, II, 1869, p. 132) doit également être considéré comme un représentant de ce genre.

RÉSUMÉ GÉNÉRAL SUR LES ACANTHOCERATIDÉS.

Les *Acanthoceratidés*, compris comme je l'ai indiqué précédemment, ont donc apparu dès le commencement de l'époque néocomienne et ont vécu pendant la plus grande partie de l'ère crétacée, pour disparaître un peu avant sa fin; ils s'éteignent vers le commencement de l'époque campanienne.

Les divers genres que l'on peut distinguer dans cette famille ont, en général, une existence assez limitée; le tableau ci-dessous montre leur extension verticale pendant l'ère crétacée proprement dite.

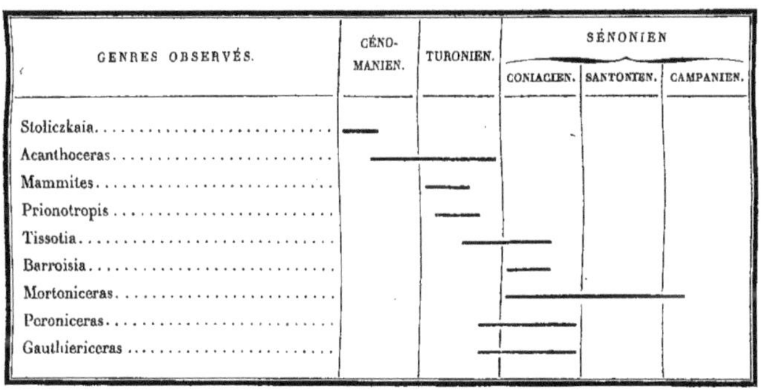

RÉPARTITION VERTICALE DES ESPÈCES SÉNONIENNES
DE LA FAMILLE DES ACANTHOCERATIDÉS.

ESPÈCES OBSERVÉES.	CONIACIEN			SANTONIEN		CAMPANIEN
	INFÉRIEUR.	MOYEN.	SUPÉRIEUR.	INFÉRIEUR.	SUPÉRIEUR.	INFÉRIEUR.
Tissotia Robini, Thiollière, sp.	»	*	»	»	»	»
— Ewaldi, de Buch, sp.	*	*	»	»	»	»
— Redtenbacheri, n. sp.	»	*	»	»	»	»
— haplophylla, Redt., sp.	*	*	»	»	»	»
— Slizewiczi, Fallot, sp.	»	*	»	»	»	»
Barroisia Haberfellneri, v. Hauer, sp.	*	»	»	»	»	»
— Nicklèsi, n. sp.	»	*	»	»	»	»
— sequens, n. sp.	»	*	»	»	»	»
— Boissellieri, n. sp.	»	*	»	»	»	»
Mortoniceras Zeilleri, n. sp.	*	»	»	»	»	»
— serrato-marginatum, Redt., sp.	»	»	*	*	»	»
— Bourgeoisi, d'Orb., sp.	»	»	*	*	»	»
— Bontanti, n. sp.	»	»	*	»	»	»
— Desmondi, n. sp.	»	»	*	»	»	»
— pseudo-texanum, n. sp.	? (1)	? (1)	? (1)	»	»	»
— texanum, F. Römer, sp.	»	»	»	*	»	»
— campaniense, n. sp.	»	»	»	»	»	*
Gauthiericeras bajuvaricum, Redt., sp.	»	*	»	»	»	»
— Margæ, Schlüt., sp.	*	*	*	»	»	»
Peroniceras subtricarinatum, d'Orb., sp.	*	*	»	»	»	»
— — var. tridorsatum, Schlüt.	*	*	»	»	»	»
— westphalicum, Schlüt, sp.	*	»	»	»	»	»
— Moureti, n. sp.	*	*	»	»	»	»
— Rousseauxi, n. sp.	»	*	»	»	»	»
— Czörnigi, Redt., sp.	»	? (1)	»	»	»	»
— L'Epéci, Fallot, sp.	»	? (1)	»	»	»	»

(1) Par ce signe j'indique que ces espèces appartiennent à l'étage coniacien, mais que je ne suis pas en mesure de préciser la zone particulière qu'elles habitent.

FAMILLE DES HOPLITIDÉS.

Conformément aux indications données par M. Douvillé, je range dans la famille des *Hoplitidés* toute une série de formes, plus ou moins plates, ou plus ou moins renflées, dont l'ornementation consiste généralement en côtes assez fortement infléchies en avant et convergeant en faisceaux, soit vers des tubercules ombilicaux, soit vers des tubercules placés dans la région médiane des flancs.

Ce qui caractérise ce genre au point de vue de la ligne suturale, c'est le premier lobe latéral; il est à terminaison impaire et sa forme générale est triangulaire, et non quadrangulaire, comme dans les *Acanthoceratidés* : son extrémité est donc anguleuse, au lieu d'être large et arrondie. On retrouve ce caractère bien marqué dans toute une série de formes crétacées, chez lesquelles le triangle formé par le premier lobe latéral est tantôt très étroit, tantôt étalé et prenant un développement considérable : dans ce dernier cas, il peut arriver que les lobules situés du côté externe se développent aussi d'une manière anormale et finissent par acquérir une individualité propre. On passe ainsi aux formes, telles que *Placenticeras syrtale*, chez lesquelles les trois premiers lobes latéraux ne sont en réalité que les lobules du premier lobe latéral des autres espèces de ce groupe.

On voit que l'on doit faire rentrer dans cette famille :

1° Tous les *Hoplites*;

2° Les espèces qui doivent être rattachées au genre *Sonneratia* institué par M. Bayle (*Bull. Soc. géol. de France*, 3e série, 13 janv. 1879, t. VII, p. 91) pour *Ammonites Dutemplei*;

3° Les ammonites du genre *Schlönbachia*, emend., limité aux formes du groupe de *Schl. varians*, après élimination de celles qui se rapportent au groupe d'*Am. inflatus*, *Am. texanus*, etc., ces dernières devant rentrer dans la famille des *Acanthoceratidés*;

4° Les espèces du genre *Douvilléiceras*, nov. gen. (page 26), créé pour les formes, analogues à *Ammonites Martini* et *Am. mamillaris*, caractérisées par l'absence d'une ligne de tubercules siphonaux et par la forme de leurs cloisons

Fig. 40.

Schlönbachia varians (gros. = 5), d'après un échantillon de Rouen.

Fig. 41.

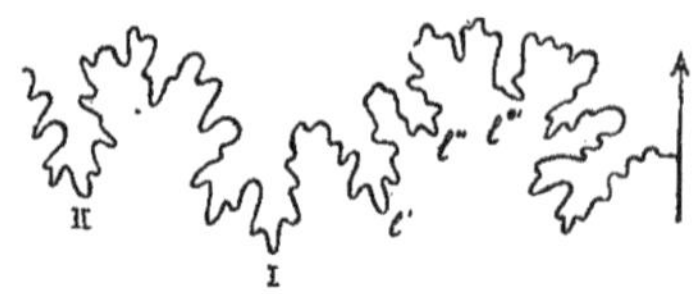

Sonneratia Cleon (gros. = 4,5), d'après Douvillé, *B. S. G. F.*, 3ᵉ, XVIII, p. 289.

Fig. 42.

Sonneratia perampla, d'après Sharpe, pl. X, fig. 2ᵈ.

Fig. 43.

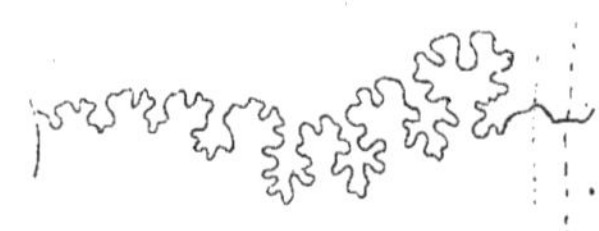

Placenticeras syrtale (gros. = 3,5), d'après l'échantillon représenté pl. V, fig. 3.

Fig. 44.

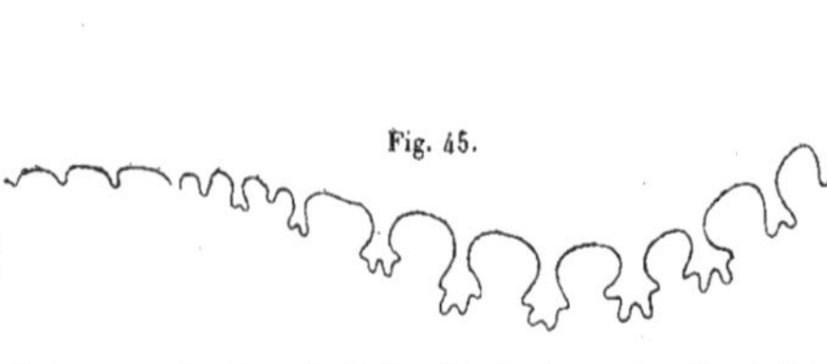

Hoplites splendens (gros. = 4,5), d'après Douvillé, *B. S. G. F.*, 3ᵉ, XVIII, p. 289.

Fig. 45.

Sphenodiscus cf. *pedernalis* (gros. = 2,5), dessin de M. Douvillé, d'après un échantillon de Sainte-Croix, près le Mans.

qui comprennent une première selle large et festonnée et un premier lobe latéral large et anguleux (voir p. 23, fig. 1 et 2);

5° Les espèces du genre *Sphenodiscus*.

M. Douvillé a encore rattaché à cette famille le genre *Pachydiscus*, créé par M. le docteur Zittel pour tout un ensemble de formes renflées de la craie. Le savant professeur de l'Université de Munich considère comme espèces typiques de ce genre *A. peramplus*, *A. neubergicus*, *A. gollevillensis*, *A. Wittekindi*, *A. galicianus*, *A. auritocostatus*, *A. arialoorensis*.

Or, le genre ainsi composé comprend deux séries d'espèces dans lesquelles la ligne suturale est absolument différente.

Dans les unes, telles qu'*Am. peramplus*, les cloisons sont tout à fait analogues à celles des *Sonneratia*, tandis que dans les autres, telles qu'*A. neubergicus*, *A. gollevillensis*, etc., les cloisons très ramifiées présentent au contraire une grande ressemblance avec celles des *Puzosia*.

Je crois donc devoir détacher les formes du groupe d'*Am. peramplus* du genre *Pachydiscus* pour les rattacher, au moins provisoirement, au genre *Sonneratia* avec lequel elles présentent, d'ailleurs, comme l'a fait remarquer M. Douvillé, une très grande analogie sous le rapport de l'ornementation.

Les autres *Pachydiscus* me paraissent devoir être placés à côté des *Puzosia*, et je les classerai dans la famille des *Phylloceratidés*.

Genre SCHLÖNBACHIA. Neumayr, emend.

Le genre *Schlönbachia* a été créé en 1875 par Neumayr pour les ammonites

Fig. 46.

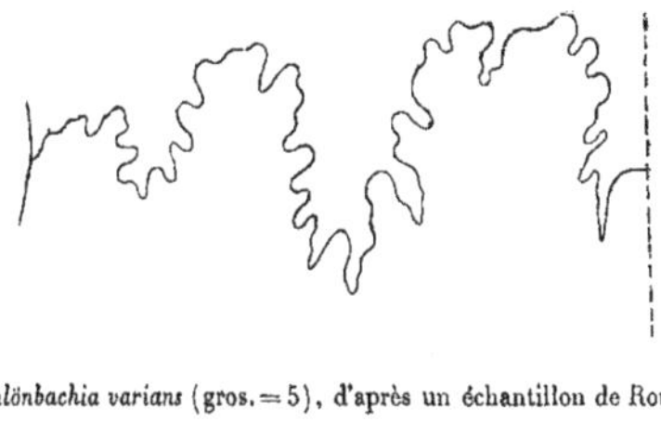

Schlönbachia varians (gros. = 5), d'après un échantillon de Rouen.

de la craie à bord externe fortement caréné. Dans la pensée de son auteur, il comprenait une série d'espèces variées, telles qu'*Am. bajuvaricus*, *Am. subtricarinatus*, *Am. inflatus*, *Am. texanus*, *Am. varians*, etc.; les unes doivent être rattachées aux *Acanthoceratidés* à cause de la forme de leurs lobes, et les autres être placées dans la famille des *Hoplitidés*. Je prendrai donc comme espèce type de ce genre *Schlönbachia varians*, dont l'ornementation rappelle beaucoup celle de la plupart des *Hoplitidés* et dont les cloisons offrent bien aussi les caractères que je leur ai attribués. Je donne ci-dessus les cloisons d'un individu de cette espèce que j'ai recueilli dans la couche fossilifère de la montagne Sainte-Catherine, près Rouen.

SCHLÖNBACHIA NANCLASI. A. de Grossouvre, nov. sp.

(Pl. III, fig. 4.)

Coquille discoïdale, comprimée.

Spire formée de tours embrassants, croissant assez rapidement, à flancs presque plats et parallèles, à bord externe convexe, anguleux en son milieu.

Ombilic médiocre, à paroi verticale, à pourtour anguleux.

Les flancs sont ornés de côtes simples, arrondies, flexueuses, séparées par des intervalles supérieurs à leur largeur. Elles sont très légèrement surélevées sur le bord ombilical et portent un tubercule vers leur milieu : sur la région externe des flancs, elles deviennent plus larges et plus accentuées et s'interrompent sur le pourtour externe. Entre deux côtes principales, prend naissance une côte intermédiaire qui ne descend jamais au-dessous de la moitié des flancs.

Cloisons. — Inconnues.

Rapports et différences. — Cette espèce présente de grandes analogies avec *Schlönbachia Boreaui* : elle en diffère par des côtes moins nombreuses, plus espacées, toujours simples, sans tubercule ombilical et présentant vers le milieu de leur longueur des tubercules épineux qui n'existent pas dans cette dernière espèce. Le bord externe est fort différent, car dans *Schl. Boreaui* il existe une quille saillante bordée de deux sillons.

Habitat. — Calcaires glauconieux de la base de l'étage coniacien de la Dordogne : assise K de M. Arnaud.

Échantillon examiné. — Un seul (collection Arnaud) provenant des environs de Périgueux, première tranchée de la ligne de Coutras.

EXPLICATION DES FIGURES.

Planche III.

FIG. 4[a]. — Individu (collection Arnaud) type de l'espèce, vu de côté.
Calcaires glauconieux de l'étage coniacien inférieur (assise K de M. Arnaud); première tranchée de la ligne de Périgueux à Coutras, à la sortie de Périgueux.

FIG. 4[b]. — Le même, vu du côté ventral.

SCHLÖNBACHIA BOREAUI. A. DE GROSSOUVRE, n. sp.

(Pl. VII, fig. 3.)

Coquille discoïdale, comprimée.

Spire formée de tours embrassants, croissant assez rapidement, à flancs presque plats, à bord externe arrondi, portant en son milieu une quille mince saillante, bordée de deux sillons.

Ombilic médiocre, à paroi verticale, à pourtour anguleux.

La coquille est ornée de côtes arrondies, flexueuses, assez serrées, partant généralement par paires d'un tubercule qui fait légèrement saillie à l'intérieur de l'ombilic. Elles sont infléchies en avant et présentent, vers le milieu des flancs, une légère surélévation à partir de laquelle elles se rejettent un peu en arrière. Les côtes tantôt restent simples, tantôt se bifurquent au point d'inflexion. En arrivant sur le bord externe, elles se surélèvent et s'infléchissent en même temps plus fortement en avant, pour s'arrêter à une petite distance des sillons.

Cloisons. — Inconnues.

Rapports et différences. — Cette espèce n'a que de lointaines analogies avec *Barroisia Haberfellneri* et avec *Ammonites Neptuni;* j'ai indiqué précédemment comment elle diffère de *Schl. Nanclasi*, avec lequel elle présente quelques rapports.

Habitat. — Calcaires blancs cristallins du coniacien moyen : assise L[1] de M. Arnaud.

Échantillon examiné. — Un seul (collection Arnaud) des environs de Cognac.

EXPLICATION DES FIGURES.

Planche VII.

FIG. 3ª. — Individu (collection Arnaud) type de l'espèce, vu de côté.
Calcaires durs du coniacien moyen : assise L^1 de M. Arnaud.
Environs de Cognac (Charente).

FIG. 3ᵇ. — Le même, vu du côté ventral.

SCHLÖNBACHIA FOURNIERI. A. DE GROSSOUVRE, n. sp.

(Pl. XXXV, fig. 1.)

Coquille discoïdale, comprimée.

Spire formée de tours embrassants, se recouvrant environ sur les deux tiers de leur hauteur, s'accroissant plus rapidement en hauteur qu'en épaisseur.

Ombilic de grandeur médiocre, à paroi verticale, nettement séparée des flancs par un pourtour anguleux.

Bord externe arrondi, pincé et muni en son milieu d'une petite quille séparée des flancs par une surface lisse.

Flancs peu convexes, presque plats.

Section des tours subquadrangulaire, beaucoup plus haute que large.

La coquille est ornée de côtes partant d'un petit tubercule allongé placé tout contre le pourtour de l'ombilic : ces côtes, obliques en avant, s'atténuent très rapidement, rebroussent un peu en arrière au-dessous de la mi-hauteur des flancs, reparaissent plus distinctes sur la région externe et se terminent à une petite distance du méplat qui borde la quille siphonale par des tubercules légèrement allongés dans le sens de l'enroulement. De distance en distance se détache par bifurcation obscure, un peu au-dessous du point de rebroussement, une côte intercalaire ayant sensiblement la même allure qu'elle.

Toutes ces côtes sont très régulièrement distribuées; un peu avant la fin de la partie cloisonnée de la coquille, on aperçoit une légère dépression du test dans le sens transverse.

Sur la dernière loge de l'échantillon examiné, l'ornementation diffère complètement de celles des tours précédents : elle consiste en sillons larges, ayant la même allure que les côtes, c'est-à-dire obliques en avant et flexueux en forme d'S très allongé. Sur le bord de l'ombilic, ces sillons délimitent des parties surélevées, d'où partent des stries flexueuses qui viennent s'arrêter à l'arête limitant le méplat latéral de la quille siphonale. Quelques-unes de ces stries se terminent par de petits tubercules, beaucoup moins accentués que ceux de la partie cloisonnée.

Cloisons. — La ligne suturale de cette espèce présente les caractères du genre *Schlönbachia,* comme on peut s'en assurer en comparant le dessin de sa cloison, relevé par M. Douvillé, avec celui de la cloison de *Schl. varians,* que j'ai donné plus haut.

Fig. 47.

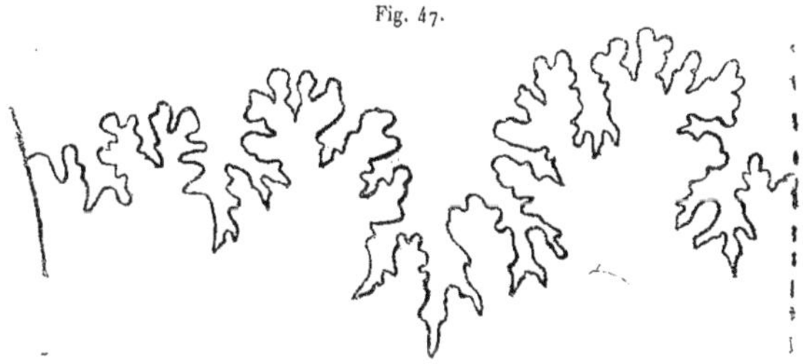

Schlönbachia Fournieri (gros. = 4), dessin de M. Douvillé d'après l'échantillon représenté pl. XXXV, fig. 1.

Le lobe latéral se termine en pointe et est plus profond que le lobe siphonal; la première selle latérale est divisée en trois parties par deux lobules principaux, et la partie médiane de cette selle est elle-même subdivisée par un lobule de moindre importance que les précédents.

Rapports et différences. — Cette espèce me paraît être une mutation de *Schlönbachia Goupili,* d'Orbigny, de l'étage turonien : elle se rattache à ce type aussi bien par sa forme générale que par son ornementation. Elle s'en distingue facilement par la présence de tubercules sur le bord ombilical et sur le pourtour externe.

Gisement. — Le bel échantillon que j'ai fait figurer provient du département de la Charente, mais son gisement précis est inconnu. Il est constitué par une roche calcaire assez dure et compacte, d'un blanc légèrement

IMPRIMERIE NATIONALE.

jaunâtre, renfermant des bryozoaires. Je ne connais de roches analogues que dans les assises L¹ et M de M. Arnaud. Comme il existe dans les Corbières une forme très voisine, mais néanmoins différente, que je vais décrire, dont le gisement correspond à peu près aux couches limites des assises M et N, on peut de ce fait conclure que l'échantillon de la Charente n'appartient pas à ces assises et que dès lors il doit, avec beaucoup de vraisemblance, être classé dans l'assise L¹, c'est-à-dire dans la partie moyenne de l'étage coniacien.

Échantillon examiné. — Un seul (collection Fournier).

EXPLICATION DES FIGURES.

Planche XXXV.

Fig. 1ª. — Individu (collection Fournier) vu de côté pour montrer l'ornementation des flancs.

Calcaires blanchâtres à bryozoaires de la Charente.

Gisement précis inconnu.

Fig. 1ᵇ. — Le même, vu du côté ventral, en arrière.

Fig. 1ᶜ. — Le même, vu du côté ventral, la bouche en avant.

SCHLÖNBACHIA BERTRANDI. A. de Grossouvre, n. sp.

(Pl. XXIX, fig. 6; pl. XXXVIII, fig. 1.)

Cette espèce est à peu près identique à la précédente comme forme, et son ornementation est également si voisine de celle-ci que la distinction des deux espèces, quoique réelle, est assez délicate.

On voit cependant que dans *Schl. Bertrandi* les surélévations ombilicales sont beaucoup plus accentuées et individualisées que dans l'espèce précédente et qu'elles constituent de véritables tubercules très saillants et presque ronds. Les côtes, bien qu'affaiblies dans la région médiane des flancs, y sont cependant mieux marquées. Les tubercules externes sont aussi plus accentués et surtout plus franchement allongés dans le sens de la spirale d'enroulement; les côtes se prolongent au delà de ces tubercules jusqu'au méplat lisse qui borde la quille par une partie affaiblie, arquée, très large et très oblique en avant.

L'échantillon figuré planche XXXVIII, fig. 1, possède sa dernière loge, qui occupe près des trois quarts de la longueur du dernier tour. L'ornementation y est fort différente de celle de la dernière loge de *Schl. Fournieri;* elle est identique à celle de la partie cloisonnée, seulement elle va en diminuant progressivement de vigueur depuis le commencement de la loge jusqu'à son extrémité et on n'y voit pas les sillons transverses de l'autre espèce.

Sur le grand échantillon de la planche XXXVIII, on observe que le nombre des tubercules ombilicaux, faible sur les premiers tours visibles (5 à 6 au plus), va ensuite en augmentant considérablement. Ce caractère paraît très variable, car j'ai d'autres échantillons, de petite taille, qui montrent un nombre bien plus considérable de tubercules ombilicaux : ainsi l'un d'eux, de 35 millimètres de diamètre seulement, en a déjà une quinzaine sur le dernier tour.

Cloisons. — Le grand échantillon, à l'état ferrugineux, laisse apercevoir le dessin des cloisons d'une manière suffisante pour que l'on puisse se rendre compte qu'elles sont fort voisines de celles de l'espèce précédente.

Habitat. — Cette espèce appartient comme la précédente à la série de *Schlönbachia Goupili :* elle constitue une mutation plus récente qui n'est pas rare dans les environs de Sougraignes (Aude), où elle se trouve dans les calcaires marneux à *Lima marticensis* et *Placenticeras syrtale,* immédiatement au-dessus des marnes bleues à *Mortoniceras texanum.* Elle est le plus souvent en fragments et très empâtée dans la gangue.

Échantillons examinés. — Huit échantillons (collection A. de Grossouvre) provenant du chemin de Sougraignes aux Croutets et du ravin au nord de Sougraignes.

EXPLICATION DES FIGURES.

Planche XXIX.

Fig. 6ª. — Individu (collection A. de Grossouvre) vu de côté.
Calcaires marneux jaunes à *Lima marticensis* situés immédiatement au-dessus des marnes bleues à *Mortoniceras texanum* sur le chemin de Sougraignes aux Croutets (Aude).

Fig. 6ᵇ. — Le même, vu du côté ventral.

Planche XXXVIII.

Fig. 1. — Individu (collection A. de Grossouvre) type de l'espèce, vu de côté.
Marnes bleues du ravin situé au nord de Sougraignes (Aude).

Genre HOPLITES. Neumayr.

Ce genre a été créé en 1875 par Neumayr. Il renferme des formes généralement à ombilic étroit et à tours élevés dont le bord externe est tronqué : l'ornementation consiste en côtes obliques, atténuées ou même interrompues sur le bord externe et terminées par une surélévation ou un tubercule oblique.

La cloison présente bien les caractères indiqués précédemment pour la famille des *Hoplitidés :* la première selle latérale est fort large. Le premier lobe latéral terminé en pointe est dissymétrique et les lobules situés du côté externe sont en général assez développés.

Je donne à titre d'exemple la cloison de *Hoplites splendens.*

Fig. 48.

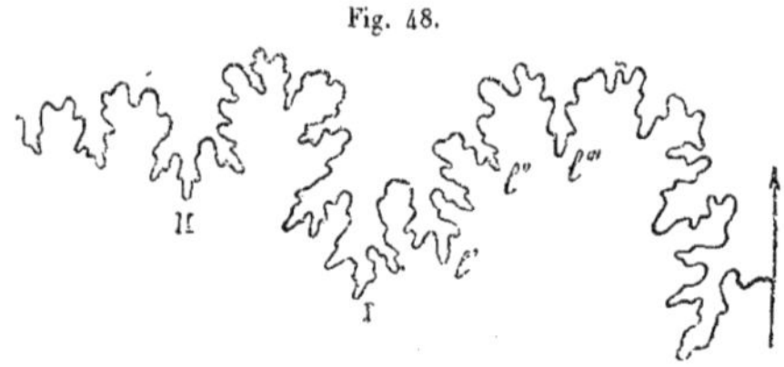

Hoplites splendens (gros. = 4,5), d'après Douvillé, *B. S. G. F.*, 3ᵉ, XVIII, p. 289.

HOPLITES GOSSELETI. A. de Grossouvre, n. sp.

(Pl. XXXVI, fig. 1.)

Coquille discoïdale, comprimée.

Spire formée de tours peu embrassants, croissant rapidement en hauteur.

Ombilic moyen, peu profond, se raccordant graduellement avec les flancs.

Flancs peu convexes.

Bord externe tronqué, étroit.

Section des tours ovale, très élevée, la largeur étant à peu près égale à la moitié de la hauteur et ayant sa plus grande valeur environ à mi-hauteur.

Les flancs sont ornés de côtes fortes, élevées, arrondies, séparées par des intervalles à peu près égaux à leur largeur.

Les côtes, prenant naissance sur le bord immédiat de l'ombilic, sont simples, radiales, presque droites et seulement un peu infléchies en avant sur le premier tiers de leur hauteur à partir de l'ombilic. Entre elles, il s'en intercale, de distance en distance, une qui s'efface avant d'atteindre l'ombilic.

Toutes ces côtes présentent à une petite distance du bord externe un tubercule et se terminent à leur extrémité, sur l'arête qui limite le méplat siphonal, par un tubercule très saillant constituant une véritable épine normale à ce méplat; celui-ci est donc encadré entre les deux rangées externes de tubercules.

Cette belle espèce présente de grandes analogies avec *Hoplites coesfeldiensis*, particulièrement avec l'individu que M. le docteur Schlüter a fait figurer en 1867 (*Jüngsten Ammoneen Norddeutschlands*, pl. I, fig. 1 et 4) et surtout avec celui qu'il a fait représenter en 1872 (*Ceph. d. ob. deutsch. Kreide*, pl. XX, fig. 1). Ceux-ci en diffèrent par leurs côtes beaucoup plus obliques en avant, partant par groupes de deux ou de trois d'un tubercule ombilical, alors que dans *Hoplites Gosseleti* les côtes sont simples et ne présentent aucune trace de tubercule ou de surélévation au bord de l'ombilic. De plus, la distance entre les deux tubercules externes est moins grande dans l'espèce de Westphalie que dans celle des Corbières.

Gisement. — Le gisement précis de *Hoplites Gosseleti* ne m'est pas connu : il provient de la région comprise entre Bugarach et Soulatge.

Son niveau exact ne peut donc être établi et peut osciller entre les diverses zones du coniacien ou du santonien : en tout cas on peut affirmer que cette espèce habite un horizon bien nettement inférieur à celui de *H. coesfeldiensis* et que sa présence dans les couches crétacées des Corbières constitue la première apparition dans l'Europe occidentale des formes de ce petit groupe.

EXPLICATION DES FIGURES.

Planche XXXVI.

FIG. 1a. — Individu (collection Gabelle) vu de côté pour montrer ses côtes simples radiales et presque droites, caractère qui distingue cette espèce de *Hoplites coesfeldiensis*.

Environs de Soulatge (Aude). Gisement inconnu.

FIG. 1b. — Le même, section des tours.

HOPLITES VARI. Schlüter, sp.

(Pl. VIII, fig. 3; pl. IX, fig. 2 et 3.)

1859. **Ammonites Marroti.** Coquand, *Synopsis des fossiles de la formation crétacée du sud-ouest de la France.*
1867. **Ammonites coesfeldiensis.** Schlüter, p. parte, *Jüngsten Ammoneen Norddeutschlands*, p. 14; pl. I, fig. 2 et 3, non fig. 1 et 4.
1867. **Ammonites costulosus.** Schlüter, p. parte, *Jüngsten Ammoneen Norddeutschlands*, p. 17; pl. II, fig. 1, non fig. 2, 3 et 4.
1872. **Ammonites striato-costatus.** Schlüter, *Cephalopoden der oberen deutschen Kreide*, p. 65, pl. XX, fig. 1 et 4.
1876. **Ammonites Vari.** Schlüter, *Cephalopoden der oberen deutschen Kreide*, p. 160.

Coquille discoïdale, comprimée.

Spire formée de tours embrassants, se recouvrant sur près des trois quarts de leur hauteur, croissant très rapidement surtout en hauteur.

Ombilic à paroi presque verticale séparé des flancs par un rebord anguleux à peine arrondi.

Flancs presque plats.

Section des tours subquadrangulaire, un peu amincie dans la région siphonale.

La coquille est ornée de côtes fortes, surélevées sur le bord de l'ombilic, obliques et légèrement arquées en avant, puis revenant un peu en arrière pour s'infléchir de nouveau très fortement en avant sur le bord externe. A ce point d'inflexion elles portent un petit tubercule arrondi et se terminent sur la carène qui limite le méplat ventral par un tubercule plus large, transverse et faisant saillie en dehors, de telle sorte que la région ventrale paraît excavée. Les tubercules externes se correspondent symétriquement sur les deux carènes latérales du méplat ventral.

Entre les côtes principales il s'en intercale une ou deux autres qui ne descendent pas jusqu'au bord de l'ombilic et disparaissent avant de l'atteindre, ou bien viennent se souder aux tubercules ombilicaux.

Cloisons. — Inconnues.

Rapports et différences. — Les échantillons de la craie du sud-ouest de la France me paraissent bien se rapporter à l'espèce décrite par M. le docteur

Schlüter et particulièrement à l'échantillon de la figure 2 de la planche I (*Jüngsten Ammoneen*) : comme cette forme s'écarte assez notablement des autres individus figurés, je propose, en reprenant le nom de Coquand, de la nommer *Hoplites Vari*, Schlüter, var. *Marroti*, Coquand.

Hoplites Vari se distingue de *H. coesfeldiensis* parce que ses tubercules les plus externes sont situés chacun à l'extrémité d'une côte, tandis que dans cette dernière espèce un tubercule externe correspond, au moins dans la première période de développement, à plusieurs côtes. Le même caractère différencie *H. Vari* de *H. dolbergensis*, qui ne paraît être que la variété de forme renflée de *H. coesfeldiensis*.

H. lemfördensis, Schlüter, qui appartient au même groupe, s'en distingue aisément par ses tubercules plus nombreux formant plusieurs rangées.

Un des échantillons que j'ai sous les yeux montre une côte accessoire sans tubercule externe, rappelant ainsi l'échantillon (*Jüngsten Ammoneen*, pl. I, fig. 5), lequel me paraît pouvoir être considéré comme une forme de passage entre *H. Vari* et *H. coesfeldiensis*.

Observations. — M. le docteur Schlüter a créé en 1867, d'après une série d'échantillons de la craie de Coesfeld et Ahlen (Westphalie), deux espèces qu'il nomma *Am. coesfeldiensis* (pl. I, fig. 1 à 5) et *Ammonites costulosus* (pl. II, fig. 1 à 4). En 1872, ce savant distingua dans les formes qu'il avait comprises sous le nom d'*A. coesfeldiensis* deux types : il conserva seulement ce nom pour les échantillons des figures 1 et 4 et, en même temps, fit figurer de nouveaux exemplaires de cette espèce (pl. XVII, fig. 1 à 3); il donna le nom d'*Am. striato-costatus* aux échantillons des figures 2 et 3 et leur réunit celui de la figure 1 de la planche II qu'il avait d'abord rapporté à *Am. costulosus*. Plus tard, en 1876, il remplaça le nom d'*Am. striato-costatus*, déjà employé par Meneghini, par celui d'*Am. Vari*.

Parmi les formes affines, M. le docteur Schlüter distingua encore, en 1872, un nouveau type, *Am. scaphitoïdes*, et comme ce nom avait déjà été employé par Coquand, il le remplaça un peu plus tard par celui de *Am. lemfördensis*. En 1876, il établit un nouveau type, *Am. dolbergensis* (pl. XLIV, fig. 1 à 4), pour des individus voisins d'*A. coesfeldiensis* que l'on peut, il me semble, considérer comme les variétés renflées de celui-ci.

On voit par cet exposé combien les formes dont il s'agit présentent d'affinités et peuvent jouer entre elles : il est donc très probable qu'elles ne constituent réellement qu'une seule et bonne espèce dont le niveau stratigraphique est assez nettement marqué vers la partie moyenne de l'étage campanien.

J'ai déjà donné plus haut la synonymie relative à *H. Vari*, et je ne crois pas inutile de donner celle des *H. coesfeldiensis* et *H. lemfördensis*.

HOPLITES COESFELDIENSIS. Schlüter, sp.

1867. **Ammonites coesfeldiensis.** Schlüter, p. parte, *Jüngsten Ammoneen Norddeutschlands*, p. 14, pl. I, fig. 1 et 4, non fig. 2 et 3.
1872. **Ammonites coesfeldiensis.** Schlüter, *Cephalopoden der oberen deutschen Kreide*, p. 56, pl. XVII, fig. 1 à 3.
1876. **Ammonites coesfeldiensis.** Schlüter, *Cephalopoden der oberen deutschen Kreide*, p. 159, pl. XLIV, fig. 5 à 7.

HOPLITES LEMFÖRDENSIS. Schlüter, sp.

1872. **Ammonites scaphitoïdes.** Schlüter, *Cephalopoden der oberen deutschen Kreide*, p. 63, pl. XIX, fig. 1 et 2.
1872. **Ammonites lemfördensis.** Schlüter, *Bericht uber die 29 Gener. Versammlung der naturhist. Ver. für Rheinland.*
1876. **Ammonites lemfördensis.** Schlüter, *Cephalopoden der oberen deutschen Kreide*, p. 160, pl. XLIV, fig. 6 et 9.

Gisement. — Je ne connais *Hoplites Vari*, en France, que de l'Aquitaine où il habite la base de l'assise P³ de M. Arnaud : Courgeac et Petingaud, près Montmoreau (Charente); Ribérac et Bouteille (Dordogne). *H. Vari* se trouve dans l'Allemagne du Nord à Ahlen, Wertberg près Hamm, Darup, Coesfeld (Westphalie) et Haldem, dans des couches qui appartiennent à la partie moyenne de la craie à *Belemnitella mucronata*.

Échantillons examinés. — Un échantillon (collection de l'École des mines) des environs de Ribérac (Dordogne).

Une série d'échantillons (collections Arnaud, Boreau-Lajanadie, A. de Grossouvre) de Petingaud près Montmoreau (Charente), Ribérac et Bouteille (Dordogne).

EXPLICATION DES FIGURES.

Planche VIII.

Fig. 3ª. — Individu (collection de l'École des mines) vu de côté: c'est l'échantillon que Coquand a pris comme type d'*Am. Marroti.*
Environs de Ribérac (Dordogne).

Fig. 3ᵇ. — Le même, vu du côté ventral.

Planche IX.

Fig. 2ª. — Individu (collection Arnaud) vu de côté.
Il se rapporte aussi complètement que possible aux figures 2 et 5 de la planche I, de M. le docteur Schlüter (*Beitrag. zur Kenntniss der jüngsten Ammoneen*).
Étage campanien : assise P^3 de M. Arnaud.
Bouteille (Dordogne).

Fig. 2ᵇ. — Le même, vu du côté ventral.

Fig. 3ª. — Autre individu (collection Arnaud) vu de côté : assise P^3 de M. Arnaud.
Petingaud, près Montmoreau (Charente).

Fig. 3ᵇ. — Le même, vu du côté ventral; on voit qu'il existe sur le méplat ventral des côtes droites réunissant les tubercules externes de l'extrémité des côtes qui ornent les flancs.

HOPLITES LAFRESNAYEI. D'Orbigny, sp.

(Pl. XXIII, fig. 4.)

1840. **Ammonites Lafresnayeanus.** D'Orbigny, *Paléontologie française, terrains crétacés*, I, p. 326; pl. XCVII, fig. 3 à 5.

Coquille discoïdale, comprimée.

Spire formée de tours assez embrassants, se recouvrant sur la moitié de leur hauteur et croissant assez rapidement.

Ombilic moyen, peu profond, à paroi verticale séparée des flancs par un pourtour presque anguleux.

Flancs presque plats.

Section des tours subquadrangulaire, ayant sa plus grande largeur au voisinage de l'ombilic.

Bord externe méplat.

La coquille est ornée de côtes peu nombreuses, très obliques en avant, légèrement flexueuses, surélevées ou subtuberculées sur le bord de l'ombilic; elles s'élargissent ensuite progressivement, s'aplatissent et se terminent sur le bord externe par deux tubercules transverses très rapprochés; vers la fin du dernier tour de l'échantillon examiné, il n'existe plus qu'un seul tubercule à l'extrémité des côtes.

Le méplat ventral demeure lisse dans la partie comprise entre les tubercules latéraux.

Entre les côtes principales, il s'en intercale en général une, rarement deux, prenant naissance à peu de distance de l'ombilic et s'élargissant progressivement comme les premières, pour se terminer comme elles par un ou deux tubercules transverses.

L'échantillon figuré, qui est la reproduction photographique du type de d'Orbigny, montre, un peu avant l'extrémité du dernier tour, un tubercule qui a pris un développement anormal et qui fait fortement saillie.

Cloisons. — Les cloisons sont peu distinctes sur l'échantillon examiné; le dessin qu'en a donné d'Orbigny est une restitution établie au moyen de détails pris sur plusieurs cloisons successives; il paraît néanmoins assez bien correspondre à la réalité.

Les cloisons se composent uniquement, en dehors du lobe externe, de deux lobes latéraux; ceux-ci sont à terminaison impaire et beaucoup plus étroits que les selles adjacentes. La selle externe est subdivisée par des lobules secondaires, dont deux beaucoup plus importants que les autres.

Fig. 49.

Hoplites Lafresnayei, d'après d'Orbigny, pl. XCVII, fig. 5.

Rapports et différences. — *Hoplites Lafresnayei* se rapproche beaucoup des formes précédentes par son mode d'ornementation : il en diffère principalement par ce caractère que les deux tubercules externes situés à l'extrémité des côtes sont bien plus rapprochés que dans les autres espèces et placés sur le méplat ventral, au lieu de se trouver sur les flancs.

Habitat. — Assises supérieures de la craie à *Belemnitella mucronata :* craie à baculites de Fresville, près Valognes (Manche).

Échantillon examiné. — Un seul (collection de la Sorbonne) type de l'espèce de d'Orbigny.

EXPLICATION DES FIGURES.

Planche XXIII.

Fig. 4ª. — Individu (collection de la Sorbonne), vu de côté, ayant servi de type à d'Orbigny pour l'établissement de cette espèce.
Calcaires à baculites du Cotentin; Fresville (Manche).

Fig. 4ᵇ. — Le même, vu du côté ventral, pour montrer les deux rangées de tubercules qui se trouvent de part et d'autre du bord ventral.

Genre PLACENTICERAS. Meek.

Ce genre, établi en 1870 par Meek (*Proced. phil. Soc. Philadel.*, XI, p. 429), a comme type *Ammonites placenta*, Dekay.

Il comprend, tel que je l'entends, des formes plates, au moins dans le jeune âge, discoïdes, à bord externe généralement tronqué et limité de chaque côté par une quille ou une ligne de tubercules.

La ligne suturale est composée d'un assez grand nombre d'éléments, d'autant plus que, comme l'a montré M. Douvillé[1], le premier lobe latéral s'est ouvert et a presque perdu son individualité propre par suite du développement anormal des deux lobules principaux qui subdivisent la selle externe; ceux-ci, suffisamment différenciés, acquièrent alors l'importance des autres lobes et ne pourraient plus en être distingués, si l'on ne remontait à leur origine. Le troisième lobe représente donc, en réalité, l'extrémité du premier lobe latéral, et d'habitude il descend un peu plus bas que les autres.

[1] *Classification des Cératites de la craie. Bul. Soc. géol. de France,* 3ᵉ série, XIII, p. 282.

Fig. 50.

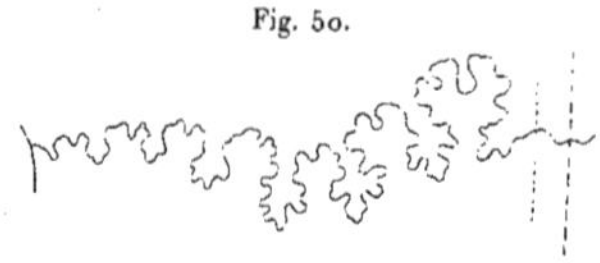

Placenticeras syrtale (gros. = 3,5), d'après l'échantillon représenté pl. V, fig. 3.

Fig. 51.

Placenticeras placenta, d'après Meek (*Report*....., IX, p. 473).

PLACENTICERAS FRITSCHI. A. de Grossouvre, n. sp.

(Pl. V, fig. 1 et 2.)

1872. **Ammonites d'Orbignyanus.** Fritsch und Schlönbach, *Cephalopoden der böhmischen Kreideformation*, p. 36, pl. X, fig. 4 et 5; pl. XI, fig. 2.

Coquille discoïdale, comprimée.

Spire à tours très embrassants, croissant assez rapidement, faiblement convexes sur les flancs, ayant leur plus grande épaisseur à peu près vers le premier tiers de la hauteur des flancs.

Ombilic de grandeur médiocre, assez profond, se reliant aux flancs par un pourtour presque anguleux, surtout accentué dans le jeune.

Bord externe tronqué, légèrement convexe, séparé des flancs par deux carènes obtuses.

Les flancs sont à peu près lisses et montrent seulement, sur la région externe, des côtes arquées assez peu marquées et sur le bord même de l'ombilic, au raccordement des flancs et de la paroi ombilicale, une série de petits tubercules arrondis, au nombre de sept ou huit par tour.

Cloisons. — La ligne suturale de cette espèce se rapporte bien au type défini ci-dessus. Les selles et les lobes forment une série régulière, dont chacun des membres est rétréci à sa base et évasé au sommet. Les selles sont un peu plus larges que les lobes, mais la différence est moins grande que dans *Placenticeras syrtale.* Les lobes latéraux vont en augmentant de grandeur jusqu'au troisième (qui constitue en réalité l'extrémité du véritable premier lobe), ce qui n'a pas lieu dans *Pl. syrtale.* Le quatrième lobe est notablement plus petit et plus réduit que les précédents; la chute brusque de dimensions est très prononcée. Le sommet des lobes est aussi, dans son ensemble, plus régulièrement arrondi que dans *Pl. syrtale* et les lobes plus profondément dentelés.

Fig. 52.

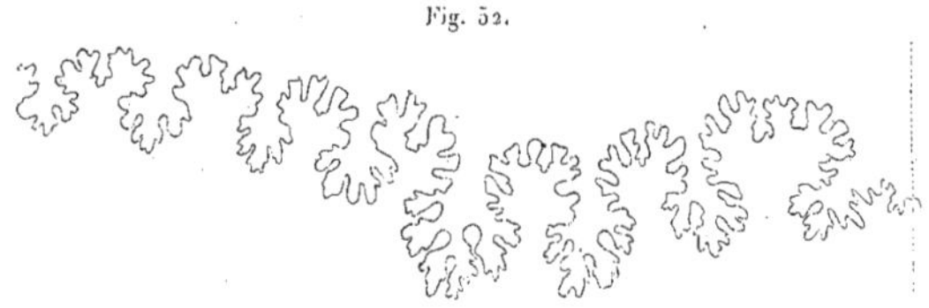

Placenticeras Fritschi (gros. = 2,7), d'après l'échantillon représenté pl. V, fig. 1 (clichés photographiques).

Rapports et différences. — Cette espèce est très voisine d'une forme appartenant à l'étage turonien, horizon des *Weissenberger-Schichten,* récemment décrite par MM. Laube et Bruder (1886, *Ammoniten der böhmischen Kreide, Palæontographica,* XXXIII) sous le nom de *Placenticeras memoria-Schlönbachi;* mais celle-ci est complètement lisse, a son bord externe beaucoup plus étroit et onze tubercules ombilicaux par tour. Ce dernier caractère n'a, d'ailleurs, qu'une valeur relative, car le nombre des tubercules ombilicaux doit vraisemblablement varier suivant le degré d'enroulement de la coquille.

Il est probable qu'il faut rapporter à notre espèce les individus de la craie de Bohême, horizon des *Priesener-Schichten,* décrits par MM. Fritsch et Schlönbach sous le nom d'*Am. d'Orbignyanus.* Toutefois, d'après le texte et les figures, ceux-ci auraient leurs flancs complètement lisses, ce qui peut tenir au mode de conservation, et ils posséderaient, en outre, quatorze tubercules ombilicaux. Mais ce qui semble confirmer leur assimilation avec *Pl. Fritschi,* c'est que, d'après MM. Bruder et Laube, ils diffèrent de l'espèce du turonien par un bord externe beaucoup plus large, caractère qui concorde bien avec celui de l'espèce de Touraine.

Il y a lieu de remarquer ici que le nom employé par Geinitz pour l'espèce des grès de Kieslingswalde (Silésie) ne peut être appliqué aux individus de Bohême, car si la figure et la description de Geinitz sont insuffisantes pour définir son espèce avec précision, M. le docteur Schlüter nous a donné plus récemment (*Cephalopoden der oberen deutschen Kreide,* pl. XV, fig. 3 et 4) la figure d'un exemplaire de Kieslingswalde, qui montre bien nettement, par la position sur les flancs de la première rangée interne de tubercules, que l'espèce de Silésie est différente de celle des *Priesener-Schichten* de Bohême et qu'elle se rattache à *Placenticeras syrtale.*

Placenticeras Fritschi, qui présente, en effet, de grandes analogies avec les variétés plates de *Pl. syrtale* et pourrait être confondu avec elles au premier abord, s'en distingue très nettement par ses flancs un peu plus convexes, son bord externe légèrement convexe alors qu'il est concave chez *Pl. syrtale* et délimité par deux quilles, par l'absence à peu près complète d'ornementation à un diamètre où les tubercules externes se sont déjà montrés dans *Pl. syrtale,* et surtout par la position de ses tubercules internes, situés sur le bord même de la paroi ombilicale, tandis que dans *Pl. syrtale,* ils en sont, au contraire, à une certaine distance et s'en éloignent de plus en plus, à mesure que la coquille s'accroît. Il s'en distingue aussi par les caractères spéciaux de sa ligne suturale.

La nouvelle espèce est aussi à rapprocher de l'échantillon du *Trichinopoly group* (Inde), figuré par Stoliczka (1865, *Cephalopoda of the Cretaceous Rocks of Southern India,* pl. XLVII, fig. 1) sous le nom d'*Ammonites Guadaloupæ,* Römer (non. *Am. Guadaloupæ,* Römer), chez lequel les tubercules internes occupent exactement la même disposition et dont le bord externe est subconvexe. Seulement ce dernier est limité de chaque côté par deux rangées de petits tubercules; il est vrai que l'exemplaire figuré possède son test, et qu'il est fort possible que ceux-ci ne soient pas visibles sur le moule interne.

L'échantillon de la figure 2, même planche, rapporté par Stoliczka à la même espèce, paraît appartenir à une variété plus renflée; mais si la figure est exacte, la forme de l'ombilic est bien différente de celui de la figure 1.

Les individus figurés pl. XLVIII, fig. 1 et 2, sous les noms d'*Am. Guadaloupæ* et *Am. Orbignyanus* n'appartiennent certainement pas à ces espèces et se rapprocheraient plutôt de *Pl. Fritschi* ou de *Pl. memoria-Schlönbachi,* ou encore de *Pl. placenta;* cette dernière espèce, bien voisine, sous certains rapports, de *Pl. Fritschi,* en diffère par son bord externe beaucoup plus étroit, limité par deux lignes de tubercules bien marqués et par ses flancs plus convexes.

Il est fort probable qu'il faut aussi rapporter à *Pl. Fritschi* la forme de l'Emscher-Mergel de Westphalie que M. le docteur Schlüter a signalée sous le nom d'*Am.* cf. *placenta* (*Cephal. der ob. deuts. Kreide*, p. 228) et qui, d'après lui, se distingue d'*Am. d'Orbignyanus* par son ombilic plus large et ses carènes externes non dentelées, et d'*Am. bidorsatus* par sa rangée de tubercules placée près de l'ombilic et l'absence de tubercules sur les deux carènes ventrales; elle ressemble beaucoup à *Am. placenta* pour l'aspect extérieur, mais en diffère par sa ligne suturale, qui est, au contraire, analogue à celle d'*Am. syrtalis* : il résulte donc de ces données que l'espèce de l'Emscher doit être rattachée à celle de la Touraine.

Gisement. — *Placenteras Fritschi* habite l'étage coniacien.

En Touraine, il a été rencontré dans les calcaires durs qui forment la base de la craie de Villedieu.

M. Arnaud l'a recueilli dans la Charente-Inférieure dans l'assise L^1 des environs de Jonzac.

Il paraît exister en Bohème dans les couches dites *Baculiten-thone* de l'horizon des *Priesener-Schichten*, et en Westphalie dans les marnes de l'Emscher, au moins autant qu'on peut l'affirmer d'après les renseignements donnés par M. le docteur Schlüter sur les formes de ce dernier gisement.

Échantillons examinés. — Deux échantillons (collection de l'abbé Bourgeois à l'École de Pontlevoy, collection Le Mesle) provenant des calcaires durs exploités à la Ribochère, commune de Couture (Loir-et-Cher).

Un échantillon (collection Arnaud) des environs de Jonzac, assise L^1 (Charente-Inférieure).

EXPLICATION DES FIGURES.

Planche V.

FIG. 1^a. — Individu de grande taille (collection de l'abbé Bourgeois), vu de côté, pour montrer l'ornementation des flancs et notamment les tubercules situés immédiatement autour de l'ombilic qui caractérisent cette espèce.
Calcaires durs de la base de la craie de Villedieu.
Carrières de la Ribochère, près Couture (Loir-et-Cher).

FIG. 1^b. — Le même, vu du côté ventral.

FIG. 2ª. — Individu de petite taille (collection Le Mesle), vu de côté.
Calcaires durs de la base de la craie de Villedieu.
Carrières de la Ribochère, près Couture (Loir-et-Cher).

FIG. 2ᵇ. — Le même, vu du côté ventral.

FIG. 2ᶜ. — Section des tours, pour montrer la forme de la paroi ombilicale et la manière nette dont elle se détache des flancs.

PLACENTICERAS SYRTALE. MORTON, sp.

(Pl. V, fig. 3; pl. VI, fig. 1 et 2; pl. VII, fig. 1; pl. VIII, fig. 1.)

1834. **Ammonites syrtalis.** Morton, *Synop. of org. remains of cret. group of Unit. States*, p. 40; pl. XVI, fig. 4.
1837. **Ammonites polyopsis.** Dujardin, *Mém. Soc. géol. de France*, 1ʳᵉ série, t. II; p. 232; pl. XVII, fig. 12.
1843. **Ammonites Vibrayeanus.** Geinitz, *Verstein. v. Kieslingswalde*, p. 8; pl. I, fig. 8.
1850. **Ammonites Geinitzi.** D'Orbigny, *Prodrome de paléontologie stratigraphique*, II, p. 213. *Terrains crétacés*, 22ᵉ étage, nº 30.
1850. **Ammonites semiornatus.** D'Orbigny, *Prodrome de paléontologie stratigraphique*, II, p. 212, *Terrains crétacés*, 22ᵉ étage, nº 13.
1850. **Ammonites Ribourianus.** D'Orbigny, *Prodrome de paléontologie stratigraphique*, II, p. 213, *Terrains crétacés*, 22ᵉ étage, nº 49.
1852. **Ammonites Guadaloupæ.** F. Römer. *Kreidebild. von Texas*, p. 32, pl. II, fig. 1.
1866. **Ammonites Milleri.** F. von Hauer, *Neue Cephalopoden aus den Gosaugebilden*, p. 5, pl. II, fig. 1 et 2.
1872. **Ammonites syrtalis.** Schlüter, *Cephalopoden der oberen deutschen Kreide*, p. 46, pl. XIV, fig. 1 à 10; pl. XV, fig. 1 à 5.
1883. **Ammonites Ribourianus.** Arnaud, *Profils géologiques*, *Archives de la Société linnéenne de Bordeaux*, vol. XXXVII, pl. III.

Coquille discoïdale, comprimée, formée d'une spire à tours très embrassants, croissant rapidement, un peu convexes sur les flancs, ayant leur plus grande épaisseur vers le premier tiers de la hauteur.

Ombilic de grandeur médiocre, assez profond, se reliant aux flancs par un pourtour plus ou moins arrondi.

Bord externe tronqué.

La coquille est, dans son jeune âge, formée de tours très comprimés, très surélevés, à peine convexes sur les flancs, à bord externe très mince : peu à peu les flancs deviennent plus convexes, la coquille augmente d'épaisseur et en même temps le bord externe devient plus large.

L'ornementation des flancs consiste en une série de côtes falculiformes très peu marquées, souvent à peine apparentes, surélevées ou subtuberculées au voisinage de l'ombilic et du bord siphonal, et se terminant sur l'arête qui limite ce dernier par un tubercule transverse peu développé.

Les tubercules internes sont allongés dans le sens radial et assez surélevés; ils sont d'abord situés au voisinage presque immédiat de l'ombilic, s'en écartent peu à peu, arrivent à la moitié de la hauteur des flancs, la dépassent même pour se rapprocher du bord externe et finissent sur certains échantillons par se trouver environ aux deux tiers de la hauteur. La spirale formée par la rangée interne de tubercules n'est donc pas parallèle à la spirale d'enroulement de la coquille, mais se déroule au contraire plus rapidement.

Les tubercules de la seconde rangée, beaucoup plus nombreux que ceux de la rangée interne, sont transverses, abrupts en arrière, inclinés en avant, de manière à se raccorder graduellement avec la surface des flancs. Ils sont situés à une petite distance du bord externe; peu à peu la portion du tour située au delà de cette rangée s'épaissit et se déprime, de sorte que la seconde rangée de tubercules arrive finalement à occuper tout à fait le bord du contour siphonal et à se substituer aux dentelures qui en formaient primitivement les deux arêtes latérales (voir pl. VI, fig. 2, et pl. VIII, fig. 1).

Ces dernières dentelures, très nombreuses, arrivent par cette transformation à passer graduellement dans la région médiane du contour ventral, qui, d'abord subconvexe, devient peu à peu méplate : elles y constituent deux petites carènes denticulées, très peu apparentes, cessant assez rapidement d'être visibles.

Dans ce dernier stade, l'ornementation de la coquille se réduit donc à une rangée de tubercules assez espacés, occupant l'arête qui limite le contour ventral et faisant assez fortement saillie sur l'extérieur, et à une rangée latérale située plus ou moins près de l'ombilic et formée de tubercules coniques un peu allongés dans le sens radial : le nombre des premiers est d'environ trois fois celui des autres. Souvent deux tubercules externes consécutifs sont réunis à un même tubercule interne par deux côtes, toujours assez peu marquées.

Les tubercules des deux flancs se correspondent parfois, mais le plus souvent ils alternent, circonstance assez fréquente chez la plupart des *Hoplitidés*.

Je n'ai pas eu entre les mains d'échantillons de cette espèce ayant conservé leur test. Sur la surface des moules internes en bon état, on aperçoit des stries sinueuses, un peu falculiformes, qui passent sur le bord externe en s'infléchissant un peu en avant, et qui correspondent vraisemblablement aux stries d'accroissement de la coquille.

Je vais maintenant indiquer comment celle-ci passe progressivement par ses diverses périodes d'ornementation, suivant qu'elle est plus ou moins comprimée.

Les échantillons très plats, à petit ombilic, sont à peu près complètement privés d'ornementation; les flancs sont lisses, et les deux carènes qui limitent le bord externe sont à peine denticulées. Cet état peut persister plus ou moins longtemps, suivant les individus. J'ai sous les yeux un échantillon des environs de Charmant (Charente), qui, au diamètre de 78 millimètres, a un ombilic de 10 millimètres et une épaisseur maximum de 18 millimètres; sur le bord externe, l'épaisseur est réduite à 2 millimètres; jusqu'à ce diamètre, cet échantillon est complètement lisse et ce n'est qu'au delà de cette dimension qu'il commence à montrer des tubercules un peu distincts, très rapprochés du bord ventral, dont ils ne se trouvent qu'à une distance de 3 à 4 millimètres à peu près; un quart de tour plus loin, ces tubercules arrivent presque sur ce bord et commencent à y faire saillie. Au diamètre de 110 millimètres, les tubercules latéraux (1re rangée) ne se voient pas encore : la coquille est toujours de forme très comprimée et l'ombilic a une paroi presque verticale, nettement séparée des flancs. Ces formes plates me paraissent correspondre au type défini par d'Orbigny sous le nom d'*Ammonites semiornatus*, et à celui que M. F. von Hauer a appelé *Ammonites Milleri*.

Si la coquille est un peu moins comprimée, l'ornementation apparaît un peu plus tôt et est un peu plus prononcée. Sur un échantillon dont le tour a une hauteur de 18 millimètres et une épaisseur maximum de 8 millimètres, la largeur du bord ventral est de 1 millim. 5. A cette taille, on voit seulement sur la moitié externe des flancs de petites côtes arquées qui s'arrêtent assez brusquement à 2 millimètres du bord. Un quart de tour de spire plus loin, ces côtes se terminent par un tubercule transverse, et un peu moins d'un demi-tour plus loin apparaissent les tubercules de la rangée interne. Le premier tubercule est situé au premier quart de la hauteur; à l'extrémité du tour, les tubercules de cette rangée atteignent déjà les deux tiers de la hauteur, et en même temps ceux de la seconde rangée de tubercules occupent l'arête du bord ventral.

Un échantillon de plus grande taille, qui peut être considéré comme correspondant à peu près à l'adulte de l'individu précédent, a un diamètre total de 140 millimètres; la hauteur du dernier tour à son extrémité est de 60 millimètres, son épaisseur de 35 millimètres et la largeur du bord externe de 17 millimètres. Les tubercules de la rangée interne ne commencent à se montrer sur ces individus qu'au premier tiers du dernier tour; le premier est situé environ vers le premier tiers de la hauteur des flancs, tandis que celui de l'extrémité du tour est déjà aux deux tiers de cette hauteur.

Les tubercules de la seconde rangée, au nombre de vingt, sont, au commencement du dernier tour, à une distance de quelques millimètres du bord externe et, à l'extrémité de ce tour, ils sont tout à fait sur ce bord (voir pl. VIII, fig. 1). Les tubercules de ces deux rangées se font à peu près vis-à-vis, de chaque côté du contour ventral qu'ils encadrent, aussi bien que ceux de la rangée interne. Un tubercule interne est réuni à deux tubercules externes par deux petites côtes peu distinctes; les autres tubercules externes se prolongent un peu sur les flancs en forme d'oreillettes.

Un échantillon, d'une variété un peu plus renflée encore, de 50 millimètres de diamètre, en bon état de conservation, montre, au commencement du dernier tour, des côtes courtes partant de l'ombilic très infléchies en avant et se bifurquant; après la bifurcation, les nouvelles côtes sont d'abord très atténuées, puis elles se surélèvent pour s'effacer ensuite ou bien pour se terminer par une ou deux côtes peu nettes qui s'arrêtent aux dentelures des carènes latérales du contour externe. A son extrémité, le dernier tour a 26 millimètres de hauteur et une épaisseur maximum de 15 millimètres.

Si la coquille est encore plus renflée, l'ornementation commence à se montrer plus tôt et est beaucoup plus vigoureuse, comme on le voit sur le magnifique échantillon du tunnel de Beaulieu (pl. VI, fig. 1). Les tours sont à section quadrangulaire; pour une hauteur de tour de 55 millimètres, l'épaisseur est de 45 millimètres et le diamètre total de 130 millimètres. Le nombre des tubercules de la rangée interne est de 7 sur le dernier tour, 9 sur l'avant-dernier et 10 sur le précédent. A l'intérieur de l'ombilic, on voit que les tubercules de la première rangée ont commencé à se montrer de très bonne heure; placés d'abord au voisinage de l'ombilic, puis s'en écartant progressivement, ils arrivent à se trouver à peu près à mi-hauteur des flancs sur le dernier tour.

L'échantillon des Corbières (pl. VII, fig. 1) appartient à une variété à tours moins renflés que la précédente et à ornementation plus serrée : un peu moins de la moitié du dernier tour correspond à la chambre d'habitation et, sur cette partie, les tubercules sont beaucoup plus rapprochés et les côtes qui les réunissent plus apparentes.

J'ai sous les yeux un échantillon de forme analogue (collection Boreau-Lajanadie) provenant de Tursac (Dordogne), assise M de M. Arnaud. Il a 23 centimètres de diamètre; la hauteur du tour à son extrémité est de 9 centimètres pour une épaisseur de 6 centimètres. L'ornementation est tout à fait analogue à celle du dernier stade de l'échantillon précédent. Le nombre des tubercules de la rangée médiane des flancs est de 11 sur le dernier tour et le nombre des tubercules externes encadrant le bord siphonal est de 27.

Enfin on trouve des échantillons chez lesquels la forme rectangulaire des tours se montre à une très petite taille; à un diamètre de quelques centimètres, l'aspect général est déjà, mais à une échelle plus réduite, celui de l'échantillon de la planche VI, fig. 1 : la section des tours est même plus nettement quadrangulaire, avec une hauteur et une largeur à peu près égales. J'ai eu l'occasion d'observer des individus de cette forme provenant de la craie de Villedieu et de celle des Charentes.

Cette espèce paraît arriver à une taille assez considérable : j'ai signalé plus haut un exemplaire de la Dordogne qui a 23 centimètres de diamètre; Drescher en a signalé en Silésie atteignant 31 centimètres. D'après Stoliczka, les *Placenticeras* de l'Inde parviendraient même à 40 centimètres de diamètre.

De ce qui précède, on peut conclure que dans la série des formes qui se rattachent à *Placenticeras syrtale*, il existe des variétés passant graduellement les unes aux autres et parmi elles on peut distinguer :

1° Des variétés plates, à ombilic assez étroit, à ornementation presque nulle. Ainsi, un échantillon de Sougraignes de 7 centimètres de diamètre, a les flancs complètement lisses et montre seulement sur le bord externe une série de tubercules allongés, encadrant un contour siphonal convexe ou plutôt de forme subtrapézoïdale, en raison de l'existence des deux arêtes correspondant aux rangées externes de tubercules. Cet individu représente donc une variété encore plus plate que l'exemplaire de la planche VIII, fig. 1, car, sur celui-ci, la rangée médiane de tubercules n'atteint le pourtour externe qu'à une taille bien plus considérable et au moment où commencent à apparaître les tubercules de la rangée interne.

On a souvent considéré *Ammonites Orbignyanus*, Geinitz, comme le type de la variété plate de *Placenticeras syrtale*; mais si l'on se reporte à la figure de M. le docteur Schlüter, qui a représenté un échantillon de Kieslingswalde, localité ayant fourni le type, on voit que sur cette forme la rangée interne de tubercules apparaît de bonne heure. *Am. Orbignyanus* représente donc seulement le jeune âge de *Pl. syrtale;* toutes les variétés de cette espèce, plates ou renflées, débutent toujours par des formes plates.

Am. semiornatus, d'Orbigny, correspond au contraire, comme j'ai pu m'en assurer par l'examen des échantillons de la collection de d'Orbigny, à la variété plate de *Pl. syrtale,* mais cette forme n'est caractérisée que par la courte diagnose de d'Orbigny; je crois donc préférable de prendre, pour désigner cette variété, le nom d'*Ammonites Milleri,* F. von Hauer (*Cephalop. aus den Gosaugebilden*, p. 5, pl. II, fig. 1 et 2), en tenant compte de ce fait que le dessin n'est pas complètement exact, car on n'y compte que 11 tubercules externes par tour, tandis que le texte indique qu'il devrait s'élever à 15 et que sur un autre exemplaire il est de 20; sous cette réserve, cette figure concorde aussi bien que possible avec l'échantillon des Corbières dont je viens de parler.

J'adopte donc pour les variétés plates la dénomination *Placenticeras syrtale,* Morton, var. *Milleri,* F. von Hauer.

2° Des variétés de forme moyenne qui correspondent à *Placenticeras syrtale,* Morton, sp., typique, lequel ne diffère guère d'*Ammonites polyopsis,* Dujardin.

3° Des variétés très renflées dans lesquelles la section des tours arrive assez rapidement à être quadrangulaire. On a alors : *Placenticeras syrtale,* Morton, sp., var. *Guadaloupæ,* Römer, qui correspond à *Am. Ribouri,* d'Orbigny.

4° Enfin des variétés de forme très renflée et à section presque carrée dès le jeune âge, pour lesquelles je propose le nom de *Placenticeras syrtale,* Morton, var. *quadratum*[1].

Cloisons. — La ligne suturale est formée de selles et de lobes très nombreux, dont la forme générale, rétrécie à la base, étalée au sommet, conserve les mêmes caractères dans chacun d'eux.

Les selles sont bifides, tandis que les lobes sont à terminaison impaire. Ces derniers sont bien moins larges que les selles.

[1] Peut-être, conformément aux idées émises récemment par M. Munier Chalmas (*Compte rendu sommaire des séances de la Soc. géol. de France,* 5 décembre 1892), ne faut-il voir dans ces individus de petite taille, à évolution rapide, que les formes « scaphitoïdes » de *Pl. syrtale.*

Les lobes et les selles diminuent assez régulièrement d'importance du bord externe vers le bord interne, ce qui distingue la ligne suturale de cette espèce de celle de *Pl. Fritschi*. Ils sont disposés suivant une ligne flexueuse dont le point le plus bas correspond à l'extrémité du troisième lobe.

Fig. 53.

Placenticeras syrtale, var. *Guadaloupæ* (gros. = 3), d'après l'échantillon représenté pl. VII, fig. 1 (clichés photographiques).

Fig. 54.

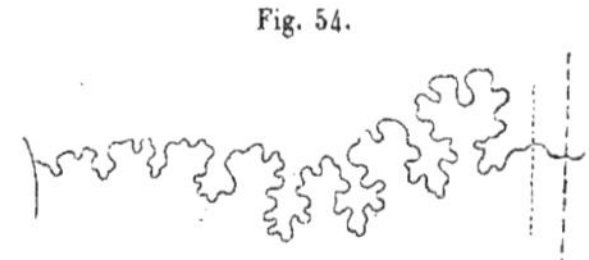

Placenticeras syrtale (gros. = 3,5), d'après l'échantillon représenté pl. V, fig. 3 (clichés photographiques).

Observations. — L'espèce que je viens de décrire a été rapportée au type figuré et décrit par Morton en 1834 pour une forme de l'Alabama, qui présente en effet la plus grande analogie avec nos formes d'Europe. A l'exemple de la plupart des paléontologues, et notamment de M. le docteur Schlüter, j'adopterai donc le nom de l'espèce américaine.

Un peu après la publication de l'ouvrage de Morton, Dujardin a, en 1837, décrit et figuré d'une manière très exacte, sous le nom d'*Ammonites polyopsis*, trois échantillons de la craie sénonienne de Touraine.

En 1843, Geinitz (*Verstein.* v. *Kieslingswalde*, p. 8, pl. I, fig. 8) a donné le nom d'*Ammonites Vibrayeanus*, qu'il changea en 1850 en celui d'*Am. Orbigny-*

anus, à une forme de Kieslingswalde, comté de Glatz, Silésie, qui représente le jeune âge de *Pl. syrtale*.

En 1849, Römer (*Kreidebild. v. Texas*) donna le nom d'*Ammonites Guadaloupæ* à une forme du Texas qui n'est qu'une variété renflée du type de Morton et qui correspond tout à fait aux échantillons appelés en France, d'après d'Orbigny, *Am. Ribourianus*.

En 1864, Stoliczka a employé les noms d'*Am. Guadaloupæ* et *Am. Orbignyanus* pour des formes assez fréquentes dans la craie de l'Inde (*Trichinopoly group* et *Ootatoor group*) qu'il me paraît impossible d'assimiler aux types désignés sous ce nom.

En 1872, M. le docteur Schlüter a donné une excellente description et une bonne série de figures de cette espèce d'après des échantillons de *Pl. syrtale*, provenant des gisements du Salzberg, près Quedlinburg. Par la comparaison des figures, on pourra constater l'identité de ces formes avec celles de France.

Enfin, en 1883, M. Arnaud a annexé à un de ses mémoires sur la craie du Sud-Ouest une planche représentant le bel échantillon du tunnel de Beaulieu (pl. VI, fig. 1).

Rapports et différences. — J'ai indiqué précédemment les caractères qui permettaient de distinguer *Pl. syrtale* de *Pl. Fritschi*; je donnerai plus loin les différences qui séparent cette espèce de *Pl. bidorsatum*.

Gisement. — Cette espèce est caractéristique de l'étage santonien.

En Touraine, où elle n'est pas absolument rare, on la trouve cantonnée dans l'assise à *Spondylus truncatus*, qui occupe le sommet de la craie de Villedieu, à Saint-Paterne, Villandry, etc.

Dans l'Aquitaine, elle a été rencontrée dans les assises M et N de M. Arnaud, à l'Ombre, Puygaty, la Valette (Charente); Nieul-le-Virouil (Charente-Inférieure); Sergeac, Miremont, Tursac, souterrain de Beaulieu sur la ligne de Périgueux à Ribérac, environs de Sarlat (Dordogne).

Dans les Corbières, elle est relativement abondante à Sougraignes, au-dessus de la couche bleue à *Mortoniceras texanum*, dans le banc à *Lima marticensis*, et dans les marnes intercalées entre les deux principaux bancs de rudistes.

Dans le bassin du Beausset, elle habite les calcaires marneux à *Lima marticensis*, supérieurs aux bancs à hippurites. M. Toucas l'a signalée en 1879 dans les calcaires marneux à *O. acutirostris* (*Bul. Soc. géol. de France*, 3e série, VIII, p. 71).

Elle n'est pas connue en Westphalie, mais dans la région subhercynienne elle est très caractéristique de l'assise du Salzberg-Mergel, aux environs de Quedlinburg.

Dans les couches dites *de Gosau* des Alpes orientales, elle a été seulement signalée dans un gisement situé entre Bärenbach et Kainach, en Styrie, où elle se trouve sous la forme de la variété plate *Milleri*.

Échantillons examinés. — Une série d'échantillons de la craie de Touraine (collection de l'École des mines, collection de l'abbé Bourgeois à l'École de Pontlevoy, collections Le Mesle, A. et G. de Grossouvre).

Nombreux échantillons de la Charente et de la Dordogne (collections Arnaud, Boreau-Lajanadie, Rejaudry et A. de Grossouvre).

Nombreux échantillons des Corbières (collections Jh Jean, Toucas et A. de Grossouvre).

Un échantillon de Rouve, près le Beausset (collection Péron).

EXPLICATION DES FIGURES.

Planche V.

FIG. 3a. — Individu de petite taille (collection A. de Grossouvre) recueilli par M. Mouret; vu de côté pour montrer l'ornementation des flancs dans le jeune âge, qui consiste tout d'abord en côtes falculiformes. A l'extrémité du dernier tour, on voit apparaître des tubercules sur le bord externe.
Tunnel de Beaulieu (assise M^2 de M. Arnaud).
Ligne de Ribérac à Périgueux (Dordogne).

FIG. 3b. — Le même, vu du côté ventral pour montrer les deux lignes de tubercules qui limitent le méplat ventral.

Planche VI.

FIG. 1a. — Magnifique échantillon (collection Arnaud) vu de côté et montrant l'ornementation de l'adulte. Il n'existe plus sur les flancs que deux rangées de tubercules.
Assise M^2 de M. Arnaud.
Entrée du tunnel de Beaulieu, ligne de Périgueux à Ribérac (Dordogne).

FIG. 1b. — Le même, vu du côté ventral.

Fig. 2ª. — Échantillon (collection de l'École des mines) vu de côté : il montre le passage de l'ornementation du jeune à celle de l'adulte. La seconde rangée de tubercules se rapproche de plus en plus du bord externe.

Assise à *Spondylus truncatus* de la craie de Villedieu : Villandry (Indre-et-Loire).

Fig. 2ᵇ. — Le même, vu du côté ventral. On aperçoit encore sur la partie médiane du bord ventral les deux rangées de tubercules qui limitaient primitivement le pourtour externe et qui plus tard disparaîtront complètement, comme le montre l'échantillon représenté par la figure 1.

Planche VII.

Fig. 1ª. — Individu (collection Toucas) de taille moyenne, vu de côté.

Marnes ferrugineuses intercalées entre les bancs de rudistes, sur le chemin de Sougraignes aux Croutets (Aude).

Fig. 1ᵇ. — Le même, vu du côté ventral.

Planche VIII.

Fig. 1ª. — Échantillon (collection Réjaudry), vu de côté pour montrer l'ornementation des flancs. On constate bien nettement sur le dernier tour que la seconde rangée de tubercules, d'abord située à une certaine distance du bord externe, s'en rapproche progressivement, puis finalement se place exactement sur ce contour.

Étage santonien : assise M^2 de M. Arnaud, la Valette (Charente).

Fig. 1ᵇ. — Le même, vu du côté ventral.

PLACENTICERAS BIDORSATUM, A. Römer, sp.

1841. **Ammonites bidorsatus.** A. Römer, *Verst. norddeutsch. Kreidegeb.*, p. 88 ; pl. XIII, fig. 8.
1867. **Ammonites polyopsis.** Schlüter, *Ammoneen der deutschen Kreide*, p. 25, pl. IV, fig. 1 et 2.
1872. **Ammonites bidorsatus.** Schlüter, *Cephalopoden der oberen deutschen Kreide*, p. 51, pl. XV, fig. 6 à 8.

M. le docteur Schlüter a séparé de *Pl. syrtale* des échantillons de Dülmen (Westphalie) qu'il avait d'abord, dans son premier ouvrage, rapportés à cette espèce, sous le nom d'*Am. polyopsis* : il les a rattachés à *Am. bidorsatus*, Römer.

Ces échantillons présentent une très grande analogie avec les variétés très plates de *Pl. syrtale*, par leur forme très comprimée et l'apparition tardive de l'ornementation.

IMPRIMERIE NATIONALE.

M. le docteur Schlüter base la distinction des deux espèces : 1° sur une différence du dessin des cloisons, qui, dans *Pl. bidorsatum,* ont leurs lobes et leurs selles plus allongées et plus finement ramifiées, et par le caractère spécial du lobe siphonal, qui a ses branches fortement divergentes; 2° sur la forme du bord siphonal, toujours creusé en gouttière et entouré de deux carènes saillantes, lisses, au lieu d'être denticulées comme chez *Pl. syrtale.*

M. le docteur Schlüter remarque, d'ailleurs, qu'à Dülmen on ne rencontre jamais de formes épaisses avec un bord externe un peu large.

On retrouve les mêmes circonstances et les mêmes caractères pour les *Placenticeras* de la craie du sud-ouest qui habitent la partie inférieure de l'étage campanien. Tous les individus de ce genre sont, à ce niveau, de forme plate et sans ornementation, et avec eux on ne trouve plus de variétés renflées comme dans l'assise inférieure.

Cloisons. — De plus, il est certain que la ligne suturale de ces individus montre des différences assez sensibles avec celles de *Pl. syrtale :* je n'ai pu en relever exactement le dessin, et pour les trois premières selles seulement, que sur un échantillon de Livernant (collection Arnaud), provenant de l'assise P[1].

Fig. 55.

Placenticeras bidorsatum (gros. = 4), d'après un échantillon de Livernant.

On voit que les lobes et les selles sont beaucoup plus ramifiés et profondément découpés que dans *Pl. syrtale,* que leurs corps sont beaucoup plus grêles et qu'enfin la première selle latérale est notablement plus grande que les suivantes.

Gisement. — Cette espèce se trouve dans les couches immédiatement supérieures à celles caractérisées par *Pl. syrtale* et est cantonnée dans les assises inférieures de l'étage campanien que M. Arnaud a groupées sous la lettre P^1.

Échantillons examinés. — Une série d'échantillons (collection Arnaud, Boreau-Lajanadie, Rejaudry) de Mensignac-Vaure (Dordogne), Livernant et Saint-Hilaire (Charente). Le plus grand, provenant de Mensignac-Vaure, a un diamètre total de 10 millimètres, une épaisseur maximum de 18 millimètres; il est lisse jusqu'à l'extrémité et sa dernière loge occupe un peu plus de la moitié du dernier tour.

Genre SPHENODISCUS. Meek.

Ce genre a été établi en 1872 par Meek, *in Hayden, Ann. rep. U. S. geol. Survey of the territories*, p. 297.

On peut prendre comme type de ce genre *Ammonites lenticularis*, Owen (1852, *Rep. Iow.*, etc.).

Fig. 56.

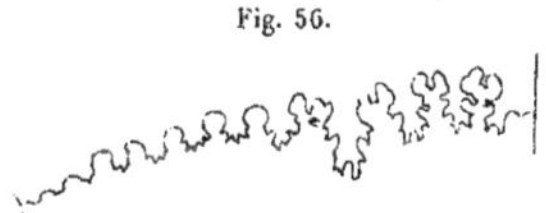

Sphenodiscus lenticularis, d'après Meek (*Report...*, IX, p. 466).

Fig. 57.

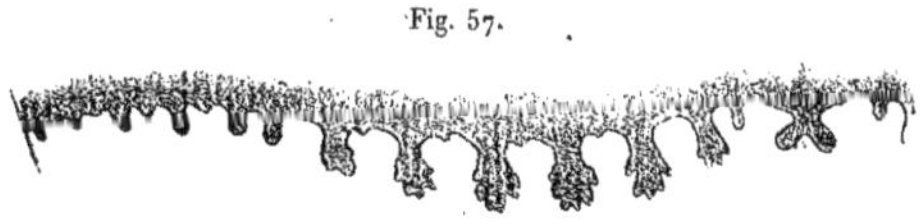

Sphenodiscus pedernalis, d'après F. Römer, *Kreidebild. v. Texas*, pl. I, fig. 3ᵉ.

Les formes qui se rattachent à ce groupe sont, en général, très comprimées, à bord tranchant, à flancs peu convexes, presque lisses ou ornés seulement de côtes rayonnantes peu apparentes. Les tours sont très embrassants, à section ogivale; l'ombilic est très étroit.

Pour toutes ces espèces, la forme extérieure et l'ornementation varient assez peu, même pour des niveaux très différents, et leur distinction serait le plus souvent à peu près impossible, si l'on ne pouvait avoir recours, pour les séparer, à la disposition de leurs cloisons.

Elles sont formées d'un grand nombre de lobes et de selles généralement peu découpés et ces dernières sont d'ordinaire à contours simples.

Comme dans *Placenticeras*, la selle externe, très large, est subdivisée en trois selles qui, le plus souvent, sont nettement individualisées, de telle sorte que le premier lobe latéral, qui, d'ordinaire est le plus abaissé, est constitué réellement par l'ensemble des trois premiers lobes.

Les diverses cloisons sont parfois très rapprochées les unes des autres et deviennent alors sécantes.

On rencontre, dans le terrain cénomanien supérieur des environs de Sainte-Croix, près le Mans, un *Sphenodiscus* dont M. Douvillé m'a depuis longtemps signalé l'analogie avec l'*Am. pedernalis*, v. Buch, de l'Amérique du Nord.

SPHENODISCUS cf. PEDERNALIS. L. v. Buch, sp.

Je donne ci-dessous le dessin des cloisons d'un individu de Sainte-Croix, dessin que M. Douvillé a bien voulu me communiquer.

Fig. 58.

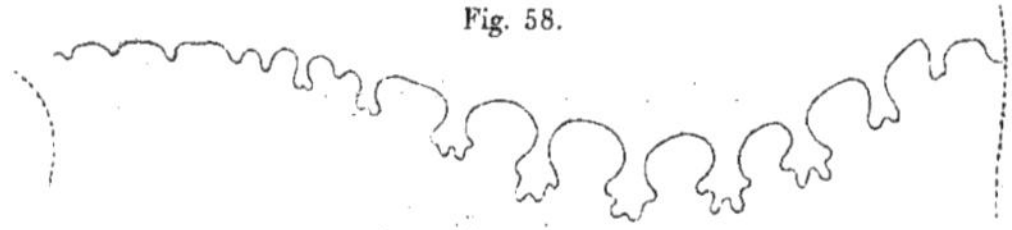

Sphenodiscus cf. *pedernalis* (gros. = 2,5), dessin de M. Douvillé d'après un échantillon de Sainte-Croix, près le Mans.

SPHENODISCUS REQUIENI. D'Orbigny, sp.

1840. **Ammonites Requienianus.** D'Orbigny, *Paléontologie française, Terrains crétacés*, I, p. 315, pl. XCIII.

L'espèce du turonien supérieur possède des cloisons bien différentes de la précédente. *Sph. Requieni* est assez rare dans la Touraine, où il est accompagné d'*Acanthoceras Deveriai;* il est un peu plus abondant, mais d'ordinaire en assez médiocre état de conservation, dans les grès d'Uchaux, où il se trouve avec *Acanthoceras Deveriai* et *Gauthiericeras Bravaisi.*

J'ai dessiné les cloisons de cette espèce grâce à un échantillon appartenant au musée de Laval, qui m'a été gracieusement communiqué par M. Œhlert; il provient de la craie jaune à bryozoaires, autrefois exploitée dans les carrières d'Usseau, situées sur les bords de la Loire, entre Amboise et Tours.

Fig. 59.

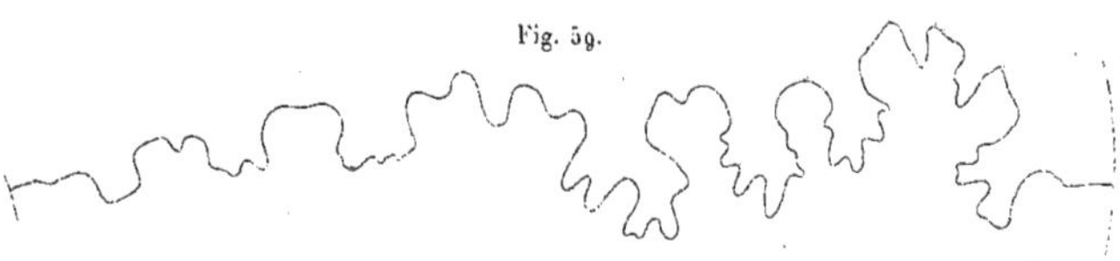

Sphenodiscus Requieni (gros. = 3,7), d'après un échantillon des environs de Tours.

SPHENODISCUS UBAGHSI. A. de Grossouvre, n. sp.

(Pl. IX, fig. 4 et 6.)

On rencontre, dans les couches les plus élevées du système crétacé, des *Sphenodiscus* qui ont été, d'ordinaire, rapportés à *Am. pedernalis,* v. Buch, en raison du niveau que l'on attribuait à cette dernière espèce. Cette assimilation est erronée, comme on peut s'en rendre compte, en comparant les cloisons de l'ammonite de Maestricht avec celles de l'espèce d'Amérique (fig. 57).

M. Arnaud et moi avons trouvé tout récemment dans les environs de Maurens (Dordogne) des fragments de *Sphenodiscus* qui paraissent bien se rapporter à l'échantillon figuré par v. Binkhorst sous le nom d'*Am. pedernalis* (Binkhorst, *Monographie des gastéropodes et des céphalopodes de la craie supérieure du Limbourg,* p. 21, pl. V^d, fig. 5^abcd^). J'ai fait fait figurer deux de ces fragments, dont l'un montre, avec une grande netteté, le dessin des cloisons; on voit que la ressemblance avec celui qui a été donné par Binkhorst est aussi satisfaisante que possible. Toutefois, Binkhorst indique que l'espèce de Maestricht possède quatorze selles, tandis que je n'en compte que dix sur le fragment que je possède. Je donne à cette espèce le nom de *Sphenodiscus Ubaghsi ;* elle est caractérisée par la forme particulière de ses cloisons, dont voici le dessin amplifié.

Les selles, à partir de la cinquième, vont en décroissant régulièrement et ont leurs contours entiers et arrondis : les cinq premières sont festonnées. Les lobes sont découpés par de courtes digitations.

Fig. 60.

Sphenodiscus Ubaghsi (gros. = 2,5), d'après l'échantillon représenté pl. IX, fig. 4.

Gisement. — Cette espèce appartient aux couches les plus élevées du système crétacé : dans la Dordogne, elle a été rencontrée, dans les environs de Maurens, dans l'assise R de M. Arnaud.

A Maestricht, elle se trouve tout à fait au sommet du tuffeau, dans le banc supérieur au premier niveau de bryozoaires et immédiatement inférieur aux couches oligocènes.

Échantillons examinés. — Trois échantillons des environs de Maurens (collection de l'École des mines, collections Arnaud et A. de Grossouvre).

EXPLICATION DES FIGURES.

Planche IX.

FIG. 4^a. — Fragment d'un individu (collection A. de Grossouvre) vu de côté pour montrer que les flancs sont lisses et donner le dessin des cloisons.

Calcaires gréseux à thécidées : assise R de M. Arnaud, Maurens (Dordogne).

FIG. 4^b. — Section du précédent.

FIG. 6. — Dernière loge d'un individu de cette espèce (collection Arnaud), vu de côté pour montrer l'absence d'ornementation et la petitesse de l'ombilic du dernier tour : la spire tend même à se refermer à l'extrémité.

Calcaire blanc (assise R de M. Arnaud), pierre de taille de Maurens (Dordogne).

SPHENODISCUS RUTOTI. A. DE GROSSOUVRE, n. sp.

J'ai recueilli à Maurens, dans le même gisement que l'espèce précédente, un autre échantillon qui se distingue par un dessin des cloisons tout différent, comme le montre la figure ci-jointe.

Fig. 61.

Sphenodiscus Rutoti (gros. = 4), d'après un échantillon de Maurens.

On voit que la subdivision externe de la première selle latérale est très grêle et bifide. La seconde subdivision, assez large à sa base, est elle-même subdivisée en deux parties par un lobule très profond. La troisième subdivision est beaucoup plus large et plus massive que dans l'espèce précédente.

Gisement. — Maurens (Dordogne), assise R de M. Arnaud.

Échantillon examiné. — Un seul.

Genre SONNERATIA, BAYLE.

Ce genre a été institué par M. Bayle en 1872, en prenant comme type *Ammonites Dutemplei.*

Il renferme des formes à ornementation voisine de celle des *Hoplites,* mais chez lesquelles les côtes traversent la région ventrale en s'infléchissant en avant.

Le bord externe peut être plus ou moins arrondi, comme dans *S. Dutemplei,* ou à peu près tranchant comme dans *S. Cleon.*

La ligne suturale a les plus grandes analogies avec celle des *Hoplites,* ainsi que le montre la cloison de *Sonneratia Cleon* (voir fig. 62).

Il me paraît qu'il y a lieu de faire rentrer dans ce genre, provisoirement au moins, certaines formes rattachées d'abord au genre *Pachydiscus;* quand l'étude des ammonites de la craie sera plus avancée, il conviendra peut-être de créer une subdivision spéciale pour cette dernière série, mais en tout cas, elle présente de grandes affinités avec les *Sonneratia,* aussi bien sous le rapport des cloisons que sous celui de l'ornementation. Tels sont, par exemple, *Ammonites peramplus, Am. lewesiensis, Am. cephalotus,* etc.

Il est certain que l'aspect des individus jeunes d'*Am. peramplus* rappelle singulièrement la physionomie d'*Am. Dutemplei.*

D'autre part, la ligne suturale de cette espèce a un tout autre aspect que celle de la plupart des *Pachydiscus,* tels qu'*Am. neubergicus, Am. gollevillensis,* etc. Sharpe, et plus récemment MM. Laube et Bruder, en ont donné le dessin des cloisons. En se reportant à leurs figures, on peut constater le contraste qui existe sous ce rapport entre ces diverses espèces.

Je reproduis ci-dessous le dessin des cloisons d'*Am. peramplus,* d'après Sharpe.

Fig. 62.

Sonneratia Cleon (gros. = 4,5), d'après Douvillé, *B. S. G. F.*, 3ᵉ, XIII, p. 289.

Fig. 63.

Sonneratia perampla, d'après Sharpe, pl. X, fig. 2ᵉ.

Fig. 64.

Sonneratia cf. *perampla* (gros. = 3,5), d'après un échantillon de Tournay (collection de la Sorbonne).

On trouve dans l'étage turonien toute une série d'espèces qui constituent, avec *Am. peramplus*, un petit groupe assez homogène, par l'ensemble des caractères et la forme spéciale de l'extrémité de la loge d'habitation des individus adultes : elle est renflée sur les côtés, rétrécie et pincée vers le bord externe, de sorte que sa section est subtriangulaire. Tel est bien l'aspect des échantillons de grande taille d'*Ammonites peramplus*, lorsqu'ils atteignent 60 à 80 centimètres de diamètre. Tel est aussi celui qu'acquièrent, à une taille beaucoup moindre, les individus de l'espèce de Saumur décrits par Courtiller sous le nom d'*Ammonites cephalotus* et ces espèces d'Afrique que M. Péron nous a fait connaître sous les noms de *Pachydiscus Rollandi* et *P. africanus*. Nous retrouvons des types analogues dans la craie de l'Inde, et *Ammonites Telinga*, Stoliczka, paraît bien se rattacher à cette même série. On a donc là un ensemble de formes très voisines que peut-être il y aura lieu, plus tard, de distinguer par une même dénomination générique : pour le moment, je les réunis aux *Sonneratia*, genre auquel je rapporte encore, en raison de leur forme et de leur ornementation, un certain nombre d'autres espèces de la craie supérieure.

SONNERATIA JANETI. A. de Grossouvre, n. sp.

(Pl. XXII, fig. 4.)

Coquille discoïdale, globuleuse.

Spire formée de tours assez embrassants, croissant assez rapidement en hauteur et largeur, chaque tour recouvrant le précédent sur environ la moitié de sa hauteur.

Ombilic moyen, profond; paroi ombilicale se raccordant graduellement, par une courbure continue, avec la convexité générale de la coquille.

Bord externe large, arrondi, sans quille ni carène.

Section des tours ovalaire, un peu plus large que haute, au moins dans le jeune âge.

La coquille est ornée de côtes qui apparaissent sur la paroi ombilicale, augmentent progressivement d'importance et se surélèvent sur le bord de l'ombilic en un tubercule radial assez saillant, duquel partent deux côtes droites, radiales, très fortes, très saillantes, arrondies, et passant sur le pourtour externe avec une légère inflexion en avant, qui n'est bien marquée qu'à l'extrémité du dernier tour.

De distance en distance, une côte secondaire s'intercale entre ces paires de

IMPRIMERIE NATIONALE.

côtes et descend sur les flancs à peu près jusqu'à la hauteur des tubercules ombilicaux.

Les côtes sont séparées par des intervalles à peu près égaux à leur largeur.

Cloisons. — Inconnues.

Rapports et différences. — Cette espèce, qui présente quelques analogies avec *Sonneratia perampla* jeune, s'en distingue par ses côtes bifurquées, plus serrées, plus droites, plus épaisses et plus saillantes.

Assez voisine aussi des jeunes d'*Ammonites Wittekindi*, Schlüter, par sa forme et son ornementation, elle s'en éloigne par ses côtes beaucoup plus serrées.

Habitat. — Assise inférieure de la craie de Villedieu, carrières de la Ribochère, près Couture (Loir-et-Cher).

Échantillon examiné. — Un seul (collection Le Mesle), provenant des calcaires durs exploités dans les carrières de la Ribochère.

EXPLICATION DES FIGURES.

Planche XXII.

FIG. 4ª. — Individu (collection le Mesle) vu de côté.
Calcaires durs de la partie inférieure de la craie de Villedieu.
Carrières de la Ribochère, commune de Couture (Loir-et-Cher).

FIG. 4ᵇ. — Le même, vu du côté ventral.

SONNERATIA REJAUDRYI. A. DE GROSSOUVRE, n. sp.

(Pl. VIII, fig. 4.)

Coquille discoïdale, comprimée.

Spire formée de tours assez embrassants, se recouvrant sur les deux tiers de leur hauteur, croissant assez rapidement, surtout en hauteur.

Ombilic moyen, assez profond, avec paroi verticale séparée des flancs par un pourtour arrondi un peu pincé.

Flancs plats ou très peu convexes.

Section des tours subquadrangulaire.

Bord externe à peine convexe.

La coquille est ornée de côtes nombreuses, saillantes, prenant naissance sur la paroi ombilicale et se dirigeant sur les flancs, obliquement en avant, avec une légère courbure; vers le premier tiers de la hauteur des flancs, elles se bifurquent ou plus généralement se trifurquent; à partir de ce point, leur inflexion en avant augmente de plus en plus à mesure qu'elles approchent du bord externe; en passant sur la région ventrale, elles dessinent un sinus assez prononcé dirigé vers la partie antérieure.

Cloisons. — Inconnues.

Rapports et différences. — Au premier abord, cette espèce présente quelques analogies avec *Am. mitis*, v. Hauer, des couches de Gosau, mais elle s'en distingue aisément par ses flancs presque plats, son bord externe peu convexe et l'allure de ses côtes, qui sont seulement arquées, tandis qu'elles sont falciformes dans l'échantillon des Alpes orientales; la ressemblance est donc plus apparente que réelle.

Je rattache provisoirement cette espèce au genre *Sonneratia* à cause de la disposition de son ornementation et de l'allure de ses côtes, qui passent sur la région externe en y dessinant un chevron.

Toutefois, il y a lieu de remarquer qu'elle diffère de *Sonneratia Dutemplei*, par ce caractère que ses côtes ne possèdent pas de tubercule ombilical; il sera peut-être utile plus tard de séparer les formes appartenant à ce groupe sous un nouveau nom générique.

Habitat. — Couches supérieures du campanien de l'Aquitaine : assise P^3 de M. Arnaud.

Échantillons examinés. — Deux échantillons (collections Arnaud et Réjaudry) de Saint-Médard-de-Barbezieux, assise P^3.

EXPLICATION DES FIGURES.

Planche VIII.

Fig. 4^a. — Individu (collection Réjaudry), type de l'espèce, vu de côté.
Étage campanien : assise P^3 de M. Arnaud.
Saint-Médard-de-Barbezieux (Charente).

Fig. 4^b. — Le même, vu du côté ventral.

SONNERATIA RARA. A. DE GROSSOUVRE, n. sp.

(Pl. VIII, fig. 2.)

Je ne possède de ce type qu'un petit fragment de tour, mais il est si nettement caractérisé que je n'hésite pas à le prendre pour type d'une nouvelle espèce. Sa forme générale rappelle celle de *Hoplites Vari,* mais il diffère de celui-ci et des autres *Hoplites* du même groupe, tels que *H. coesfeldiensis,* etc., par ses côtes fines, falculiformes, dont le point de rebroussement, situé à mi-hauteur des flancs, sert de point de départ à deux ou trois côtes entre lesquelles il s'en intercale encore d'autres, de sorte que le nombre des externes est de quatre ou cinq fois celui des ombilicales. Les intercalaires ne descendent pas au-dessous de la mi-hauteur des flancs. Toutes les côtes passent sur le méplat ventral avec une légère inflexion en avant : elles ne portent aucun tubercule.

Au premier coup d'œil, cette forme pourrait être considérée comme le jeune de *Sonneratia Rejaudryi,* mais il convient de remarquer que dans ce dernier le bord externe est plus convexe, les côtes plus droites et qu'à chaque côte ombilicale ne correspondent que deux ou trois externes.

Cloisons. — Inconnues.

Habitat. — Couches supérieures du campanien d'Aquitaine, assise P^3 de M. Arnaud.

Échantillon examiné. — Un seul (collection Arnaud) provenant de Saint-Médard-de-Barbezieux.

EXPLICATION DES FIGURES.

Planche VIII.

FIG. 2^a. — Individu (collection Arnaud) vu de côté.
Étage campanien : assise P^3 de M. Arnaud.
Saint-Médard-de-Barbezieux (Charente).

FIG. 2^b. — Le même, vu du côté ventral pour montrer le méplat du bord externe.

SONNERATIA PAILLETTEI. D'Orbigny.

(Pl. XXXVII, fig. 2.)

Ammonites Pailletteanus. D'Orbigny, *Paléontologie française, Terrains crétacés*, I, p. 339; pl. CII, fig. 3 et 4.

On a souvent cité sous ce nom, dans les listes de fossiles de la craie supérieure, une série de formes très différentes du type décrit et figuré par d'Orbigny. Malgré les nombreux échantillons des Corbières qui me sont passés sous les yeux, je n'en avais vu, jusqu'à ces derniers temps, aucun se rapportant exactement à l'espèce de d'Orbigny, lorsque tout récemment, lors de la réunion de la Société géologique dans les Corbières (septembre 1892), M. le lieutenant-colonel Durand recueillit, dans les couches à micrasters des environs de Rennes-les-Bains, un exemplaire qui concorde aussi bien que possible avec ce type.

On voit que cette espèce, si souvent citée, est, en réalité, fort rare, comme l'a déjà remarqué d'Orbigny; ce savant ne paraît d'ailleurs avoir eu entre les mains que le ou les échantillons qu'il a pu recueillir entre la Source salée et Soulatge; celui dont il parle encore, et qui a été recueilli par Dufrenoy à Saint-Paul-de-Fenouillet, doit appartenir à une tout autre espèce, car il provient d'un niveau bien inférieur, les couches des environs de Saint-Paul-de-Fenouillet ne montant pas plus haut que l'étage albien.

Je crois devoir donner ici la reproduction de la figure de d'Orbigny et rappeler sa diagnose :

« Coquille discoïdale, assez renflée, ornée en travers par tour d'environ cinquante côtes simples, étroites, saillantes, que sépare un intervalle lisse. Ces côtes sont fortement arquées et infléchies en avant. Elles offrent entre elles une assez grande inégalité, y en ayant une plus élevée que les autres de trois, de quatre ou de cinq en cinq. Dos rond, avec les côtes transverses. Spire composée de tours renflés, arrondis. Comme ces tours sont en partie cachés, je ne puis dire de combien ils se recouvrent et en indiquant que le dernier a les $\frac{44}{100}$ du diamètre entier, je ne crois donner qu'une évaluation approximative. Bouche arrondie, large en avant. Cloisons inconnues. »

On a donc donné à tort le nom d'*Ammonites Paillettei* à une série de formes chez lesquelles les côtes sont bien inégales, mais ont une allure différente de celle que l'on observe dans le type de d'Orbigny. Ce dernier est caractérisé par des côtes, non pas arquées, mais légèrement sinueuses en forme d'S et passant sur le bord externe en y dessinant un chevron.

Fig. 65.

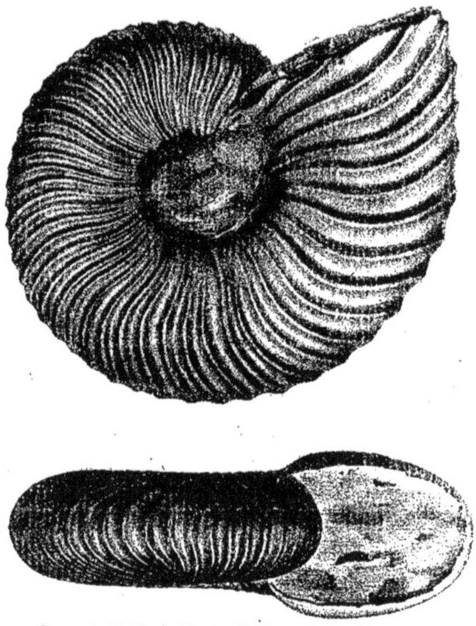

Sonneratia Paillettei, d'après d'Orbigny, pl. CII, fig. 3 et 4.

Malgré l'état imparfait de conservation de l'échantillon recueilli par M. le lieutenant-colonel Durand, je crois devoir le faire représenter pour bien montrer son identité avec l'espèce de d'Orbigny, dont la figure correspond évidemment à un échantillon restauré, puisque cet auteur dit « qu'il n'a pu évaluer qu'approximativement le rapport des dimensions du dernier tour au diamètre entier », et plus loin que « cette espèce est toujours rare et encroûtée ».

A la description de d'Orbigny, j'ajouterai que les côtes les plus fortes descendent seules jusqu'au bord de l'ombilic, mais qu'elles ne paraissent présenter aucun tubercule ni aucune surélévation à leur origine de ce côté. Si l'on a attribué ce caractère à *A. Paillettei*, c'est par suite d'une confusion d'espèces.

Cloisons. — Inconnues.

Rapports et différences. — Cette espèce présente une telle analogie pour la forme et l'ornementation avec *Sonneratia Dutemplei* (voir d'Orbigny, pl. LXXVI) et avec *Sonneratia Deshayesi* (d'Orbigny, pl. LXXXV, fig. 1 à 4), que je n'hésite pas à la mettre dans le genre *Sonneratia*. Elle se rattacherait au groupe de *S. Deshayesi* à cause de l'absence des tubercules ombilicaux.

Habitat. — *Sonneratia Paillettei* a son habitat dans les marnes à micrasters de la région des Corbières, c'est-à-dire dans la partie supérieure de l'étage coniacien.

Échantillon examiné. — Un seul (collection Durand), provenant des marnes à micrasters des environs de Rennes-les-Bains (Aude).

EXPLICATION DES FIGURES.

Planche XXXVII.

Fig. 2. — Fragment d'un individu (collection Durand), vu de côté pour montrer l'allure sinueuse des côtes.
Marnes à *Micraster brevis* des environs de Rennes-les-Bains (Aude).

SONNERATIA POCTAI. A. de Grossouvre, n. sp.

1872. **Ammonites Austeni.** Fritsch und Schlönbach (*Cephal. d. böhmischen Kreide*), p. 36, pl. VI, fig. 1 et 2 (non *Am. Austeni*, Sharpe).

MM. Fritsch et Schlönbach ont décrit, sous le nom d'*Ammonites Austeni*, une forme qui ne peut être rapportée au type institué par Sharpe, non plus qu'à l'espèce de Westphalie figurée ensuite sous la même dénomination par M. le docteur Schlüter.

L'allure des côtes n'est pas la même : dans l'espèce de Bohême, elles sont régulièrement flexueuses en forme d'S très allongé, à peu près comme dans *S. Paillettei,* tandis que dans l'espèce de Sharpe, elles partent, près de l'ombilic, normalement à la spire d'enroulement. Entre ces côtes principales, il s'en intercale sur les premiers tours deux ou trois, et sur le dernier tour seulement deux, qui ne descendent pas au-dessous de la moitié de la hauteur des flancs.

Cette espèce ressemble à *S. Paillettei* par l'inflexion des côtes ; elle en diffère par ses côtes intercalaires moins nombreuses et moins longues.

Gisement. — *S. Poctai* habite la base de l'étage turonien de Bohême. L'échantillon figuré par MM. Fritsch et Schlönbach provient du *Pläner* des *Weissenberger-Schichten* de Poderad.

Un fragment de cette espèce a été recueilli, en outre, dans les grès verdâtres de Malnitz (*Malnitzer-Schichten*).

SONNERATIA SAVINI. A. de Grossouvre, n. sp.

(Pl. XXV, fig. 4 ; pl. XXXVII, fig. 4.)

Coquille discoïdale, comprimée.

Spire formée de tours embrassants, croissant plus rapidement en hauteur qu'en largeur, très peu convexes sur les flancs et ayant leur plus grande épaisseur au voisinage immédiat de l'ombilic.

Bord externe sans carène ni quille, un peu méplat dans le jeune et probablement aussi dans l'adulte, au moins autant qu'on peut en juger par quelques échantillons, moins déformés par la compression que ne le sont la plupart de ceux que j'ai eu l'occasion d'examiner.

Ombilic de grandeur médiocre.

Section des tours semi-ovalaire et presque quadrangulaire dans le jeune.

L'ornementation varie beaucoup aux divers âges de la coquille.

Au diamètre de 30 millimètres, elle consiste, au commencement du dernier tour, en côtes légèrement flexueuses et obliques en avant, partant par paires d'un tubercule ombilical assez prononcé et très aigu ; arrivées sur le bord externe, elles s'y surélèvent en un petit tubercule, puis passent à peu près normalement sur le méplat externe. De distance en distance se montre un sillon en avant ou en arrière d'une paire de côtes. Entre ces paires s'intercalent une, deux ou trois côtes de longueurs inégales et un peu plus faibles que les principales.

La bifurcation des paires de côtes devient peu à peu obscure et finalement disparaît.

L'ornementation consiste alors en côtes principales tuberculées au voisinage de l'ombilic, précédées en avant d'un sillon, et séparées par trois, quatre ou cinq côtes intercalaires à peu près de même valeur que les principales, mais de longueurs inégales et descendant plus ou moins bas sur les flancs sans atteindre l'ombilic. A un stade plus avancé, les sillons disparaissent; on arrive alors à l'ornementation de l'échantillon représenté pl. XXV, fig. 4. Les côtes paraissent passer sur le contour externe en y dessinant un léger chevron.

Observations. — Cette espèce est presque toujours déformée plus ou moins fortement par la compression; il en existe des variétés plates à petit ombilic et des variétés renflées à ombilic relativement large.

On a souvent désigné cette espèce sous le nom d'*Ammonites Paillettei*, mais en réalité il n'existe pas d'analogie entre les deux formes.

Je crois devoir la rapporter au genre *Sonneratia* à cause des tubercules ombilicaux et de l'allure des côtes.

Cloisons. — Inconnues.

Rapports et différences. — *S. Savini* présente quelques analogies avec *Pachydiscus Carezi;* elle en diffère, dans le jeune par les tubercules externes des côtes et par son bord ventral méplat, et dans l'adulte par le nombre plus considérable des côtes intercalaires.

Gisement. — Cette espèce habite les couches à *Placenticeras syrtale* entre les deux bancs inférieurs de rudistes de la montée de Sougraignes aux Croutets.

L'échantillon de M. Toucas (pl. XXV, fig. 4) vient d'un niveau inférieur, des marnes bleues à *Mortoniceras texanum;* il ne diffère pas des autres.

Les divers échantillons examinés (collections Toucas, J[h] Jean, Savin, A. de Grossouvre) sont tous plus ou moins déformés par la compression.

EXPLICATION DES FIGURES.

Planche XXV.

FIG. 4[a]. — Échantillon (collection Toucas), type de l'espèce, vu de côté; il est très déformé par la compression.

Marnes bleues situées au-dessous du banc à *Lima marticensis* sur le chemin de Sougraignes aux Croutets (Aude).

FIG. 4[b]. — Le même, vu du côté ventral.

IMPRIMERIE NATIONALE.

Planche XXXVII.

FIG. 4ª. — Individu jeune (collection Gabelle), vu de côté pour montrer l'ornementation des premiers tours et les étranglements tranverses de la coquille.
Environs de Soulatge (Aude), gisement inconnu.

FIG. 4ᵇ. — Le même, vu côté ventral.

SONNERATIA DAUBRÉEI. A. DE GROSSOUVRE, n. sp.

(Pl. XXVIII.)

Coquille plate, discoïdale.

Spire formée de tours assez embrassants, croissant assez rapidement en hauteur.

Section des tours semi-ovalaire, ayant sa hauteur bien supérieure à sa largeur, le maximum d'épaisseur de la coquille se trouvant près de l'ombilic.

Ombilic médiocre, à paroi verticale nettement séparée des flancs par un pourtour anguleux.

Bord externe arrondi, sans quille ni carène.

Les flancs sont ornés de côtes arrondies, assez épaisses, saillantes, partant normalement de l'ombilic. Ces côtes sont légèrement falculiformes et s'inclinent un peu plus fortement en avant en arrivant sur le bord externe.

Entre les côtes principales, il s'en intercale quelques autres à peu près de même force; celles-ci ne descendent pas jusqu'à l'ombilic et s'effacent peu à peu en y arrivant, tandis que les premières s'arrêtent brusquement sur son bord.

Ces diverses côtes restent simples, ou se multiplient vers les trois quarts de la hauteur des flancs soit par bifurcation, soit par intercalation, de sorte que sur le bord externe on en compte au moins trois fois plus qu'au voisinage de l'ombilic.

A mesure que la coquille s'accroît, toutes les côtes s'effacent peu à peu sur la région externe des flancs; les grandes persistent seules, bien marquées sur la région interne, et vont s'effacer graduellement vers lés trois quarts de la hauteur.

Cloisons. — Inconnues.

Rapports et différences. — Cette belle espèce ne peut être confondue avec aucune autre de celles qui appartiennent aux niveaux supérieurs du terrain crétacé.

Habitat. — *Sonneratia Daubréei* n'est encore connu que des Corbières et se trouve à Sougraignes avec *Mortoniceras texanum* dans les couches inférieures aux marnes à *Lima marticensis.*

Échantillons examinés. — L'échantillon figuré, appartenant à la collection de l'École des mines, a conservé son test. Il est étiqueté comme provenant des environs de Sougraignes (Aude). D'après son aspect, on voit qu'il avait pour gisement les marnes bleues à *Mortoniceras texanum,* que l'on trouve au bas du chemin qui va de Sougraignes aux Croutets, sous les calcaires marneux à *Lima marticensis.*

Je possède un échantillon à peu près identique au précédent, que je dois à la libéralité de M. le capitaine Savin, qui l'a trouvé précisément dans le gisement précité de Sougraignes, lors de la réunion de la Société géologique de France (septembre 1892).

J'ai vu dans la collection de M. Gabelle, architecte à Couiza, un échantillon de cette espèce de plus grande taille que le précédent et non déformé par la compression; il provient des environs de Soulatge, mais son gisement précis n'est pas connu.

Enfin la collection de M. l'abbé Prax, ancien curé de Sougraignes, renferme des fragments de cette espèce provenant des environs de ce village.

EXPLICATION DES FIGURES.

Planche XXVIII.

Individu (collection de l'École des mines) ayant conservé son test, vu de côté pour montrer l'ornementation très caractéristique de ses flancs.

Marnes bleues situées sous le banc à *Lima marticensis* au bas du chemin de Sougraignes aux Croutets (Aude).

La section des tours est subovalaire, la plus grande épaisseur étant au voisinage de l'ombilic.

L'échantillon figuré a été aplati par compression.

Genre MUNIERICERAS. A. de Grossouvre, nov. gen.

J'ai montré précédemment que diverses ammonites du groupe des *Acanthoceras* ont parfois leur carène dentelée, et j'ai fait figurer un échantillon de *Gauthiericeras Margæ* qui montre ce caractère avec une grande netteté. On le retrouve très accentué dans une autre forme décrite par Redtenbacher, sous le nom d'*Am. propoetidum*. En 1891, M. Nicklès a fait remarquer que cette disposition de la carène constitue un caractère qui semble se retrouver d'une manière à peu près générale chez un grand nombre de jeunes ammonites du groupe des *Acanthoceras* et qui se rencontre aussi chez les *Schlönbachia*; jusqu'au diamètre de 20 millimètres environ, ces individus possèdent une carène cordée qui devient lisse plus tard. M. Nicklès a décrit, parmi les espèces néocomiennes de la Querola, près Concentarisa (province d'Alicante), une espèce, *Mortoniceras Gaudryi*, qui rappelle, par sa forme extérieure quadrangulaire plus haute que large et par sa carène bordée de deux sillons, les *Peroniceras*, mais qui, par sa cloison, appartient bien au genre *Mortoniceras*; chez cette espèce, la carène est cordée jusqu'au quatrième tour de spire. M. Nicklès a décrit encore une autre espèce du même gisement, *Mortoniceras Fischeri*, qui, à première vue, rappelle par sa forme un *Amaltheus*; la carène est tuberculée sur les échantillons de 18 millimètres de diamètre et n'est pas bordée de deux sillons; la section est plutôt ogivale que quadrangulaire, mais le plan des cloisons est encore celui des *Mortoniceras*.

Cette dernière m'a rappelé certaines espèces du sénonien des Pyrénées, qui constituent un petit groupe spécial, rappelant aussi par leur forme et leur ornementation les *Amaltheus* et les *Cardioceras* du jurassique.

Si l'on ne connaissait leur gisement exact, on pourrait se tromper sur leur nature et l'on serait tenté de les considérer comme des monstruosités d'*Am. cordatus* ou d'*Am. margaritatus*. J'avais tout d'abord penché à les rattacher au groupe des *Mortoniceras* néocomiens que M. Nicklès nous a fait connaître et que je viens de citer tout à l'heure, mais ces formes présentant de très grandes affinités avec l'espèce de Gosau que M. F. von Hauer a décrite sous le nom d'*Am. gosavicus*, espèce qui appartient à peu près au même niveau, je crois qu'on ne peut hésiter à les réunir dans un même groupe; comme M. F. von Hauer nous a donné le dessin des cloisons de son type, il ne peut être question, en raison de la disposition spéciale de cette ligne de suture, de rattacher ce groupe au genre *Mortoniceras* ou aux autres genres voisins et il convient, au contraire, de les rapprocher des *Sonneratia*.

M. Douvillé a d'ailleurs indiqué (Cours de paléontologie professé à l'École des mines) que dans ce dernier genre les côtes ne sont pas interrompues sur la région ventrale, qui est arrondie ou tranchante, et qu'elles y dessinent une série de chevrons plus ou moins arrondis ou infléchis en avant, caractère que possèdent bien les espèces en question.

Voici le dessin, d'après M. F. von Hauer, des cloisons d'*Am. gosavicus* :

Fig. 66.

Ammonites gosavicus, d'après F. von Hauer, *Cephalopoden der Gosauschichten*, pl. II, fig. 9.

Je constituerai donc, avec cet ensemble, un groupe particulier caractérisé par la forme amincie de son bord externe, généralement terminé par une carène cordée. Il est possible, d'ailleurs, que celle-ci puisse devenir lisse à un certain stade de développement; aussi je n'hésite pas à rapporter à ce même genre une autre espèce de Rennes-les-Bains, dans laquelle les côtes s'effacent avant d'arriver au bord externe. Je donne à ce genre le nom de *Muniericeras*, en prenant comme type *M. Lapparenti.*

Je considère comme probable que l'on pourra arriver un jour à rattacher ce groupe à *Sonneratia quercifolia* et *Sonneratia Cleon* du Gault.

Je pense que l'on doit rapporter également à ce même groupe les formes du Salzberg, près Quedlinburg, décrites par M. le docteur Schlüter sous le nom d'*Am. clypealis* (*loc. cit.*, p. 51, pl. XV, fig. 9 à 14). L'échantillon représenté fig. 11 et 12 présente beaucoup d'analogies avec celui que j'ai fait figurer pl. XXXV, fig. 4. La ligne suturale, donnée par les figures 13 et 14, diffère cependant assez notablement de celle d'*Am. gosavicus* et paraîtrait plutôt appartenir à la famille des *Phylloceratidés* (genre *Puzosia*), mais les dessins des deux figures ne sont eux-mêmes pas absolument concordants. Je maintiens donc provisoirement *Am. clypealis* dans le genre *Muniericeras*, en faisant abstraction, d'ailleurs, de la forme du même gisement figurée sous ce même nom par M. Brauns, laquelle me paraît appartenir à une tout autre espèce.

MUNIERICERAS LAPPARENTI. A. DE GROSSOUVRE, n. sp.

(Pl. XXIX, fig. 1 et 5; pl. XXXV, fig. 3.)

Coquille plate discoïdale, comprimée, carénée.

Spire formée de tours très embrassants, croissant assez rapidement en hauteur.

Section des tours ogivale, la plus grande épaisseur se trouvant au voisinage de l'ombilic.

Ombilic petit, à paroi verticale, se raccordant avec les flancs par un pourtour arrondi.

Bord externe pincé, caréné, cordé comme dans *Am. margaritatus,* c'est-à-dire orné de tubercules formés par de petits chevrons saillants convexes en avant.

Les flancs sont ornés de côtes partant en général par paires d'un tubercule ombilical, radiales, légèrement flexueuses, s'infléchissant fortement en avant dans la région externe et passant sur le contour ventral en y dessinant des chevrons qui donnent à la carène un aspect cordé.

Entre ces côtes il s'en intercale deux ou trois autres qui descendent jusqu'au bord de l'ombilic, mais sans y présenter de tubercules, et qui passent sur le contour externe comme les autres.

Quelques-unes d'entre elles se bifurquent en arrivant au voisinage de la carène : le nombre des côtes ainsi bifurquées est assez variable d'un échantillon à un autre, comme on peut le voir sur les figures : sur la planche XXIX, l'individu représenté par la figure 1 a seulement quelques bifurcations sur celles de l'extrémité du dernier tour, et les autres sont simples, tandis que l'individu représenté figure 5 les a au contraire tantôt simples, tantôt bifides vers leur extrémité externe. Planche XXXV, l'individu représenté par la figure 3 les a toutes simples.

Le nombre des tubercules ombilicaux est de 7 ou 8 par tour.

Cloisons. — Inconnues.

Rapports et différences. — *Ammonites gosavicus*, F. von Hauer (1858, *Cephalopoden der Gosauschichten*, p. 13, pl. II, fig. 7 à 9), est évidemment une forme très affine de celle que je viens de décrire : il en diffère par ses tubercules ombilicaux beaucoup plus nombreux, dont chacun ne correspond qu'à deux ou trois côtes, et par ses côtes bien plus flexueuses.

Gisement. — Cette espèce appartient à l'étage coniacien des Corbières, aux marnes inférieures à l'assise à *Micraster brevis* et à cette assise. Il est probable que *M. gosavicum* provient d'un niveau un peu supérieur (voir *Partie stratigraphique*).

Échantillons examinés. — Trois échantillons (collection de l'École des mines, collections Toucas et A. de Grossouvre) des environs de Montferrand et Bugarach (Aude).

EXPLICATION DES FIGURES.

Planche XXIX.

FIG. 1ᵃ. — Individu (collection A. de Grossouvre) vu de côté, type de l'espèce.
Couches sénoniennes inférieures des environs de Bugarach (Aude).

FIG. 1ᵇ. — Le même, vu du côté ventral pour montrer les crénelures de la carène dues au passage des côtes sur le bord siphonal : on remarque à l'extrémité du dernier tour deux côtes se bifurquant, un peu avant leur passage sur la carène.

FIG. 5. — Individu (collection de l'École des mines) vu de côté et montrant un assez grand nombre de côtes bifurquées à leur extrémité.
Calcaires à micrasters, côté droit du chemin de Rennes-les-Bains à Montferrand (Aude).

Planche XXXV.

FIG. 3. — Fragment d'un individu (collection Toucas) qui se distingue du type par ses côtes non bifurquées sur le pourtour externe.

MUNIERICERAS INCONSTANS. A. DE GROSSOUVRE, n. sp.

(Pl. XXXV, fig. 4 et 5.)

Je donne ce nom à une espèce qui a la même forme et le même mode d'ornementation que la précédente, mais qui en diffère par des côtes bien plus flexueuses et coudées en leur milieu, c'est-à-dire falculiformes. Elles se bifurquent parfois à mi-hauteur et ne présentent pas de tubercules à leur origine sur le bord ombilical, caractères qui permettent facilement de distinguer cette espèce de *M. Lapparenti* et *M. gosavicum*. On peut ajouter encore que les côtes sont plus serrées que dans ces deux autres espèces.

Cloisons. — Inconnues.

Gisement. — Les échantillons examinés (collection Péron) proviennent des calcaires marneux situés sous les couches à *Micraster brevis* du ravin de Montferrand, près Rennes-les-Bains (Aude). J'ai recueilli deux fragments de cette espèce dans les marnes à micrasters du même ravin.

EXPLICATION DES FIGURES.

Planche XXXV.

FIG. 4. — Fragment de tour d'un individu (collection Péron) vu de côté.
Calcaires marneux situés sous les couches à micrasters, ravin de Montferrand (Aude).

FIG. 5. — Fragment de tour d'un individu (collection Péron) vu de côté.
Calcaires marneux situés sous les couches à micrasters, ravin de Montferrand (Aude).

MUNIERICERAS RENNENSE. A. DE GROSSOUVRE, n. sp.

(Pl. XXXV, fig. 2.)

Je ne connais de cette espèce qu'un fragment, mais il me paraît suffisant pour la caractériser. La section des tours est ogivale, comme dans les espèces précédentes; l'ombilic est de dimension moyenne. L'ornementation est assez différente de celle des espèces précédentes pour ne pas permettre de confusion. Elle consiste en côtes partant par paires d'un tubercule ombilical formant une légère surélévation pincée dans le sens radial. Les côtes sont obliques en avant, larges, peu élevées et assez serrées, c'est-à-dire séparées par des intervalles à peine égaux à leur largeur; en arrivant sur le bord externe, elles s'infléchissent un peu en avant et s'effacent sans atteindre la carène qui, de cette manière, reste lisse au lieu d'être cordée.

Cloisons. — Inconnues.

Gisement. — L'échantillon examiné (collection Péron) provient des calcaires marneux situés sous les couches à *Micraster brevis* du ravin de Montferrand, près Rennes-les-Bains (Aude).

EXPLICATION DES FIGURES.

Planche XXXV.

Fig. 2. — Fragment de tour d'un individu (collection Péron) vu de côté.
Calcaires marneux à la base des couches à micrasters, ravin de Montferrand (Aude).

RÉSUMÉ GÉNÉRAL.

Il a été possible de distinguer dans la famille des *Acanthoceratidés* une série de groupes pour chacun desquels l'extension verticale était assez limitée : il n'en est pas de même pour les *Hoplitidés* et il faut attendre une étude plus approfondie des ammonites crétacées pour arriver à établir dans certains genres, tels que *Hoplites* par exemple, des subdivisions plus étroites et ayant par conséquent une durée plus restreinte. Le genre *Hoplites* existe dès la base du néocomien et nous en avons trouvé des représentants jusque dans les couches les plus élevées de la craie (*Hoplites Lafresnayei,* du calcaire à baculites du Cotentin). Il en est à peu près ainsi pour les divers autres genres de cette famille, dont les représentants se montrent à des niveaux très distants les uns des autres. Néanmoins certaines formes spéciales paraissent caractériser par leur abondance relative, au moins dans la craie d'Europe, certains horizons bien définis.

Ainsi les *Placenticeras,* dont il existe des représentants dans le turonien, dans le coniacien et dans le campanien, sont surtout abondants dans le santonien, et à cette époque ils sont répandus sur presque toute l'Europe : on les trouve dans l'Allemagne du Nord, en Touraine, en Aquitaine, dans les Corbières et dans la Provence. Par contre, et c'est un fait qui mérite d'être noté, ils font presque absolument défaut dans la craie supérieure des Alpes orientales : on ne connaît de ce côté qu'un seul gisement où ils soient représentés.

Ce genre a d'ailleurs une très grande extension géographique : on le rencontre dans la craie de l'Inde et dans celle de l'Amérique du Nord, et dans cette dernière région il est probable qu'il a persisté jusque vers la fin de la craie, car *Placenticeras placenta* peut être attribué, avec beaucoup de vraisemblance, aux niveaux les plus élevés de ce terrain.

Parmi les *Hoplitidés*, les formes du groupe de *Hoplites Vari* sont nombreuses dans les couches moyennes de la craie à *Belemnitella mucronata*, dans l'Allemagne du Nord et dans l'Aquitaine.

La plupart des autres formes qui ont été passées en revue sont nouvelles ou encore peu connues et leur distribution géographique est par suite fort restreinte. Je me bornerai donc, sans entrer dans d'autres détails, à donner leur répartition verticale dans le tableau ci-dessous.

ESPÈCES OBSERVÉES.	CONIACIEN			SANTONIEN		CAMPANIEN			
						INFÉRIEUR.			
	INFÉRIEUR.	MOYEN.	SUPÉRIEUR.	INFÉRIEUR.	SUPÉRIEUR.	ASSISE inférieure.	ASSISE supérieure.	MOYEN.	SUPÉRIEUR.
Schlönbachia Nanclasi, n. sp.......	*	»	»	»	»	»	»	»	»
— Boreaui, n. sp.......	»	*	»	»	»	»	»	»	»
— Fournieri, n. sp......	»	»	?	»	»	»	»	»	»
— Bertrandi, n. sp......	»	»	»	*	»	»	»	»	»
Hoplites Gosseleti, n. sp..........	?	?	?	?	?	»	»	»	»
— Vari, Schlüter, sp........	»	»	»	»	»	»	»	*	»
— Lafresnayei, d'Orb., sp....	»	»	»	»	»	»	»	»	*
Placenticeras Fritschi, n. sp.......	*	*	»	»	»	»	»	»	»
— syrtale, Morton, sp...	»	»	»	*	*	»	»	»	»
— bidorsatum, A. Römer, sp...............	»	»	»	»	»	*	*	»	»
Sphenodiscus Ubaghsi, n. sp.......	»	»	»	»	»	»	»	»	*
— Rutoti, n. sp........	»	»	»	»	»	»	»	»	*
Sonneratia Janeti, n. sp..........	*	»	»	»	»	»	»	»	»
— Rejaudryi, n. sp.......	»	»	»	»	»	»	»	*	»
— rara, n. sp............	»	»	»	»	»	»	»	*	»
— Paillettei, d'Orb., sp....	»	»	*	»	»	»	»	»	»
— Savini, n. sp..........	»	»	»	*	*	»	»	»	»
— Daubréei, n. sp........	»	»	»	*	»	»	»	»	»
Muniericeras Lapparenti, n. sp.....	*	*	»	»	»	»	»	»	»
— inconstans, n. sp.....	»	*	*	»	»	»	»	»	»
— rennense, n. sp.......	»	*	»	»	»	»	»	»	»

FAMILLE DES PHYLLOCERATIDÉS.

Existe-t-il encore de vrais *Phylloceras* dans la craie supérieure? c'est un point qui reste douteux, car les espèces de la craie supérieure, que l'on pourrait rattacher à ce genre en raison de leurs analogies extérieures, ont leurs cloisons assez différentes de celles des *Phylloceras* typiques; on n'y observe pas d'une manière bien nette les ramifications spatulées si caractéristiques que l'on retrouve encore dans *Ammonites Velledæ*, d'Orb. du Gault. Il me paraît donc difficile de faire rentrer *Am. velledæformis*, Schlüt., par exemple, dans le genre *Phylloceras* tel qu'il est compris.

Mais à côté des *Phylloceras*, on voit se développer à partir du néocomien (inclus) une série de formes, à ornementation faible et principalement marquée sur la région externe des flancs, chez lesquelles la coquille présente souvent des sillons transverses plus ou moins flexueux.

M. Bayle a institué en 1879 le genre *Puzosia*, en prenant comme type *P. subplanulata*, de l'étage cénomanien : suivant l'extension que l'on voudra lui donner, on pourra y faire rentrer tout ou partie des formes précédentes.

Plus tard, en 1884, M. le docteur Zittel a créé le genre *Desmoceras* pour les formes des groupes : 1° d'*Am. Beudanti;* 2° d'*Am. difficilis;* 3° d'*Am. Emmerici;* 4° d'*Am. subplanulatus;* 5° d'*Am. Gardeni.*

Laissant de côté, pour le moment, cette dernière série qui a un aspect tout particulier à cause de ses tours élevés et peu épais et qui possède en même temps une quille sur son bord externe, on voit que les genres *Puzosia* et *Desmoceras* peuvent être appliqués au même ensemble et être considérés comme synonymes, tant que l'on n'aura pas précisé d'une manière expresse leur extension particulière.

M. Douvillé considère que cet ensemble de formes peut être rattaché à la famille des *Phylloceratidés* et l'on ne peut, en effet, s'empêcher de leur trouver une certaine analogie sous le rapport de l'aspect extérieur. Si l'on examine leurs cloisons, on voit que dans les deux groupes le plan général est

Fig. 67.

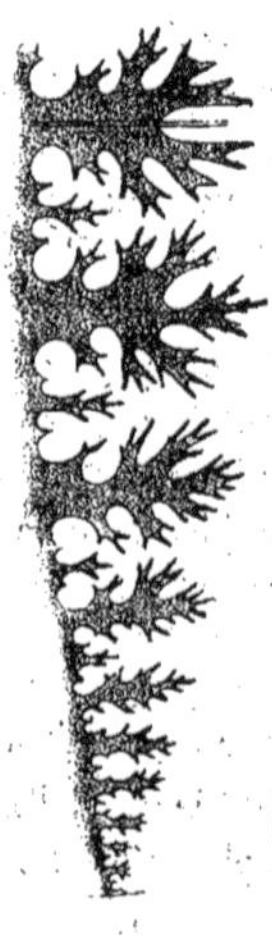

Phylloceras semisulcatum, d'après d'Orbigny (pl. LIII, fig. 6).

Fig. 68.

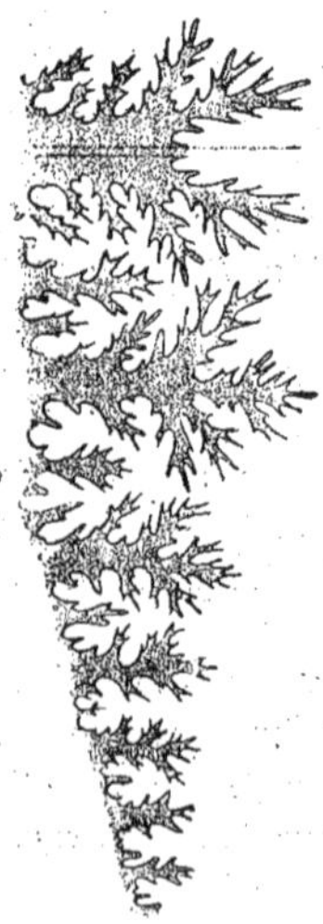

Phylloceras Tethys, d'après d'Orbigny (pl. LIII, fig. 9).

Fig. 69.

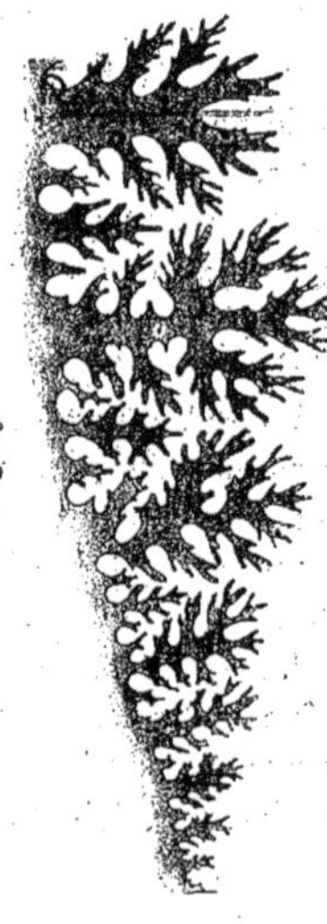

Desmoceras latidorsatum, d'après d'Orbigny (pl. LXXX, fig. 5).

Fig. 70.

Puzosia subplanulata (gros. = 2,5), dessin de M. Douvillé, d'après un échantillon de Rouen.

Fig. 71.

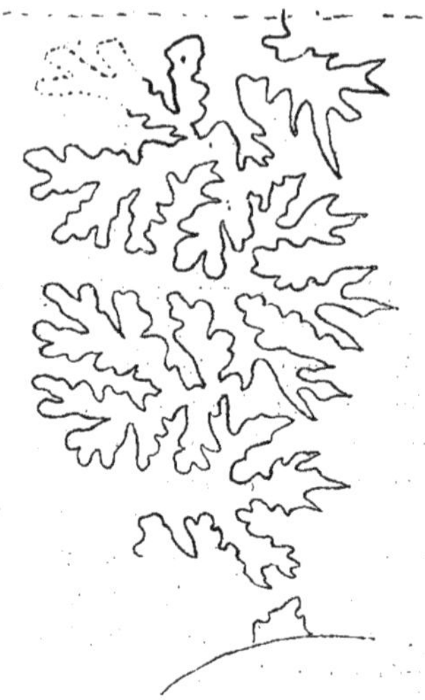

Pachydiscus Sturi (gros. = 3), d'après un échantillon de Gan.

à peu près le même, et que la ligne suturale y forme de part et d'autre une série régulièrement décroissante, souvent disposée en ligne droite [1].

Maintenant, si l'on compare la ligne suturale des *Puzosia* avec celle d'un certain nombre d'espèces de *Pachydiscus*, on y reconnaîtra aussi une ressemblance frappante.

Le genre *Pachydiscus*, après élimination des formes qui doivent être rattachées aux *Sonneratia*, doit donc prendre place à côté des *Puzosia*.

Il reste un certain nombre de formes rappelant complètement les *Phylloceras* par leur aspect extérieur, leur ombilic généralement petit, leurs flancs ornés de stries fines, serrées, et très peu flexueuses. Tel est, par exemple, *Ammonites Velledæ*, Sharpe, de la craie blanche d'Angleterre, qui ne doit pas être confondu avec le type du Gault décrit antérieurement par d'Orbigny sous ce nom. Tels sont encore *Am. velledæformis*, Schlüter, et quelques autres formes que je décrirai plus loin. Je n'ai pu obtenir le dessin de leur ligne suturale : les traces qui en restent sur les échantillons examinés sont trop obscures pour permettre un examen complet; toutefois, il m'a paru que leurs cloisons se rapprochent assez de celles des *Puzosia* et des *Pachydiscus*. Comme ces espèces constituent un groupe très affine au point de vue de la forme extérieure et de l'ornementation, je propose de les distinguer génériquement sous le nom de *Schlüteria*. Il restera à vérifier si ce genre doit être placé plus près des *Phylloceras* que des *Puzosia* ou des *Pachydiscus*.

Enfin, je réunis sous le nom générique de *Hauericeras* les espèces du groupe d'*Ammonites Gardeni*, Baily in Favre.

Un grand nombre d'individus des espèces appartenant à la famille des *Phylloceratidés* montrent sur le milieu du contour externe un léger sillon continu : certains auteurs ont exprimé l'idée qu'il était dû à la chute du siphon. Il n'en est rien, car le siphon lui-même affleure immédiatement sous cette dépression. J'ai pu me rendre compte que la présence de cette dernière est due à deux causes qui agissent probablement d'une manière concomitante dans la plupart des cas. D'une part, dans ces espèces, le siphon est situé très près du test de la coquille; il n'existe donc dans le moule interne qu'une très minime épaisseur de la substance qui le constitue, entre le siphon et la surface externe, et cette mince pellicule peut se détacher facilement en laissant visible le

[1] Il convient aussi de remarquer que dans ce groupe les cloisons sont toujours symétriquement disposées par rapport à la ligne médiane du bord ventral, tandis que les *Acanthoceratidés* et les *Hoplitidés* présentent assez fréquemment une déviation latérale du lobe siphonal.

siphon; d'autre part, il arrive aussi que le test possède, précisément dans cette région et du côté interne, une surépaisseur destinée peut-être à consolider la coquille et à protéger le siphon. Lorsque le test est enlevé, cet épaississement laisse une dépression sur le moule, circonstance qui se produit fréquemment dans un grand nombre de coquilles d'ammonites jurassiques, principalement chez les *Perisphinctes*. Il arrive alors que les moules internes présentent un sillon ventral bien marqué, interrompant les côtes et donnant à la coquille l'apparence d'un individu du genre *Reineckia* : l'existence accidentelle de ces sillons a fréquemment donné lieu à des confusions dans la détermination des individus qui les présentaient.

L'examen de quelques échantillons de *Pachydiscus* et de *Puzosia*, possédant encore leur test, m'a permis de constater l'épaississement local que je viens d'indiquer et, au-dessous, la présence d'un sillon dans le moule interne. Ce même caractère s'observe aussi sur un certain nombre de *Phylloceras* typiques.

DESMOCERAS. Zittel, emend.

Le genre *Desmoceras* a été constitué, comme je viens de le dire, pour un ensemble de formes très variées et comprenant plusieurs groupes : je l'applique plus particulièrement aux espèces voisines d'*Ammonites latidorsatus*, c'est-à-dire à des espèces à ombilic plus ou moins étroit, à tours plus ou moins élevés, mais ornés de côtes très faibles, ou même sans ornementation sur les moules internes, et présentant d'ordinaire une série de sillons transverses avec inflexion médiane.

Fig. 72.

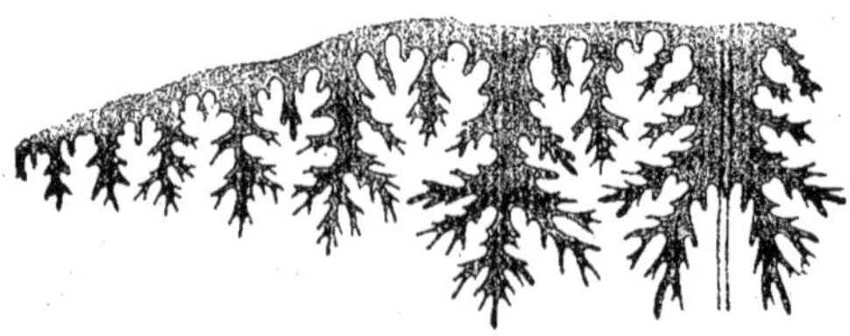

Desmoceras latidorsatum, d'après d'Orbigny (pl. LXXX, fig. 5).

Dans le genre ainsi compris, la ligne suturale est assez développée et comprend un grand nombre de lobes et de selles régulièrement décroissants. Le premier lobe latéral est assez large et à peu près aussi long que le lobe siphonal; la première selle latérale est divisée en deux parties presque égales par un lobule assez profond; des deux subdivisions, l'externe est la plus grande; chacune d'elles est subdivisée à son tour. Les autres selles sont à peu près semblables entre elles et à la première. Les lobes latéraux, tous de même forme, sont un peu moins larges que les selles; ils sont symétriques et trifides.

DESMOCERAS PONSIANUM. A. de Grossouvre, n. sp.

(Pl. XXV, fig. 1 et 5.)

Coquille discoïdale, renflée.

Spire formée de tours embrassants, croissant assez rapidement en hauteur et en largeur, et recouvrant les tours précédents sur environ les trois quarts de leur hauteur.

Ombilic médiocre, se raccordant graduellement avec les flancs par un pourtour arrondi.

Bord externe large et convexe.

Sections des tours ovalaire, plus haute que large.

Flancs médiocrement convexes.

L'ornementation de la coquille est assez obscure; elle consiste en côtes à peine marquées, visibles seulement sur la région externe des flancs et accompagnées, de distance en distance, de sillons également à peine perceptibles.

Cloisons. — Elles appartiennent bien au type que je viens de définir précédemment, comme on peut s'en rendre compte par l'examen des figures qui montrent plus ou moins distinctement le dessin des cloisons.

Échantillons examinés. — Un échantillon de Pons (collection Arnaud), type de l'espèce, montre à l'extrémité du dernier tour le commencement de la dernière loge; on y remarque une légère dépression presque droite, limitée en avant par un relèvement assez prononcé accompagné d'une petite côte. Il provient de l'assise L^1 des environs de Pons (Charente-Inférieure).

Un échantillon de la base de la craie de Villedieu (collection Le Mesle) que je rapporte à cette espèce, constitue une variété à ombilic un peu plus large et, comme conséquence, à tours plus épais.

EXPLICATION DES FIGURES.

Planche XXV.

Fig. 1a. — Échantillon (collection Arnaud), type de l'espèce, vu de côté.
Calcaires durs du coniacien (assise L^1 de M. Arnaud).
Environs de Pons.

Fig. 1b. — Le même, vu du côté ventral.

Fig. 5a. — Échantillon (collection de l'abbé Bourgeois) vu de côté.
Calcaires durs de la base de la craie de Villedieu, carrières de la Ribochère, commune de Couture (Loir-et-Cher).

Fig. 5b. — Le même, vu du côté ventral.

DESMOCERAS PYRENAÏCUM. A. de Grossouvre, n. sp.

(Pl. XXV, fig. 2; pl. XXXVII, fig. 9.)

Coquille discoïdale, renflée, presque globuleuse.

Spire formée de tours très embrassants, croissant assez rapidement en hauteur et en largeur.

Ombilic petit, assez profond, se raccordant graduellement avec les flancs par un pourtour arrondi.

Bord externe large et convexe.

Section des tours ovalaire, un peu plus haut que large.

Les flancs ne montrent pas d'ornementation; ils présentent seulement de légers sillons, au nombre de 8 à 10 par tour. Ceux-ci sont flexueux, fortement obliques en avant et présentent un coude à partir duquel ils reviennent un peu en arrière, pour passer ensuite sur le contour externe en y dessinant un fort chevron convexe en avant.

Les échantillons adultes, recueillis par M. Toucas aux environs de Sougraignes (Aude), proviennent des marnes à *Mortoniceras texanum* du chemin des Croutets, situées immédiatement au-dessous des calcaires à *Lima marticensis* et *Placenticeras syrtale*.

Mon confrère, M. Joseph Jean, qui a exploré avec tant de persévérance et de fruit les gisements crétacés des Corbières et auquel je dois la connaissance de nombreux matériaux paléontologiques provenant de cette région, a découvert dans les environs de Sougraignes un gisement de marnes bleues, intercalées entre des bancs à *Hippurites cornucopiæ*, renfermant de nombreux petits fossiles; parmi eux se trouvent des échantillons de céphalopodes de petite taille, recouverts d'un test blanchâtre très fragile, au-dessous duquel le moule interne est enduit d'une mince couche ferrugineuse : celle-ci a conservé le dessin des cloisons dans ses moindres détails. Grâce à cette découverte intéressante, il est donc possible d'obtenir la ligne suturale de ces espèces dans les premiers stades de développement, renseignement précieux qui fait défaut pour les ammonites de la craie supérieure et surtout pour celles que l'on a l'habitude de grouper sous le nom générique de *Pachydiscus*.

Parmi les échantillons de ce gisement se trouve un individu qui se rapporte certainement à *Desmoceras pyrenaïcum*, en raison de l'analogie complète de forme et de l'existence sur le moule des sillons transverses qui le caractérisent.

Je donne ci-dessous le dessin de ses cloisons d'après les photographies prises par mon confrère, M. Nicklès; je tiens à le remercier ici de son amabilité, qui me permet de donner avec précision et à une grande échelle les détails de cette ligne suturale assez compliquée.

Fig. 73.

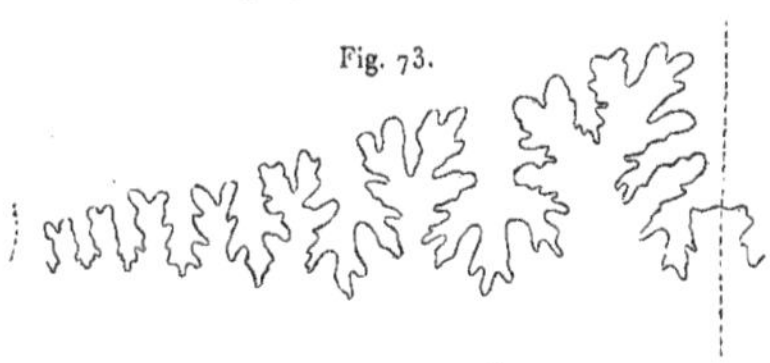

Desmoceras pyrenaïcum (gros. = 10), d'après l'échantillon représenté pl. XXXVII, fig. 9.
(Clichés de M. Nicklès.)

Rapports et différences. — Cette espèce présente de grandes analogies avec *Ammonites Emerici*, qui en diffère par un ombilic plus large et une allure différente des sillons, et aussi avec *Am. alienus*, Stoliczka (*Cephal.*, pl. LXXIII, fig. 1 et 2), qui s'en distingue par les mêmes caractères.

EXPLICATION DES FIGURES.

Planche XXV.

Fig. 2ª. — Échantillon (collection Toucas), type de l'espèce, vu de côté.
Marnes bleues situées au-dessous du banc à *Lima marticensis* sur le chemin de Sougraignes aux Croutets (Aude).

Fig. 2ᵇ. — Le même, vu du côté ventral.

Planche XXXVII.

FIG. 9ᵃ. — Individu (collection A. de Grossouvre) de petite taille, reproduit avec un grossissement de 2 diam., vu de côté.

Marnes bleues comprises entre deux bancs à *Hippurites cornucopiæ*. Environs de Sougraignes (Aude).

FIG. 9ᵇ. — Le même, vu du côté ventral, l'ouverture en avant; on voit le siphon immédiatement sous la surface extérieure du moule.

FIG. 9ᶜ. — Le même, vu du côté ventral, l'ouverture en arrière.

DESMOCERAS STOBÆI. NILSSON, sp.

1827. **Ammonites Stobæi.** Nilsson. *Petrific. Suecana*, p. 5, pl. I.
1885. **Ammonites Stobæi.** J.-C. Moberg. *Cephalopoderna i Sveriges Kritsystem*, p. 18, pl. II, fig. 1 à 5.

On a souvent désigné sous le nom d'*Am. Stobæi* des *Pachydiscus* de grande taille à tours lisses; M. Moberg, dans son mémoire sur les céphalopodes de la craie de Suède, a précisé cette espèce et nous a fait connaître la nature des tours internes, également lisses et présentant chacun sept sillons transverses, légèrement arqués et un peu obliques en avant.

Fig. 74.

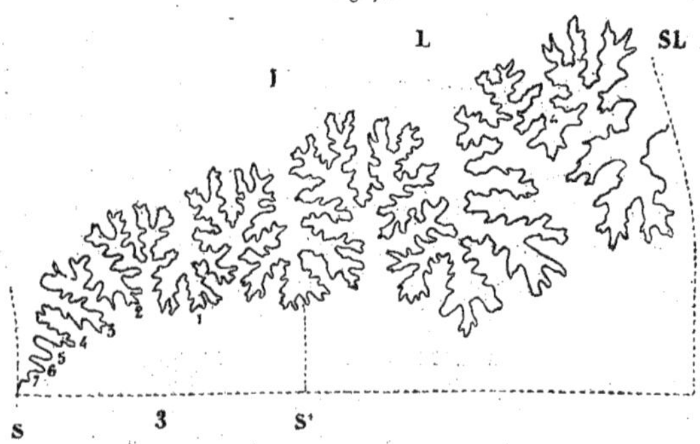

Desmoceras Stobæi, d'après Moberg, *Cephalopoderna*... (Pl. II, fig. 3).

Cette espèce appartient donc au genre *Desmoceras*, ce que confirme d'ailleurs la forme de ses cloisons qui présentent bien les caractères précédemment indiqués pour le genre *Desmoceras* et diffèrent de celles des *Pachydiscus* par leurs lobes plus larges.

Il résulte donc des indications données par M. Moberg que la forme de Westphalie décrite par M. le docteur Schlüter sous le nom d'*Ammonites Stobæi* appartient à une espèce différente.

Il me paraît très vraisemblable qu'*Ammonites Griffithii*, du *Hard Chalk* du comté de Derry, doit être rapporté à l'espèce de Nilsson (Sharpe, *Fossil mollusca of the Chalk*, p. 28, pl. XI, fig. 3ª et 3ᵇ); néanmoins, si le dessin des lobes donné par la figure 3ᶜ est bien exact et s'il se rapporte bien à cette espèce (car ce dessin a été pris sur un échantillon différent de celui qui a été figuré), il faudrait en conclure qu'*Am. Griffithii* est bien distinct d'*Am. Stobæi* et n'est même pas un *Desmoceras*.

Gisement. — Cette espèce habite en Suède la craie à *Belemnitella mucronata* sur toute sa hauteur, à Köpinge, Balsberg, Ignabergea et Tosterup, et débute à sa base dans l'assise à *Actinocamax mamillatus*.

Genre PUZOSIA. Bayle.

Je conserve le nom de *Puzosia* pour les formes du groupe d'*Ammonites subplanulatus* caractérisées par un ombilic assez large, des tours élevés présentant des sillons transverses et des côtes falculiformes effacées au voisinage de l'ombilic et marquées seulement sur la région externe des flancs.

Fig. 75.

Puzosia subplanulata (gros. = 2,5), d'après un échantillon de Rouen.

La ligne suturale offre une analogie complète avec celle des *Desmoceras*, mais elle est plus réduite, et le premier lobe latéral est plus long que le lobe ventral, tandis que dans *Desmoceras* il est de même longueur. Les lobes sont trifides et proportionnellement un peu plus étroits que dans les *Desmoceras*. Les selles, à peu près semblables entre elles, sont divisées en deux parties par un lobule assez profond, et chaque partie est subdivisée de la même façon que dans les *Desmoceras*.

Je donne comme type les cloisons d'un échantillon de *Puzosia subplanulata* de la craie de Rouen, appartenant à l'École des mines, dont le dessin a été pris à la chambre claire par M. Douvillé.

PUZOSIA MÜLLERI. A. de Grossouvre, n. sp.

1872. **Ammonites hernensis.** Schlüter, *Cephalopoden der oberen deutschen Kreide*, p. 40, pl. XI, fig. 12 et 14.

En 1872, M. le docteur Schlüter a rapporté un échantillon des *Cuvieri-Pläner* de Westphalie à l'espèce des marnes des environs de Herne (étage de l'Emscher), qu'il avait décrite en 1867 sous le nom d'*Ammonites hernensis;* cette assimilation me paraît fort douteuse, car sur l'échantillon du *Cuvieri-Pläner* les côtes n'existent que sur la région tout à fait externe des flancs et, de plus, les sillons transverses ne présentent pas, près de l'ombilic, le tubercule bien marqué que l'on trouve dans l'autre espèce.

Je crois donc devoir distinguer la forme turonienne sous un nouveau nom et je la dédie à M. G. Müller, à qui l'on doit d'excellents travaux sur la craie subhercynienne.

Gisement. — Cette espèce habite le niveau des *Cuvieri-Pläner* et se trouve, d'après M. le docteur Schlüter, à Paderborn, à Rothenfeld et au Windmühlenberg près Salzgitter.

M. le docteur Schlüter rattache à cette espèce des exemplaires du *Trichinopoly group* de l'Inde et notamment celui figuré par Stoliczka (pl. LXVIII, fig. 1), mais il y a lieu de faire des réserves à ce sujet.

PUZOSIA LE MARCHANDI. A. DE GROSSOUVRE, n. sp.

(Pl. XXII, fig. 5.)

Coquille discoïdale, médiocrement renflée.

Spire formée de tours assez embrassants, croissant régulièrement en hauteur et en épaisseur.

Ombilic petit, médiocrement profond, se raccordant avec les flancs par un pourtour arrondi.

Bord externe large, arrondi.

Section des tours ovalaire.

La coquille est ornée de côtes fines, aiguës, arquées, qui prennent naissance à quelque distance de l'ombilic et passent sur le bord externe en s'infléchissant légèrement en avant. De distance en distance, la coquille présente un sillon transverse, parallèle aux côtes et passant sur le bord externe; en arrière de ce sillon se trouve une côte qui descend jusqu'à l'ombilic, où elle est légèrement surélevée et où elle se termine d'une manière brusque; entre deux sillons consécutifs, il existe trois ou quatre côtes.

Cloisons. — Inconnues. En raison de l'analogie de cette espèce avec les formes du groupe d'*Ammonites hernensis*, Schlüter, il est vraisemblable que ses cloisons doivent être semblables à celles qui ont été figurées par M. le docteur Schlüter (*Cephal. d. ober. deutsch. Kreide*, pl. VI, fig. 4) et que cette espèce doit être rapportée au genre *Puzosia*.

Rapports et différences. — Cette espèce a beaucoup d'analogies avec *Ammonites hernensis*, Schlüter (1867, *Jüngsten Ammoneen*..... p. 35, pl. VI, fig. 4); celui-ci en diffère par ses sillons moins nombreux par tour (6 au lieu de 9 ou 10) et par le plus grand nombre de côtes qui se trouvent entre deux sillons consécutifs; ces côtes sont, d'ailleurs, arrondies et peu saillantes, tandis que dans *P. Le Marchandi* elles sont fines et aiguës.

Elle diffère par les mêmes caractères d'*Ammonites Draschei*, Redtenbacher (*Cephalopoden der Gosauschichten*, p. 123, pl. XXX, fig. 1), espèce qui ne me paraît guère différente d'*Ammonites hernensis* pour le mode d'ornementation; toutefois, il existerait une grande différence entre elles dans le dessin des cloisons, si la figure 1^b de Redtenbacher est exacte.

Gisement. — L'échantillon examiné (collection Péron) provient des environs de Rennes-les-Bains (Aude), des calcaires marneux inférieurs aux marnes à *Micraster brevis.*

EXPLICATION DES FIGURES.

Planche XXII.

Fig. 5. — Individu (collection Péron), vu de côté.
Calcaires durs de la base de l'étage coniacien.
Environs de Montferrand (Aude).

PUZOSIA CORBARICA. A. de Grossouvre, n. sp.

(Pl. XXVII, fig. 1.)

Coquille plate, discoïdale.

Spire formée de tours peu nombreux, croissant assez rapidement en hauteur. Chaque tour recouvre le précédent sur environ la moitié de sa hauteur.

La section des tours est un demi-ovale dont la largeur est inférieure aux deux tiers de la hauteur; la plus grande largeur se trouve au voisinage de l'ombilic.

Ombilic de grandeur médiocre, nettement séparé des flancs par un pourtour anguleux.

Bord externe arrondi, un peu pincé.

Les flancs sont ornés de côtes fines, nombreuses, au nombre de cent trente-cinq environ sur le dernier tour, séparées par des intervalles supérieurs à leur largeur. Ces côtes ne sont bien visibles que sur la moitié externe des flancs, où elles sont fortement infléchies en avant. Elles passent sur le contour ventral en y dessinant une inflexion assez prononcée vers la partie antérieure.

De distance en distance, on voit des côtes plus fortes, légèrement flexueuses, qui prennent naissance sur le bord même de l'ombilic, où elles présentent, dès leur point de départ, leur maximum d'épaisseur et de saillie. A partir de là, elles diminuent graduellement d'importance, et à leur passage sur le contour externe, elle ont à peu près la même valeur que les autres.

Les grandes côtes sont au nombre de sept à dix par tour; sur les échantillons de plus petite taille, elles sont précédées et suivies de légers sillons qui ne paraissent pas exister sur l'individu de grande taille figuré planche XXVII.

Cloisons. — Inconnues.

Rapports et différences. — Cette espèce ne présente aucune analogie avec les formes figurées par MM. Schlüter d'une part, Fritsch et Schlönbach de l'autre, sous le nom d'*Ammonites Austeni.*

Par contre, elle offre quelques traits de ressemblance avec *Ammonites Austeni*, Sharpe, et particulièrement avec la figure 1 de la planche XII (*Fossil mollusca of the Chalk*); mais il ne faut pas oublier que celle-ci représente un individu réduit à un tiers de grandeur naturelle : l'allure des côtes est à peu près la même des deux côtés, mais elles sont plus nombreuses sur le dernier tour de l'exemplaire du *Grey Chalk* de Guildford que sur celui des Corbières; sur les tours internes, elles sont moins nombreuses et moins marquées. Elles sont aussi un peu plus flexueuses dans l'échantillon anglais.

L'autre type figuré par Sharpe, même planche, fig. 2, à moitié grandeur, montre plus d'analogies apparentes avec l'espèce que j'étudie ici; mais si on le restitue en grandeur naturelle, on voit que les côtes sont beaucoup plus fortes, plus espacées et moins nombreuses. L'allure de leur inflexion n'est pas non plus la même dans les deux espèces. D'ailleurs cet échantillon ne me paraît pas pouvoir être rapporté au même type que celui de la figure 1. Il conviendra donc de réserver le nom de *Puzosia Austeni* à la figure 1, pl. XII, en écartant la figure 2.

Ammonites planulatus de la craie de l'Inde, du *Trichinopoly group*, figuré par Stoliczka (pl. LXIV, fig. 3, non fig. 1 et 2) se rapporte probablement à la même espèce que l'échantillon des Corbières, et les différences qui existent paraissent corrélatives des variations dans la grandeur de l'ombilic et l'épaisseur des tours.

Brauns a figuré du gisement du Salzberg, près Quedlinburg, sous le nom de *Haploceras clypeale*, une forme bien voisine de *P. corbarica*, sans qu'il soit possible d'affirmer l'identité spécifique : elle parait peu probable, car non seulement le bord externe est plus pincé que dans l'espèce des Corbières, mais l'allure des côtes principales est absolument différente; à peine indiquées sur la région interne des flancs, elles sont beaucoup plus fortes sur la région externe, tandis que *P. corbarica* présente une disposition inverse. On peut ajouter que cet échantillon ne paraît guère pouvoir être rattaché à *Ammonites clypealis*, tel que l'a figuré M. le docteur Schlüter (*Cephal. d. ob. d. Kreide*, p. 51, pl. XV, fig. 9 à 12).

P. corbarica se distingue de *P. Mayori* et *P. subplanulata* par l'absence de sillons larges et leur remplacement chez les échantillons jeunes par un double sillon accompagnant les côtes principales, et par ses côtes beaucoup plus nombreuses.

Gisement. — Le type figuré (collection Toucas) a été trouvé dans les marnes à *Mortoniceras texanum*, sur le chemin de Sougraignes aux Croutets (Aude).

Deux autres échantillons examinés (collection Jh Jean) proviennent des environs de Bugarach (Aude).

EXPLICATION DES FIGURES.

Planche XXVII.

Fig. 1a. — Individu (collection Toucas), type de l'espèce, vu de côté pour montrer l'ornementation caractéristique des ammonites de la série d'*Am. subplanulatus*. Calcaires marneux, inférieurs au banc à *Lima marticensis* de la montée de Sougraignes aux Croutets (Aude).

Fig. 1b. — Le même, vu du côté ventral.

Genre PACHYDISCUS. Zittel, emend. A. de Grossouvre.

Ce genre a été institué par M. le docteur Zittel pour des formes renflées, atteignant parfois une très grande taille, à bord externe épais, convexe,

Fig. 76.

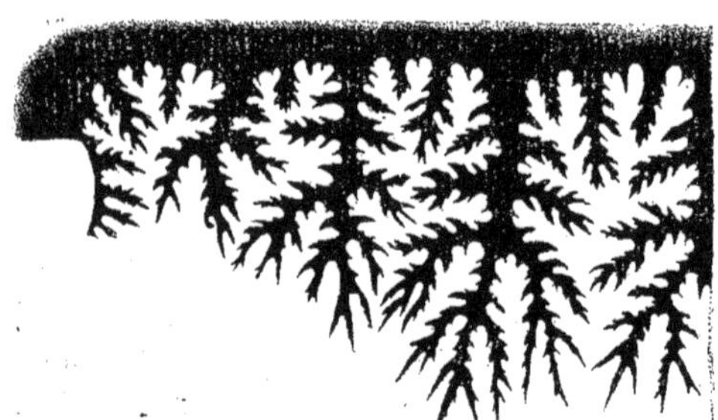

Pachydiscus neubergicus, d'après Seunes, pl. II, fig. 2c.

ornées de côtes fortes, simples ou bifurquées, et présentant parfois des sillons peu nets sur les premiers tours.

J'ai montré que dans cet ensemble il convenait d'éliminer une série de formes se rattachant aux *Sonneratia.*

Je propose de prendre comme type de ce genre *Ammonites neubergicus,* von Hauer.

Il comprendra des formes à ornementation variable, mais toujours assez accentuée, et à ombilic plus ou moins large; elles sont caractérisées par des cloisons très analogues à celles des *Desmoceras* et des *Puzosia,* mais ayant leurs lobes encore plus minces et plus effilés, le premier lobe latéral n'étant pas plus long, en général, que le lobe siphonal.

Il est certain que l'on pourrait, dans cette nombreuse série d'espèces, distinguer plusieurs groupes différents. On aurait, par exemple, celui de *P. Linderi,* celui de *P. Brandti,* celui de *P. neubergicus*. . . basés sur la similitude de l'ornementation de la coquille et de la disposition des côtes; mais la plupart de ces formes ne sont connues que par un trop petit nombre d'échantillons pour que l'on puisse apprécier convenablement la marche de l'ornementation aux divers stades par lesquels la coquille passe. Il serait donc prématuré, je crois, de faire, dès maintenant, cette distinction.

Les moules internes de la plupart des individus appartenant à ce genre montrent un léger sillon sur le milieu du bord externe; j'ai indiqué précédemment que celui-ci est dû soit à la trace extérieure du siphon de la coquille, soit à un épaississement local du test.

PACHYDISCUS GALICIANUS, E. Favre, sp.

1869. **Ammonites galicianus.** E. Favre, *Description des mollusques fossiles de la craie des environs de Lemberg*, p. 16, pl. III, fig. 5 et 6.

On a souvent confondu avec *Am. galicianus* des formes qui doivent en être réellement distinguées, bien que présentant avec lui certaines analogies. Ce qui me paraît caractériser celui-ci, ce sont ses côtes principales droites, radiales, légèrement tuberculées au voisinage de l'ombilic, entre lesquelles il s'en intercale de distance en distance une intermédiaire, de sorte que le nombre des premières est bien supérieur à celui des autres, puisque, d'après M. E. Favre, le dernier tour présente 27 côtes sur le bord de l'ombilic et 42 sur le pourtour externe : il arrive donc fréquemment que deux côtes principales se suivent immédiatement.

A ce point de vue, je ne pense pas qu'il y ait lieu de réunir *Am. galicianus*

IMPRIMERIE NATIONALE.

à *Am. Oldhami*, Sharpe, comme l'indique M. Moberg (*Cephalopoderna i Sveriges Kritsystem*, 1885, p. 23) car dans cette dernière espèce, toutes les côtes principales sont séparées au moins par une côte intermédiaire et parfois, mais rarement, par deux.

Il ne me paraît pas possible non plus de rapporter à l'espèce de M. E. Favre la forme décrite et figurée par M. le docteur Schlüter sous ce même nom (*Cephalopoden d. ober. deutschen Kreide*, p. 63, pl. XIX, fig. 3 à 5, et pl. XX, fig. 9). Cette dernière a en effet 20 à 21 côtes ombilicales pour 50 ventrales, proportion absolument différente de celle qui est indiquée par M. E. Favre pour les échantillons de Galicie. De plus, dans l'espèce de Haldem et Lemford, les côtes sont un peu épaisses, légèrement flexueuses et infléchies en avant. La distinction des deux types ne me paraît donc pas discutable et je propose de désigner l'espèce de Westphalie sous le nom de :

PACHYDISCUS KOENENI. A. de Grossouvre, n. sp.

1876. **Ammonites galicianus.** Schlüter, *Cephalopoden der oberen deutschen Kreide*, p. 63, pl. XIX, fig. 3 à 6, pl. XX, fig. 9.

Le type de cette espèce sera l'échantillon décrit et figuré par M. le docteur Schlüter.

P. Kœneni ne peut non plus être confondu avec *P. Brandti* : les adultes des deux espèces sont complètement différents, comme l'indique suffisamment la comparaison de l'échantillon de l'Allemagne du Nord figuré à moitié grandeur, pl. XIX, fig. 5, avec celui des couches de Gosau représenté par Redtenbacher.

P. Kœneni habite dans l'Allemagne du Nord, à Haldem et Lemford, les couches caractérisées par *Hoplites Vari*.

PACHYDISCUS LEVYI. A. de Grossouvre, n. sp.

(Pl. XXI; pl. XXX, fig. 1 et 2.)

Coquille discoïdale, médiocrement renflée.

Spire formée de tours assez embrassants se recouvrant mutuellement à peu près sur les trois quarts de leur hauteur, croissant assez rapidement en hauteur.

Ombilic moyen, peu profond, se raccordant graduellement avec les flancs.

Flancs peu convexes.

Bord externe arrondi.

Section des tours ovalaire, beaucoup plus large que haute et paraissant avoir sa plus grande épaisseur au voisinage de l'ombilic, au moins autant que l'on peut en juger d'après les échantillons examinés, qui ont tous subi une compression plus ou moins forte.

La coquille est ornée de côtes droites, radiales, c'est-à-dire normales à l'enroulement et passant normalement sur le contour externe; elles sont légèrement surélevées ou subtuberculées au voisinage de l'ombilic, et entre deux principales s'en intercalent une, deux ou très rarement trois qui viennent mourir sur les flancs à des distances inégales de l'ombilic; parfois elles se réunissent à une côte principale au voisinage de ce dernier.

Ces côtes sont élevées, arrondies, assez espacées les unes des autres; les côtes principales sont plus fortes que les intercalaires.

Au fur et à mesure que la coquille s'accroît, les premières augmentent de plus en plus de valeur et forment finalement de gros bourrelets saillants, tandis que les intercalaires tendent à disparaître : ces dernières diminuent de longueur et se réduisent à quelques ondulations plus ou moins nettes qui n'occupent plus que la région tout à fait externe des flancs de la coquille.

Cloisons. — Inconnues.

Rapports et différences. — *P. Levyi* présente quelques analogies avec *Ammonites galicianus,* Favre, mais se distingue de celui-ci par le nombre de ses côtes intercalaires qui est souvent de deux ou trois, tandis que dans l'espèce de Galicie il n'y en a jamais qu'une entre deux principales, et souvent deux de ces dernières se suivent immédiatement.

L'espèce de Haldem décrite et figurée par M. le docteur Schlüter sous le nom d'*Ammonites galicianus* (*loc. cit.*, pl. XIX, fig. 3 et 5) se distingue de *Pachydiscus Levyi* par ses côtes plus serrées et un plus petit nombre des côtes intercalaires : il n'y en a jamais plus de deux et souvent une seule entre deux principales. Les adultes sont complètement différents, puisque dans l'espèce de Haldem les individus d'une taille comparable à l'échantillon de la planche XXI ont perdu leurs côtes et ne présentent plus que de vagues ondulations. Il ne peut donc y avoir de doute sur la distinction spécifique des deux types.

Pachydiscus Brandti, var. *Pégoti* (pl. XXX, fig. 3) présente quelques analogies avec *P. Levyi* aussi bien dans le jeune que dans l'adulte, car, d'une part, on ne peut méconnaître certaine ressemblance entre les individus des figures 1 et 3 de la planche XXX, et, de l'autre, l'adulte de *P. Brandti* (pl. XXIII, fig. 1) a certainement une ornementation assez voisine du *P. Levyi* adulte de la planche XXI, de sorte que l'on pourrait être disposé à regarder ces deux formes comme des variétés plus ou moins déroulées d'un même type spécifique. Néanmoins cette assimilation est inadmissible, car on ne trouve pas dans *P. Levyi* les sillons transverses qui caractérisent *P. Brandti*, var. *Pégoti;* en outre, on peut remarquer que celui-ci a ses côtes plus serrées, plus obliques en avant et ornées sur le bord de l'ombilic d'un tubercule plus net et plus accentué que la surélévation qui existe dans l'autre espèce.

Gisement. — *P. Levyi* caractérise les assises inférieures du campanien à Contes-les-Pins (Alpes-Maritimes), où il est accompagné de *Micraster pseudoglyphus* et de *Mortoniceras campaniense*. Il a été aussi recueilli dans la Charente par M. Arnaud dans la partie inférieure de l'étage campanien.

Échantillons examinés. — Cinq échantillons (collection de la Sorbonne, collection de l'École des mines) des carrières de Contes-les-Pins (Alpes-Maritimes).

Un échantillon (collection Arnaud) des environs de Montmoreau : assise P^1 de M. Arnaud.

EXPLICATION DES FIGURES.

Planche XXI.

Individu (collection de la Sorbonne) type de l'espèce, de grande taille, montrant sur le dernier tour le passage de l'ornementation du jeune à celle de l'adulte.

L'échantillon est un peu aplati et déformé : la section des tours est subovalaire et a sa plus grande largeur au voisinage de l'ombilic.

Carrières de Contes-les-Pins (Alpes-Maritimes).

Planche XXX.

FIG. 1. — Individu (collection de la Sorbonne) vu de côté pour montrer l'ornementation du jeune âge.

L'échantillon a été déformé par une compression qui a donné aux côtes une inflexion en avant.

Carrières de Contes-les-Pins (Alpes-Maritimes).

FIG. 2. — Fragment d'un individu (collection de la Sorbonne), moins déformé que le précédent; il montre que les côtes radiales sont droites et normales à l'enroulement, sauf sur le pourtour externe où elles s'infléchissent un peu en avant par l'effet de la déformation subie dans cette partie.
Carrières de Contes-les-Pins (Alpes-Maritimes).

PACHYDISCUS SAYNI. A. DE GROSSOUVRE, n. sp.

(Pl. XXIX, fig. 2.)

Coquille discoïdale, médiocrement renflée.

Spire formée de tours assez embrassants, se recouvrant sur les deux tiers de leur hauteur, croissant assez rapidement en hauteur et en largeur.

Ombilic moyen, peu profond, se raccordant très graduellement avec les flancs, qui sont presque plats ou à peine convexes.

Bord externe assez large, arrondi.

Section des tours ovalaire, plus haute que large, ayant sa plus grande largeur au voisinage de l'ombilic.

La coquille est ornée de côtes à peu près droites, radiales, fortes, saillantes et arrondies, séparées par des intervalles au moins deux fois plus grands que leur largeur et passant sur le bord ventral normalement et sans inflexion sensible. Elles sont de longueur très inégale : les unes naissent sur le bord de l'ombilic où elles sont un peu surélevées; les autres, plus courtes, intercalées entre les premières au nombre de une, deux ou même quelquefois trois, sont très irrégulières. Parmi ces dernières, les unes ne descendent qu'à mi-hauteur des flancs, d'autres un peu plus bas, et quelques-unes mêmes s'approchent très près de l'ombilic. Il arrive parfois que deux côtes principales se succèdent immédiatement sans intercalation d'une petite côte intermédiaire.

Cloisons. — Inconnues.

Rapports et différences. — Cette espèce, qui présente beaucoup d'analogies avec *P. Levyi*, s'en distingue par l'irrégularité de l'allure de ses côtes et un nombre moindre de côtes intercalaires.

A ce dernier point de vue, elle se rapproche d'*Ammonites galicianus*, Favre, mais elle me parait s'en séparer par l'allure plus irrégulière de ses côtes intercalaires, dont les unes sont très courtes et dont les autres, descendant jusqu'à l'ombilic, jouent presque le rôle de côtes principales. Toutefois il y a lieu de remarquer que l'échantillon sur lequel est basée cette espèce est de plus grande taille que le type de *galicianus*, et il semble même qu'au commencement du dernier tour l'alternance des côtes principales et des intercalaires soit plus régulière que vers l'extrémité et plus analogue à ce que l'on trouve dans l'espèce de Lemberg.

Gisement. — Le seul échantillon examiné provient de la craie des environs d'Allons. Niveau précis indéterminé.

EXPLICATION DES FIGURES.

Planche XXIX.

Fig. 2. — Individu (collection Sayn) vu de côté.
Environs d'Allons (Basses-Alpes).

PACHYDISCUS OLDHAMI. Sharpe, sp.

(Pl. XXII, fig. 1 et 6.)

1853. **Ammonites Oldhami.** Sharpe, *Fossil mollusca of the Chalk*, p. 32, pl. XIV, fig. 2.
1885. **Ammonites Oldhami.** Moberg, *Cephalopoderna i Sveriges Kritsystem*, p. 23, pl. III, fig. 1.

Coquille discoïdale, médiocrement renflée.

Spire formée de tours assez embrassants, se recouvrant sur près des deux tiers de leur hauteur, croissant assez rapidement en hauteur et en largeur.

Ombilic petit, peu profond, se raccordant avec les flancs par un pourtour arrondi.

Bord externe assez large, arrondi.

Section des tours ovalaire, beaucoup plus haute que large, ayant sa plus grande largeur à peu près vers le tiers inférieur de la hauteur.

Flancs un peu convexes.

La coquille est ornée de côtes droites, radiales, s'infléchissant un peu en avant sur la région externe des flancs, et passant normalement sur le contour ventral où elles sont un peu effacées dans sa région médiane. Elles sont, assez régulièrement, alternativement courtes et longues, les unes descendant jusqu'à l'ombilic, les autres disparaissant avant de l'atteindre ; exceptionnellement deux côtes courtes ou deux longues se succèdent immédiatement.

A ce point de vue, cette espèce se rapproche donc beaucoup de *Pachydiscus galicianus* et, comme dans celui-ci, les côtes principales paraissent être légèrement tuberculées sur le bord de l'ombilic. Elle en diffère par ses côtes un peu plus épaisses, un peu infléchies en avant sur la région externe des flancs, et à peu près complètement effacées sur la région médiane du contour externe, caractère que présente bien le type d'*Ammonites Oldhami* figuré par Sharpe et qui ne se retrouve pas chez *Pachydiscus galicianus*.

Les individus jeunes de cette espèce montrent seulement des côtes principales assez fortes, partant de l'ombilic et venant mourir sur la région externe des flancs : au stade suivant on voit apparaître les côtes intercalaires, et on a alors l'ornementation normale de l'adulte. Plus tard, ces dernières semblent disparaître et les autres, devenant plus fortes, persistent seules.

Cloisons. — Le grand échantillon examiné ne montre que des traces de cloisons. Le dessin des cloisons de *P. Oldhami* donné par Sharpe s'écarte notablement de celui des autres *Pachydiscus* et, s'il était exact, il faudrait en conclure que cette espèce n'appartient pas au même genre que *P. neubergicus*, *P. gollevillensis*, etc. En effet, la première selle latérale, au lieu d'être divisée en deux parties par un lobule profond, est subdivisée en trois par deux lobules.

Gisement. — Cette espèce appartient aux couches les plus élevées de la craie.

L'échantillon qui a servi de type à Sharpe provient du *Hard Chalk* de Dungivan, comté de Derry (Irlande).

L'échantillon examiné (collection du Musée de Bordeaux) a été recueilli par Ch. des Moulins à Saint-Georges, près Royan, dans l'assise Q de M. Arnaud.

L'individu jeune (collection Boreau-Lajanadie) a été trouvé dans l'assise Q des environs d'Aubeterre (Charente).

Le musée de Périgueux possède un exemplaire de cette espèce sans indication précise de provenance.

Elle a encore été trouvée par M. Arnaud dans les assises Q et R à Courgeac (Charente), Pontaillac et Saint-Sordolin, près Royan, Niort, près Mirambeau (Charente-Inférieure), Issac et Saint-Privat (Dordogne). L'échantillon de Courgeac, avec un diamètre de 25 centimètres, a des cloisons jusqu'à l'extrémité.

En Suède, *P. Oldhami* habite, d'après M. Moberg, les couches supérieures de la craie à *Belemnitella mucronata*, à Köpinge.

EXPLICATION DES FIGURES.

Planche XXII.

FIG. 1ª. — Échantillon de grande taille (collection du Musée de Bordeaux), vu de côté. Assise Q de M. Arnaud, falaises de la Gironde, à Saint-Georges près Royan (Charente-Inférieure).

FIG. 1ᵇ. — Le même, vu du côté ventral.

FIG. 6. — Individu jeune (collection Boreau-Lajanadie), vu de côté. Assise Q de M. Arnaud. Aubeterre (Charente).

PACHYDISCUS LAUNAYI. A. DE GROSSOUVRE, n. sp.

(Pl. XIX.)

Coquille discoïdale renflée.

Spire formée de tours médiocrement embrassants, se recouvrant à peine sur la moitié de leur hauteur.

Ombilic assez grand, mal délimité, la paroi ombilicale se raccordant graduellement avec les flancs, qui sont peu convexes.

Bord externe large, arrondi, sans quille ni carène.

Section des tours ovalaire, plus haute que large, ayant sa plus grande largeur au voisinage de l'ombilic.

La coquille est ornée de côtes étroites, arrondies, assez espacées, droites, s'infléchissant un peu en avant dans la région externe des flancs et passant normalement sur le pourtour externe sans s'interrompre.

En général, entre chaque côte principale s'en intercale une secondaire qui ne descend pas sur la moitié interne des flancs; à l'extrémité du dernier tour, les côtes secondaires disparaissent et il ne reste plus que les principales.

Cloisons. — Inconnues.

Rapports et différences. — *Pachydiscus Launayi* se distingue facilement, par sa forme générale et la disposition de ses côtes, des espèces analogues que l'on trouve aux divers niveaux de l'étage campanien.

Gisement. — Le seul échantillon examiné (collection Arnaud) provient de la base de l'assise P^1 de M. Arnaud (campanien inférieur) des environs de Voulgézac (Charente).

EXPLICATION DES FIGURES.

Planche XIX.

Fig. 1[a]. — Individu (collection Arnaud) vu de côté.

Étage campanien, partie inférieure de l'assise P[1] de M. Arnaud. Voulgézac (Charente).

Fig. 1[b]. — Le même, vu du côté ventral.

PACHYDISCUS ISCULENSIS. Redtenbacher, sp.

(Pl. XXII, fig. 2; pl. XXVI, fig. 1; pl. XXXVII, fig. 1.)

1873. **Ammonites isculensis.** Redtenbacher, *Cephalopodenfauna der Gosauschichten. Abhandl. d. k. k. geol. Reichsanstalt*, t. V, p. 122, pl. XXIX, fig. 1.

Coquille discoïdale, renflée.

Spire formée de tours embrassants, se recouvrant sur plus des deux tiers de leur hauteur, croissant assez rapidement en hauteur et en largeur.

Sections des tours ovalaire, ayant sa plus grande largeur à peu près à mi-hauteur.

Ombilic de grandeur médiocre, à pourtour arrondi.

Bord externe, large, arrondi.

Dans le jeune âge, la coquille est ornée de côtes transverses qui prennent naissance sur la paroi ombilicale, se surélèvent à une petite distance de l'ombilic en un tubercule allongé, assez saillant, puis se continuent sur les flancs et passent sur la région ventrale avec une légère inflexion en avant. Entre elles on voit s'en intercaler une ou deux, ayant à peu près la même valeur, mais légèrement plus faibles toutefois et ne dépassant pas les tubercules ombilicaux; d'autres, beaucoup plus faibles encore, se montrent entre les précédentes, mais seulement sur la région externe des flancs.

A un stade ultérieur, la coquille est ornée de côtes fines, espacées, obliques en avant et légèrement arquées, passant à peu près normalement sur le contour externe; d'ordinaire, entre deux côtes il s'en intercale une qui ne descend pas jusqu'à l'ombilic.

Sur la moitié du dernier tour du grand échantillon figuré planche XXVI, fig. 1, la valeur des côtes augmente rapidement; elles deviennent progressivement plus fortes et plus épaisses, une longue alternant toujours avec une et parfois deux courtes; toutes sont de même valeur, mais les longues sont

IMPRIMERIE NATIONALE.

surélevées sur le bord de l'ombilic et les échantillons munis de leur test les montrent subtuberculées en ce point.

Un échantillon de taille plus forte que celui figuré, appartenant à M. l'abbé Prax, ancien curé de Sougraignes, est à peu près identique au type de Redtenbacher.

Cloisons. — Elles sont invisibles sur les échantillons examinés, mais le dessin qui en a été donné par Redtenbacher pour celui des environs d'Ischl montre bien qu'elles se rapportent au même type que celles de *P. neubergicus*, *P. colligatus*, etc.

Fig. 77.

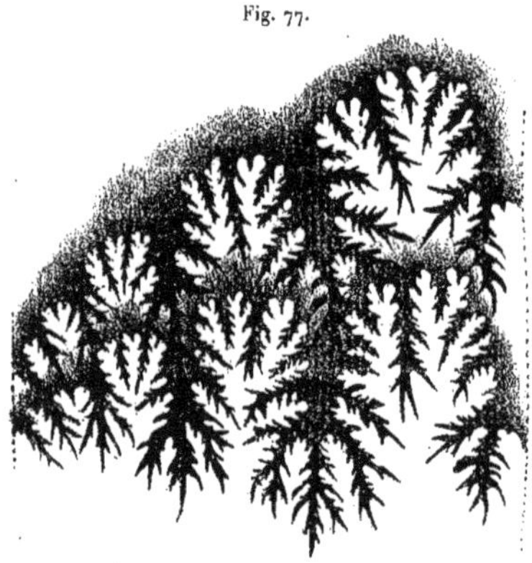

Pachydiscus isculensis, d'après Redtenbacher, *Cephalopodenfauna*, pl. XXIX, fig. 1.

Rapports et différences. — Cette espèce se distingue facilement des formes similaires, telles que *Pachydiscus Linderi*, par la surélévation de ses côtes sur le bord de l'ombilic.

Gisement. — Le type de l'espèce a été pris sur un échantillon des couches de Gosau, recueilli sur la route d'Ebensee à Ischl (Kohlbüchl).

Les formes des Corbières qui se rattachent à ce type proviennent des environs de Sougraignes et ont été recueillies sur le chemin des Croutets, dans les marnes ferrugineuses à *Placenticeras syrtale*, intercalées entre les deux niveaux inférieurs de rudistes.

Je rapporte, avec quelques réserves, à la même espèce un échantillon recueilli par M. Arnaud dans la tranchée d'Éraville, tout à fait à la base de l'assise P^1 (campanien inférieur).

Échantillons examinés. — Six échantillons (collection de l'École des mines, collections Joseph Jean, abbé Prax, A. de Grossouvre) des environs de Sougraignes (Aude).

Un échantillon (collection Arnaud) d'Éraville (Charente), des couches les plus inférieures de l'assise P^1.

EXPLICATION DES FIGURES.

Planche XXII.

Fig. 2. — Individu (collection Arnaud) vu de côté.
Campanien inférieur; partie inférieure de l'assise P^1 de M. Arnaud. Éraville (Charente).

Planche XXVI.

Fig. 1^a. — Individu (collection de l'École des mines) vu de côté, montrant des côtes alternativement longues et courtes.
Couches marneuses intercalées entre les bancs inférieurs à rudistes du chemin de Sougraignes aux Croutets (Aude).

Fig. 1^b. — Le même, vu du côté ventral.

Planche XXXVII.

Fig. 1^a. — Individu de petite taille (collection A. de Grossouvre), vu de côté.
Marnes ferrugineuses à *Placenticeras syrtale* comprises entre les deux bancs inférieurs de rudistes du chemin de Sougraignes aux Croutets (Aude).

Fig. 1^b. — Le même, vu du côté ventral, l'ouverture en avant.

Fig. 1^c. — Le même, vu du côté ventral, l'ouverture en arrière.

PACHYDISCUS JEANI. A. de Grossouvre, n. sp.

(Pl. XXVI, fig. 5.)

Je rapporte à une espèce différente de la précédente un échantillon du même gisement, ayant la même forme générale, mais bien distinct par son ornementation; celle-ci consiste, sur les tours intérieurs, en côtes fines, arrondies, serrées, presque droites et normales à la spire d'enroulement, partant de l'ombilic et traversant sans interruption et normalement le contour externe. Sur la dernière moitié du dernier tour, l'ornementation se modifie brusquement et les côtes fines font place à des côtes fortes, épaisses, assez espacées et alternant avec des côtes moins longues qui ne descendent pas jusqu'à l'ombilic.

Cloisons. — Inconnues.

Gisement. — Un seul échantillon examiné (collection Joseph Jean), provenant des marnes ferrugineuses à *Placenticeras syrtale* des environs de Sougraignes, intercalées entre les deux bancs inférieurs de rudistes.

EXPLICATION DES FIGURES.

Planche XXVI.

FIG. 5. — Individu (collection J[h] Jean) vu de côté.
Environs de Sougraignes.

PACHYDISCUS LINDERI. A. DE GROSSOUVRE, n. sp.

(Pl. XVIII; pl. XXIV, fig. 4.)

Coquille plate, discoïdale.

Spire formée de tours embrassants, croissant assez rapidement en hauteur.

Section des tours semi-ovalaire, ayant sa hauteur bien supérieure à sa largeur, le maximum de cette dernière se trouvant près de l'ombilic.

Ombilic de grandeur médiocre, à paroi verticale séparée des flancs par un pourtour arrondi un peu pincé.

Bord externe rond, un peu étroit.

Les flancs, presque plats, sont ornés dans le jeune de côtes nombreuses, fines, faiblement obliques en avant et légèrement arquées, de manière à présenter leur concavité vers la partie antérieure. Elles descendent toutes jusque sur le bord de l'ombilic : il semble qu'il y en a de distance en distance quelques-unes plus fortes que les autres, mais la différence, si elle existe, est très peu accusée.

Ces côtes, d'abord très fines et très serrées, s'espacent peu à peu d'une manière régulière, en même temps qu'elles deviennent proportionnellement plus fortes; une côte longue alterne alors avec une courte. Cette dernière s'efface à une distance plus ou moins grande de l'ombilic, le plus souvent à mi-hauteur des flancs, parfois au-dessous et parfois au-dessus; rarement on voit deux côtes intercalaires successives.

Cloisons. — Inconnues.

Rapports et différences. — *Pachydiscus Linderi* présente quelques analogies avec *P. Austeni,* in Schlüter, mais l'ornementation ne se modifie pas de la même manière dans les deux espèces; dans celle de Westphalie, les côtes principales s'espacent et le nombre des intercalaires se multiplie, ce qui n'a pas lieu dans le type des Corbières.

Les adultes de cette espèce ont beaucoup d'analogies avec *Pachydiscus isculensis*, Redtenbacher, mais ils en diffèrent par leurs côtes beaucoup plus serrées pour une largeur d'ombilic à peu près égale.

Gisement. — Les échantillons examinés proviennent des Corbières.

L'un (collection Jh Jean) a été recueilli dans les marnes à micrasters des environs de Bugarach (Aude).

L'autre (collection A. de Grossouvre) a été trouvé par M. Roussel dans les environs de Padern, dans des couches appartenant à l'étage coniacien et probablement à sa partie inférieure.

EXPLICATION DES FIGURES.

Planche XXVIII.

Individu de grande taille (collection A. de Grossouvre), type de l'espèce, vu de côté et montrant sur le dernier tour des côtes alternativement longues et courtes.

Environs de Padern (Aude), partie inférieure de l'étage sénonien.

Planche XXIV.

Fig. 4. — Individu (collection Jh Jean) vu de côté pour montrer l'ornementation des flancs.

La section des tours est ovalaire, beaucoup plus haute que large.

Marnes à micrasters. Bugarach (Aude).

PACHYDISCUS MOBERGI. A. de Grossouvre, n. sp.

1872. **Ammonites Austeni.** Schlüter, *Cephalopoden der oberen deutschen Kreide,* p. 38, pl. XI, fig. 1.

M. le docteur Schlüter a figuré sous le nom d'*Ammonites Austeni* un individu bien différent du type de Sharpe (1854). L'allure des côtes n'est pas la même, car elles sont flexueuses dans l'espèce anglaise et simplement arquées dans celle de Westphalie. En outre, dans cette dernière les côtes descendent sur la région interne des flancs, tandis que dans la première elles sont bien marquées seulement sur la région externe.

Gisement. — *Pachydiscus Mobergi* a été trouvé dans les sables verts turoniens de Soest qui correspondent aux *Scaphiten-Pläner.*

PACHYDISCUS CAREZI, A. DE GROSSOUVRE, n. sp.

(Pl. XXV, fig. 3; pl. XXXVII, fig. 5.)

Coquille discoïdale, comprimée.

Spire formée de tours embrassants, croissant assez lentement en hauteur et en largeur.

Flancs un peu convexes.

Bord externe arrondi.

Ombilic moyen.

L'ornementation consiste d'abord en côtes très peu obliques, partant par paires d'un tubercule ombilical; entre les paires, il s'intercale, d'ordinaire, une ou deux côtes auxiliaires. De distance en distance, on voit un sillon transverse, large et peu profond. Puis ces sillons s'effacent, les bifurcations deviennent obscures, disparaissent, et finalement l'ornementation consiste en côtes principales, subtuberculées au voisinage immédiat de l'ombilic, entre lesquelles s'intercalent deux ou trois côtes plus courtes et généralement de longueurs inégales.

Cloisons. — Inconnues.

Rapports et différences. — J'indique ailleurs comment cette espèce se distingue de *Puzosia Le Marchandi,* avec lequel elle présente quelques affinités.

Gisement. — *Pachydiscus Carezi* appartient à l'étage coniacien des Corbières.

Échantillons examinés. — Deux échantillons.

L'un (collection Carez) provient des marnes à micrasters des environs de Rennes-les-Bains (Aude); l'autre (collection J^h Jean) a été recueilli dans les calcaires marneux à micrasters de Bordeneuve, près Rennes-les-Bains.

EXPLICATION DES FIGURES.

Planche XXV.

Fig. 3. — Échantillon (collection Carez), type de l'espèce, vu de côté.
Couches à micrasters des environs de Rennes-les-Bains.

Planche XXXVII.

Fig. 5. — Individu (collection J^h Jean), vu de côté.
Calcaires marneux à *Micraster brevis* de Bordeneuve, près Rennes-les-Bains (Aude).

PACHYDISCUS CAYEUXI. A. de Grossouvre, n. sp.

(Pl. XXXVI, fig. 3.)

Coquille discoïdale, renflée.

Spire formée de tours embrassants, se recouvrant sur les deux tiers de leur hauteur.

Ombilic médiocre, à pourtour arrondi, se raccordant graduellement avec les flancs.

Bord externe large, arrondi.

Flancs très convexes.

Section des tours ovalaire, ayant sa plus grande largeur à peu près vers le milieu de la hauteur.

La coquille est ornée de côtes transverses, obliques en avant, traversant le contour externe avec une légère inflexion en avant. Les principales prennent naissance sur le bord de l'ombilic et se surélèvent en un tubercule allongé; entre elles, il naît une, deux ou trois côtes secondaires plus faibles, qui descendent seulement jusqu'à une certaine distance de l'ombilic : celles-ci sont de valeur très inégale, quelques-unes se réduisant à de simples plis à peine visibles, et sont très irrégulièrement espacées.

Sur l'extrémité du dernier tour, les côtes intermédiaires se multiplient, de manière qu'entre deux côtes principales il en existe quatre ou cinq intercalaires; en même temps celles-ci deviennent plus régulières comme force et comme espacement.

Cloisons. — Inconnues.

Rapports et différences. — Cette espèce présente beaucoup d'analogies avec la forme que j'ai considérée comme le jeune de *Pachydiscus isculensis;* elle en diffère par une irrégularité très marquée dans la disposition et la forme des costules qui s'intercalent entre les côtes principales.

Gisement. — L'échantillon examiné (collection A. de Grossouvre) a été recueilli, par M. J[h] Jean, sur le chemin de Sougraignes aux Croutets (Aude), dans les marnes à *Placenticeras syrtale* intercalées entre les deux bancs inférieurs d'hippurites.

EXPLICATION DES FIGURES.

Planche XXXVI.

FIG. 3[a]. — Individu (collection A. de Grossouvre) vu de côté. On voit, au commencement du dernier tour, des côtes très irrégulières dont les plus longues présentent, près de l'ombilic, un tubercule saillant.

Marnes ferrugineuses intercalées entre les bancs inférieurs de rudistes sur le chemin de Sougraignes aux Croutets (Aude). Niveau à *Placenticeras syrtale.*

FIG. 3[b]. — Le même, vu du côté ventral, l'ouverture en arrière.

FIG. 3[c]. — Le même, vu du côté ventral, l'ouverture en avant.

PACHYDISCUS BRANDTI. REDTENBACHER, sp.

(Pl. XXIII, fig. 1 à 3; pl. XXX, fig. 3.)

1873. **Ammonites Brandti.** Redtenbacher, *Die Cephalopodenfauna der Gosauschichten (Abhandl. d. k. k. geol. Reichsanstalt*, t. V), p. 106, pl. XXIV, fig. 1.

1891. **Pachydiscus galicianus.** Favre, sp. mut. **tercensis**, Seunes, *Mém. Soc. géol. de France. Paléontologie.* Mémoire n° 2, p. 16, pl. VI, fig. 4.

1891. **Pachydiscus aturicus.** Seunes, *Mém. Soc. géol. de France. Paléontologie.* Mémoire n° 2, p. 17, pl. VI, fig. 2 et 3.

Coquille plate, discoïdale.

Spire formée de tours peu embrassants, se recouvrant à peine sur la moitié de leur hauteur et croissant assez lentement en hauteur et en largeur.

Ombilic assez grand, assez profond, délimité par une paroi verticale se raccordant par un pourtour un peu pincé avec la convexité générale de la coquille.

Bord externe arrondi, très convexe, montrant parfois un léger sillon médian.

Section des tours semi-ovalaire, un peu plus large que haute, ayant sa plus grande hauteur au voisinage de l'ombilic.

Au diamètre de 15 millimètres, la coquille est à peu près complètement lisse et c'est seulement à partir de cette taille que commencent à se montrer des côtes ombilicales, courtes, surélevées, s'atténuant avant d'atteindre la moitié de la hauteur des flancs; au diamètre de 25 millimètres, elles sont de mieux en mieux marquées et on voit apparaître des sillons transverses. Au diamètre de 30 millimètres, de plus en plus allongées, elles passent sur le pourtour externe et sont accompagnées de côtes intermédiaires. Les premières commencent brusquement sur le bord de l'ombilic par une partie un peu plus forte et comme subtuberculée; elles sont droites, légèrement obliques en avant, généralement simples, très rarement bifurquées. Le plus souvent il s'intercale entre elles, sur la région externe, une et plus rarement deux côtes intermédiaires qui ne descendent guère au-dessous de la moitié de la hauteur des flancs. Les côtes sont séparées par des intervalles bien supérieurs à leur largeur.

De distance en distance se montrent des sillons transverses au nombre de quatre par tour, qui s'atténuent à mesure que la coquille est plus développée; la disparition des étranglements se produit vers le diamètre de 60 à 70 millimètres; en même temps les côtes intermédiaires deviennent plus rares et on arrive ainsi à l'ornementation figurée par Redtenbacher, pl. XXIV, fig. 1, laquelle correspond presque identiquement à celle de l'échantillon de Tercis que j'ai représenté pl. XXII, fig. 1. Elle se compose alors de côtes droites, radiales, très fortes, au nombre de vingt-quatre par tour (comme sur l'échantillon du Neue-Welt), avec quelques côtes intercalaires sur le pourtour externe.

M. Pégot a recueilli, dans les couches gréseuses du Pas-de-Gazaille, près Sainte-Croix (Haute-Garonne), un exemplaire de cette espèce bien conforme au type de Redtenbacher et au grand échantillon de Tercis.

Je rapporte à cette espèce, comme variété, l'individu de la planche XXX, fig. 3, dont un dessin, d'après un moulage en plâtre, a déjà été donné par M. Seunes, qui a désigné cette forme sous le nom de *Pachydiscus galicianus*, mut. *tercensis*. Je considère, au contraire, que l'on a seulement là une variété de *P. Brandti* à ombilic plus étroit, à tours plus élevés et à ornementation plus fine et plus serrée. Elle montre, en effet, des sillons transverses sur les tours intérieurs et, à la fin du dernier, les côtes s'espacent, deviennent plus fortes et plus robustes et commencent à montrer une ornementation analogue à celle de *P. Brandti* de grande taille. Je possède, d'ailleurs, un exemplaire de la carrière d'Angoumé, qui constitue une forme intermédiaire entre l'échantillon de la planche XXX et ceux de la planche XXIII; il montre, d'une manière plus nette encore que l'individu figuré, l'identité de l'ornementation de cette forme avec celle de *P. Brandti* type.

Je distinguerai cette variété extrême à côtes fines et serrées (pl. XXX, fig. 3) sous le nom de *Pachydiscus Brandti*, var. *Pégoti.*

Cloisons. — Les exemplaires de Tercis ne possèdent que des traces de la ligne suturale, insuffisantes pour en caractériser le plan et les détails.

Je reproduis ici le dessin des cloisons donné par Redtenbacher pour l'échantillon de Grünbach, pl. XXIV, fig. 1c.

Fig. 78.

Pachydiscus Brandti, d'après Redtenbacher, *Cephalopodenfauna*..... pl. XXIV, fig. 1c.

On voit que tout en présentant, au point de vue du plan général, de grandes analogies avec celles des autres *Pachydiscus*, elles s'en écartent assez sensiblement, néanmoins, par certains détails. Les lobes, très étroits, se terminent en pointe et sont nettement symétriques; les selles sont moins découpées que dans *P. neubergicus* et *P. colligatus.*

Rapports et différences. — L'espèce de Tercis et de Sainte-Croix, identique à celle des couches du Neue-Welt, est bien caractérisée par sa forme et son ornementation, et n'est comparable à aucune autre de la craie supérieure; en particulier, elle se distingue facilement de *Pachydiscus galicianus* par l'existence des sillons que l'on trouve sur les premiers tours.

Gisement. — Elle appartient aux couches les plus élevées de la craie et a été rencontrée à Tercis (Landes), aux environs de Sainte-Croix (Haute-Garonne) et dans la région du Neue-Welt (Autriche), à Grünbach et à Muthmannsdorf, où elle est accompagnée de *P. neubergicus.*

Échantillons examinés. — Neuf de la carrière d'Angoumé et de la grande carrière de Tercis, assise à *Echinocorys Héberti* (collections Arnaud, Fallot et A. de Grossouvre). Un autre du Pás-de-Gazaille, près Sainte-Croix (collection Pégot).

EXPLICATION DES FIGURES.

Planche XXIII.

FIG. 1ª. — Individu adulte (collection Fallot), vu de côté, montrant l'ornementation caractéristique de l'échantillon figuré par Redtenbacher.
Grande carrière de Tercis (Landes).

FIG. 1ᵇ. — Le même, vu du côté ventral.

FIG. 2. — Individu de taille moyenne (collection Arnaud), vu de côté, montrant le passage de l'ornementation de l'âge moyen à celle de l'adulte.
Grande carrière de Tercis (Landes).

FIG. 3ª. — Le même, vu de côté, après avoir enlevé une partie du dernier tour.

FIG. 3ᵇ. — Le même, section des tours à l'extrémité.

Planche XXX.

FIG. 3. — Individu (collection Arnaud), vu de côté, se distinguant du type par ses côtes plus fines et plus serrées et constituant la variété *Pégoti.*

PACHYDISCUS CANALI. A. DE GROSSOUVRE, n. sp.

(Pl. XXXVIII, fig. 2.)

Coquille discoïdale, comprimée.

Spire formée de tours peu embrassants, croissant assez lentement en hauteur et en largeur, convexes sur les flancs et ayant leur plus grande épaisseur au voisinage de l'ombilic.

Bord externe large, arrondi.

Ombilic assez grand, mal délimité.

Section des tours semi-ovalaire.

L'ornementation consiste en côtes radiales au nombre de douze environ par tour, très fortes, très élevées, pincées et presque aiguës, s'infléchissant un peu en avant pour passer sur le contour externe; ces côtes sont surtout fortement saillantes sur la moitié interne des flancs.

Entre ces côtes principales s'en intercalent deux autres plus courtes, mais inégales, dont l'une descend jusqu'à une petite distance de l'ombilic, tandis que l'autre s'arrête à peu près à mi-hauteur des flancs.

Cloisons. — Inconnues.

Rapports et différences. — Je ne connais aucune forme qui puisse se rapprocher de cette espèce : *Ammonites Wittekindi*, Schlüter, que ce savant avait d'abord appelé *Ammonites robustus*, montre quelques analogies avec elle, dans ses premiers stades, mais ses côtes principales sont tuberculées autour de l'ombilic et d'ordinaire séparées par une seule côte intermédiaire.

L'adulte de *Pachydiscus Brandti* présente aussi quelques analogies avec cette espèce, mais dans ce dernier les côtes principales dominent et il n'y a qu'exceptionnellement, de distance en distance, une côte intermédiaire.

Gisement. — Dans les Corbières et aux environs de Foix, dans les couches marneuses à *Micraster brevis* de l'étage coniacien.

Échantillons examinés. — Deux échantillons (collection A. de Grossouvre), l'un que j'ai recueilli sur le chemin de Nalzen à Freychenet (Ariège), dans un gisement à *M. brevis* où m'avait guidé M. Canal, instituteur à Gabachou, et l'autre provenant des couches à micrasters des environs des Escudiers, près Saint-Louis (Aude).

EXPLICATION DES FIGURES.

Planche XXXVIII.

FIG. 2ª. — Individu (collection A. de Grossouvre), type de l'espèce, vu de côté.
Marnes à *Micraster brevis* sur le chemin de Nalzen à Freychenet (Ariège).

FIG. 2ᵇ. — Le même, vu du côté ventral.

PACHYDISCUS STURI, Redtenbacher, sp.

1873? **Scaphites Sturi.** Redtenbacher, *Die Cephalopodenfauna der Gosauschichten* (*Abhandl. d. k. k. geol. Reichsanstalt*), p. 129, pl. XXX, fig. 10.

1890. **Pachydiscus aurito-costatus.** Seunes, *Terrains secondaires de la région sous-pyrénéenne*, p. 239, pl. VIII, fig. 4.

La collection de l'École des mines possède un échantillon de cette espèce presque identique au type de Redtenbacher; il provient des calcaires à stegasters des environs de Gan, près Pau (Basses-Pyrénées), et a été figuré par M. Seunes en 1890.

M. Nicklès m'a communiqué plusieurs échantillons de cette même espèce provenant des calcaires blancs crayeux à *Pachydiscus neubergicus, Gaudryceras planorbiforme* et *Echinocorys tenuituberculatus* du Mas de Blas Giner, près Alcoy (province d'Alicante); il l'a citée sous le nom de *Pachydiscus aurito-costatus* (*loc. cit.*, p. 101).

J'ai relevé le dessin des cloisons de l'échantillon de Gan; on voit qu'elles sont bien conformes au type de celles de *Pachydiscus*.

Fig. 79.

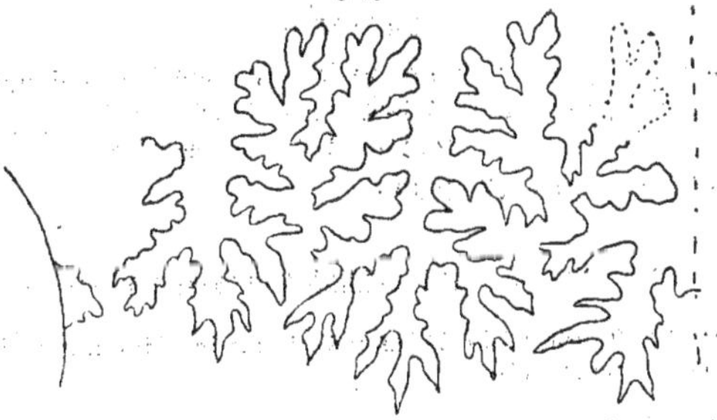

Pachydiscus Sturi (gros. = 5), d'après un échantillon de Gan.

Le type de Redtenbacher a été recueilli dans les couches dites *de Gosau*, à Muthmannsdorf (Neue-Welt); cette espèce appartient donc, dans les Alpes orientales aussi bien que dans les Pyrénées et en Espagne, aux couches les plus élevées de la craie.

PACHYDISCUS AMBIGUUS. A. DE GROSSOUVRE, n. sp.

(Pl. XXIX, fig. 3.)

1872. **Ammonites** cf. **aurito-costatus.** Schlüter, *Cephalopoden der oberen deutschen Kreide*, p. 70, pl. XXII, fig. 6 et 7.

M. le docteur Schlüter a rapporté avec doute à *Ammonites aurito-costatus* un fragment d'un échantillon de Darup (Westphalie) qui diffère certainement de cette espèce par ses tours plus plats, ses côtes plus nombreuses et l'absence de tubercules à leur extrémité ombilicale. Je propose donc de distinguer cette espèce par un nouveau nom.

M. Arnaud a trouvé, dans les couches de l'assise P^3 à Tauillard, un échantillon identique à ce fragment de Darup, mais en assez médiocre état de conservation.

Cloisons. — Inconnues.

Gisement. — Campanien moyen.

EXPLICATION DES FIGURES.

Planche XXIX.

FIG. 3ª. — Individu (collection Arnaud) vu de côté, montrant la même ornementation que celui figuré par M. Schlüter (pl. XXII, fig. 6 et 7).
Couches inférieures de l'assise P^3 de M. Arnaud. Tauillard (Charente).

FIG. 3ᵇ. — Le même, vu du côté ventral.

PACHYDISCUS LUNDGRENI. A. DE GROSSOUVRE, n. sp.

1872. **Ammonites Stobæi.** Schlüter, *Cephalopoden der oberen deutschen Kreide*, p. 56, pl. XVII, fig. 4, 5 et 7, non fig. 6.

M. le docteur Schlüter a décrit, sous le nom d'*Ammonites Stobæi*, une espèce de la craie de Coesfeld, différente du type de Nilsson, tel que nous l'a fait connaître M. Moberg. L'espèce de Suède est toujours lisse et présente sur ses tours internes des sillons transverses, tandis que celle de Coesfeld montre des côtes visibles seulement sur le contour externe qu'elles traversent normalement; il y a donc lieu de distinguer cette dernière sous un nouveau nom.

Gisement. — *P. Lundgreni* habite les couches moyennes de l'étage campanien. Il se trouve à Coesfeld et Darup, à la partie inférieure de la craie à *Belemnitella mucronata.*

PACHYDISCUS DÜLMENSIS. Schlüter, sp.

(Pl. XX.)

1872. **Ammonites dülmensis.** Schlüter, *Cephalopoden der oberen deutschen Kreide*, p. 52, pl XVI, fig. 1 et 2.

Coquille très renflée, globuleuse.

Spire formée de tours très embrassants, croissant assez rapidement en hauteur et en largeur.

Ombilic petit, profond, séparé des flancs par un pourtour un peu anguleux.

Bord externe large, arrondi.

Section des tours semi-ovalaire, peut-être un peu plus large que haute ; la plus grande épaisseur de la coquille se trouve un peu au-dessous de la moitié de la hauteur.

L'ornementation consiste en côtes fines, assez serrées, obliques en avant, légèrement arquées et présentant leur concavité en avant. Elles partent à peu près toutes du bord de l'ombilic et passent normalement sur le bord externe.

M. le docteur Schlüter dit que dans l'espèce de Dülmen les côtes ne sont visibles que sur les échantillons munis de leur test; cependant elles sont très nettes sur l'échantillon ici figuré, qui est pourtant un moule interne montrant des traces peu distinctes des cloisons.

On remarquera en outre que quelques côtes ont tendance à se réunir en faisceaux au voisinage de l'ombilic, caractère qui n'est pas indiqué par M. le docteur Schlüter dans sa description et qui n'est pas visible sur sa figure.

Néanmoins les analogies entre les deux échantillons sont si grandes sous le rapport de la forme, de l'ornementation et du nombre des côtes (une soixantaine par tour), qu'il ne me paraît guère possible de les séparer.

La tendance des côtes à se réunir par places en faisceaux rapproche cette espèce d'*Ammonites deccanensis*, Stoliczka (*Cephalopoda of the cretaceous Rocks of Southern India*, pl. LXIII, fig. 1), mais dans ce dernier, elles sont bien moins nombreuses et il existe de gros tubercules tout autour de l'ombilic.

Gisement. — *Pachydiscus dülmensis* se trouve en Aquitaine, dans les couches les plus inférieures de l'étage campanien, à la base de l'assise P¹ de M. Arnaud.

Dans la première partie de son ouvrage (1872), M. le docteur Schlüter dit que cette espèce appartient à l'*Unter-Senon*, à la zone à *Belemnitella quadrata* (*Haupt-Schichten mit Belemnitella quadrata*). Plus tard (1876, *loc. cit.*, p. 200), il dit qu'il n'a rencontré à Dülmen que de mauvais échantillons de *B. quadrata*, et il ajoute (p. 243) que l'état de conservation des exemplaires recueillis ne permet pas de détermination précise, de sorte qu'il ne cite plus la belemnitelle de Dülmen que sous le nom *Act.* cf. *quadratus*.

Échantillons examinés. — Deux (collection Arnaud), provenant du Maine-Bardon et de Chardurie, commune de Charmant (Charente).

EXPLICATION DES FIGURES.

Planche XX.

Fig. 1ᵃ. — Individu de grande taille (collection Arnaud), vu de côté.
Étage campanien. Partie inférieure de l'assise P¹ de M. Arnaud. Le Maine-Bardon (Charente).

Fig. 1ᵇ. — Le même, vu du côté ventral.

PACHYDISCUS SUBROBUSTUS, Seunes.

(Pl. XXXVI, fig. 2.)

1891. **Pachydiscus subrobustus.** Seunes, *Mém. Soc. géol. de France. Paléontologie.* Mém. n° 2, p. 15, pl. IV, fig. 1.

Coquille discoïdale, comprimée.

Spire formée de tours assez embrassants, se recouvrant sur les deux tiers environ de leur hauteur, croissant peu rapidement en hauteur et en largeur.

Ombilic médiocre se raccordant graduellement avec les flancs par un pourtour légèrement arrondi.

Section des tours ovalaire, plus haute que large.

Bord externe large, arrondi.

Flancs médiocrement convexes.

La coquille est ornée de côtes ombilicales, assez fines, radiales, un peu surélevées au voisinage de l'ombilic, se bifurquant vers le tiers de la hauteur et passant normalement sur le contour externe; le plus souvent il s'ajoute une côte intercalaire qui ne descend guère au-dessous de la moitié de la hauteur des flancs.

Quand la coquille a atteint une certaine taille, la bifurcation devient moins nette et disparaît; puis les côtes intercalaires s'effacent peu à peu et il ne reste plus que les côtes ombilicales, surélevées jusqu'à une certaine distance de l'ombilic, et notablement atténuées sur la région externe.

Cette espèce a été souvent désignée dans les listes de fossiles de la craie pyrénéenne sous le nom d'*Ammonites robustus*, Schlüter (nom que ce savant avait déjà changé, en 1876, en celui d'*Ammonites Wittekindi*, le nom d'*Am. robustus* ayant été employé précédemment).

Les analogies de l'espèce de Tercis avec celle de Haldem et Lemförde sont d'ailleurs si lointaines, qu'il ne me paraît pas utile d'insister sur les différences qui les séparent.

Les individus jeunes de *P. subrobustus* présentent aussi quelques analogies avec ceux de *P. neubergicus*, mais chez ce dernier le nombre des côtes ombilicales est bien moindre, et l'analogie disparaît complètement à un stade plus avancé.

P. subrobustus diffère de *P. gollevillensis* parce que chez ce dernier l'ornementation est toujours atténuée dans la région médiane des flancs, et les côtes sont assez obliques en avant.

Gisement. — Cette espèce se trouve avec *P. neubergicus*, *P. colligatus* et *Turrilites polyplocus* dans la grande carrière de Tercis et dans la carrière d'Angoumé. M. Seunes la cite aussi d'Heugas (Landes).

Échantillons examinés. — Cinq (collections Arnaud et A. de Grossouvre) de la carrière d'Angoumé (Landes).

EXPLICATION DES FIGURES.

Planche XXXVI.

Fig. 2ª. — Individu (collection A. de Grossouvre) vu de côté pour montrer l'ornementation de cette espèce et la persistance des côtes ombilicales dans l'adulte. Grande carrière de Tercis (Landes).

Fig. 2ᵇ. — Le même, vu du côté ventral.

PACHYDISCUS COLLIGATUS. Von Binkhorst, sp. emend. A. de Grossouvre.

(Pl. XXIV, fig. 1 et 3, et pl. XXXIII.)

1861. **Ammonites colligatus.** Von Binkhorst, *Monographie des gastéropodes et des céphalopodes de la craie supérieure de Limbourg*, p. 25, p. parte, pl. VIII[a], fig. 1, 2 et 3 (non pl. VI, fig. 3; pl. VII, fig. 1 et 2; pl. VIII).

1873. **Ammonites epiplectus.** Redtenbacher, *Cephalopodenfauna der Gosauschichten* (*Abhandl. d. k. k. geol. Reichsanstalt*), p. 121, pl. XXVIII, fig. 1.

1890. **Pachydiscus fresvillensis.** Seunes, *Mém. Soc. géol. de France. Paléontologie.* I, Mém. n° 2, p. 3, pl. I, fig. 1.

1890. **Pachydiscus colligatus.** Seunes, *Mém. Soc. géol. de France. Paléontologie.* II, Mém. n° 2, p. 6, pl. II, fig. 1.

1890. **Pachydiscus fresvillensis.** Seunes, *Recherches sur les terrains secondaires de la région sous-pyrénéenne*, p. 236, pl. VII, fig. 1, et pl. VII, fig. 1, 2 et 3.

Coquille discoïdale, un peu renflée.

Spire formée de tours embrassants, croissant assez rapidement en hauteur et en largeur; chaque tour recouvre le précédent sur un peu plus du tiers de sa hauteur.

Ombilic petit, profond, se raccordant graduellement par une courbure continue avec la convexité générale de la coquille.

Bord externe arrondi, sans quille ni carène.

Section des tours ovalaire, plus haute que large, ayant sa plus grande largeur vers le tiers inférieur de sa hauteur.

Flancs convexes, ornés de côtes saillantes, légèrement pincées à leur partie supérieure sur les échantillons bien conservés, équidistantes, séparées par des intervalles bien supérieurs à leur largeur, infléchies en avant, principalement sur la région externe des flancs et passant sur le contour externe en y dessinant un sinus assez prononcé, surtout dans les échantillons de grande taille.

Dans le jeune, les côtes prennent en partie naissance, par paires, de tubercules allongés dans le sens radial et situés sur le bord de l'ombilic; entre elles, il s'en trouve parfois une ou deux, un peu moins longues que les précédentes, qui ne descendent pas jusqu'au bord de l'ombilic.

Les tubercules ombilicaux ne sont un peu accentués que dans les échantillons de petite taille; à un certain âge, ils s'effacent peu à peu, puis les flancs deviennent lisses autour de l'ombilic jusqu'aux deux tiers de leur hauteur; les côtes de la région externe persistent seules pendant un certain temps, puis, à une plus grande taille encore, elles disparaissent à leur tour et la coquille devient complètement lisse : j'ai un échantillon de la carrière d'Angoumé (Landes) de 25 centimètres de diamètre sur lequel une partie du dernier tour est ainsi dépourvue de toute ornementation.

Cloisons. — Je n'ai pas eu entre les mains d'échantillons permettant de donner les cloisons de cette espèce; je me borne donc à renvoyer à la figure de Redtenbacher, pl. XXVIII, fig. 1^c; il en ressort nettement qu'elles appartiennent au même type que celles de *P. neubergicus.*

Observations. — En 1858, M. F. von Hauer a décrit sous le nom d'*Ammonites neubergicus* deux échantillons des couches de Gosau, provenant des environs de Neuberg; ils constituent certainement deux espèces différentes, et le plus grand me paraît devoir être rattaché au type que je viens de décrire. Le dessin des cloisons de ce dernier donné par Redtenbacher (*loc. cit.*, pl. XXVII, fig. 5) se rapportera donc à cette espèce.

Von Binkhorst a appliqué le nom d'*Ammonites colligatus* à une série d'échantillons de la craie du Limbourg.

L'un d'eux provient de la craie dure supérieure de Folx-les-Caves (Brabant) et est représenté planche VIII.

La plupart des autres consistent en fragments plus ou moins considérables recueillis dans la craie jaune supérieure de Benzeraad, près Kunraed (pl. VI, fig. 3; pl. VII, fig. 2; pl. VIII', fig. 1, 2 et 3). Enfin un fragment de tour vient de la craie siliceuse glauconifère des environs de Slenaken (pl. VII, fig. 1).

A première vue, il paraît bien évident que ces divers fragments ne peuvent se rapporter au même type spécifique.

L'échantillon de Folx-les-Caves, pl. VIII, représente une première espèce.

Celui de la planche VI, fig. 3, est insuffisant pour en caractériser une, car il ne porte aucune trace d'ornementation, et il doit donc être écarté.

L'exemplaire de la craie siliceuse de Slenaken (pl. VII, fig. 1), niveau d'*Actinocamax quadratus,* est très imparfaitement représenté, car la figure 1^a montre un fragment de tour à ombilic très grand, tandis que la figure 1^b ne peut se rapporter qu'à une coquille à ombilic très étroit; il faut encore écarter cet échantillon comme insuffisant pour définir une espèce.

Le second échantillon de cette même planche, fig. 2, se rapporte à une ammonite à tours embrassants, lisses dans le jeune, ornés plus tard de côtes transverses un peu infléchies en avant et beaucoup plus marquées sur la région externe qu'au voisinage de l'ombilic; celui-ci est à peu près lisse, au moins jusqu'au stade de développement auquel appartient l'individu figuré.

Les figures de la planche VIII[a] donnent un ensemble de fragments appartenant bien à un même type spécifique, mais ne pouvant être rattachés aux espèces de la planche VII, fig. 2, et de la planche VIII.

L'ornementation de l'espèce définie par ces dernières figures (pl. VIII[a]) consiste en côtes, dont les unes partent de l'ombilic, au voisinage duquel elles sont surélevées ou subtuberculées, et passent sur le bord externe en s'infléchissant en avant, tandis que les autres prennent naissance un peu plus loin que les premières et s'intercalent entre elles. L'ornementation ne diffère donc pas de celle des premiers stades des échantillons qui ont servi à M. Seunes pour définir *P. fresvillensis;* en conséquence, je crois devoir restituer à cette espèce le nom de *colligatus*, en précisant le type de von Binkhorst, comme je viens de le faire.

Un autre nom a encore la priorité sur celui de *fresvillensis*, c'est celui d'*epiplectus* donné en 1873 par Redtenbacher à un échantillon des environs de Muthmannsdorf (Neue-Welt, Autriche). L'individu figuré, de plus grande taille que celui qui a servi à M. Seunes de type pour son *P. fresvillensis*, montre seulement le dernier stade d'ornementation et est à peu près identique à l'échantillon de la craie de Royan que j'ai fait représenter planche XXXIII. Redtenbacher dit, il est vrai, que toutes les côtes, même sur les tours internes, prennent naissance sur le bord ombilical. Ce caractère, qui ne ressort guère sur la figure de Redtenbacher, correspond bien à ce qui se passe dans *P. colligatus* où les côtes viennent converger vers un tubercule ombilical. L'échantillon figuré d'*Ammonites epiplectus* est d'ailleurs si conforme sous tous les rapports avec ceux de *P. colligatus* du Cotentin et de la craie des Landes, que l'identité des deux types n'est pas contestable.

L'échantillon de Royan et celui de Muthmannsdorf, absolument identiques, montrent, dès le commencement du dernier tour, l'ornementation qui existe seulement sur l'extrémité du dernier tour de l'individu du Cotentin figuré par M. Seunes (*loc. cit.*, pl. III, fig. 1); la région interne des flancs est lisse; les côtes, visibles seulement sur la région externe, sont infléchies en avant et dessinent un chevron sur le contour externe.

M. Seunes a fait figurer un autre échantillon du Cotentin (pl. III, fig. 4) qui me paraît encore correspondre au type du Limbourg tel que je le précise ici : j'ai pu examiner l'original dans la collection de l'École des mines et me rendre compte de l'existence de surélévations à l'extrémité ombilicale des côtes, caractère qui démontre bien l'identité annoncée. Par contre, le fragment d'ammonite de la planche IV, fig. 3, doit, en raison de la terminaison effilée de ses côtes du côté de l'ombilic, être rattaché à un autre type.

En ce qui concerne l'individu figuré par M. Seunes, pl. IV, fig. 1, l'identification me paraît plus douteuse : les côtes sont un peu plus flexueuses, plus normales dans la région interne des flancs et plus brusquement infléchies en avant dans la région externe que chez les individus bien typiques de *P. colligatus* du Cotentin, de Royan et des Landes, chez lesquels la courbure des côtes est plus régulière. On a affaire là à une forme particulière qu'il me paraît difficile, pour le moment, de rattacher à *P. colligatus.*

Rapports et différences. — Cette espèce se distingue facilement des formes affines, avec lesquelles elle pourrait être confondue, par ses côtes tuberculeuses sur le bord de l'ombilic, régulièrement arquées et infléchies en avant, et par la disparition de l'ornementation, d'abord sur la région interne des flancs, puis, à une taille plus avancée, sur toute la coquille.

Gisement. — *Pachydiscus colligatus* caractérise les couches les plus élevées de la craie.

Dans le Limbourg, il habite l'assise des calcaires durs, dits *calcaires de Kunraed*, caractérisée par *Belemnitella mucronata*, *Scaphites constrictus* et *Hemipneustes striato-radiatus.*

Dans le calcaire à baculites du Cotentin, il accompagne *P. neubergicus*, *P. gollevillensis* et *Scaphites constrictus.*

Dans la craie de l'Aquitaine, M. Boreau-Lajanadie l'a rencontré à Royan (Charente-Inférieure), dans les calcaires jaunâtres de l'assise Q de M. Arnaud, et, dans la même assise, M. Arnaud en a trouvé à Courgeac, près Montmoreau (Charente) un bel exemplaire de 25 centimètres de diamètre, montrant des cloisons jusqu'à l'extrémité du dernier tour.

Dans la craie des Landes, il se trouve dans les calcaires de la carrière d'Angoumé.

Dans les Basses-Pyrénées, M. Seunes a signalé son existence dans les calcaires durs à stegasters des environs de Gan (Basses-Pyrénées), où j'en ai récolté moi-même plusieurs échantillons.

M. Pégot en a recueilli un exemplaire bien typique dans les couches de Roquefort à *Offaster Leymeriei, Orbitolites socialis, Hemipneustes pyrenaïcus*, etc.

M. Nicklès a trouvé en Espagne des échantillons bien caractérisés de cette espèce dans le Maëstrichtien de la Sierra de la Almudaina à *Echinocorys tenuituberculatus* (Nicklès, *Études géologiques sur le sud-est de l'Espagne*, cité p. 103, sous le nom d'*Am.* cf. *dülmensis*).

Enfin, cette espèce se rencontre encore dans les couches de Gosau des Alpes orientales, dans la région du Neue-Welt et à Neuberg, où elle est accompagnée de *P. Brandti, P. neubergicus*, etc.

Échantillons examinés. — Plusieurs (collection de l'École des mines, collection de l'Institut catholique de Paris) de la craie à baculites de Fresville (Manche).

Un (collection Boreau-Lajanadie) des environs de Royan, assise Q de M. Arnaud.

Un autre (collection A. de Grossouvre) de la Dordogne, gisement inconnu.

Un autre (collection Arnaud) de Courgeac, près Montmoreau (Charente), de l'assise Q.

Deux (collection A. de Grossouvre) de la carrière d'Angoumé (Landes).

Trois (collections Seunes et A. de Grossouvre) de la carrière de Gan (Basses-Pyrénées).

Deux (collection A. de Grossouvre) des environs de Roquefort (Haute-Garonne).

Deux (collection Nicklès) venant de la Sierra de la Almudaina, province d'Alicante (Espagne).

EXPLICATION DES FIGURES.

Planche XXIV.

Fig. 1[a]. — Individu (collection A. de Grossouvre) vu de côté pour montrer l'ornementation des flancs et la disposition des côtes dans la région ombilicale, à l'extrémité du dernier tour.

Calcaires durs à stegasters des carrières situées sur la route de Gan à Rebenacq (Basses-Pyrénées).

Fig. 1[b]. — Le même, vu du côté ventral.

Fig. 3. — Tours intérieurs de l'échantillon de la figure 1, visibles sur la face interne du fragment détaché par la cassure.

Planche XXXIII.

Fig. 1ᵃ. — Individu de taille moyenne (collection Boreau-Lajanadie), vu de côté. Calcaire jaune (assise Q de M. Arnaud) de la falaise de Terrenègre, près Royan (Charente-Inférieure).

Fig. 1ᵇ. — Le même, vu du côté ventral.

PACHYDISCUS VAN DEN BROECKI. A. de Grossouvre, n. sp.

1861. **Ammonites colligatus.** Von Binkhorst, *Gastéropodes et céphalopodes de la craie supérieure du Limbourg*, p. 25, p. parte, pl. VIII.

Le grand échantillon de Folx-les-Caves, représenté sur la planche VIII, appartient évidemment à une tout autre espèce que *Pachydiscus colligatus* : la coquille est ornée de côtes simples, flexueuses, en forme d'S allongé, augmentant graduellement d'importance de l'ombilic vers le bord externe; entre ces côtes s'intercalent deux ou trois costules qui disparaissent sur la région interne des flancs. Cette espèce ne peut donc pas être confondue avec *Pachydiscus colligatus* et doit recevoir un nouveau nom spécifique.

PACHYDISCUS NEUBERGICUS. F. von Hauer, sp. emend., A. de Grossouvre.

(Pl. XXVI, fig. 3; pl. XXX, fig. 4; pl. XXXVIII, fig. 3.)

1858. **Ammonites neubergicus.** F. von Hauer, *Cephalopoden der Gosauschichten*, p. 12, p. parte, pl. II, fig. 1, 2 et 3 (non pl. III, fig. 1 et 2).

1869. **Ammonites neubergicus.** E. Favre, *Description des mollusques fossiles de la craie des environs de Lemberg*, p. 14, pl. IV, fig. 2 et 3.

1872. **Ammonites neubergicus.** Schlüter, *Cephalopoden der oberen deutschen Kreide*, p. 59, pl. XVIII, fig. 1 à 3.

1890. **Pachydiscus Jacquoti.** Seunes, *Mém. Soc. géol. de France. Paléontologie.* I, Mém. n° 2, p. 5, pl. II, fig. 1 à 3.

1890. **Pachydiscus Jacquoti.** Seunes, *Recherches sur les terrains secondaires de la région sous-pyrénéenne*, p. 237, pl. IX, fig. 1 à 4.

1891. **Pachydiscus Jacquoti.** Seunes, *Mém. Soc. géol. de France. Paléontologie.* II, Mém. n° 2, p. 9, pl. III, fig. 4.

Coquille discoïdale, médiocrement renflée.

Spire formée de tours assez embrassants, se recouvrant sur un peu plus de la moitié de leur hauteur et croissant assez rapidement.

Ombilic moyen se raccordant graduellement avec les flancs.

Flancs un peu convexes.

Bord externe large, arrondi.

Section des tours ovalaire, plus haute que large, ayant sa plus grande largeur vers le tiers inférieur de sa hauteur.

Dans le jeune âge, la coquille est d'abord complètement lisse; puis apparaissent, sur le pourtour de l'ombilic, des côtes radiales assez courtes, un peu épaisses et surélevées. Plus tard se montrent, sur la région externe, des côtes arrondies, assez fines, éloignées les unes des autres; elles prolongent les premières, s'en détachent par bifurcation ou s'intercalent entre elles, de telle sorte que le nombre des côtes externes est d'environ quatre fois celui des ombilicales.

Toutes passent sur le contour externe avec une très légère inflexion en avant et, en général, s'affaiblissent un peu dans la région médiane de ce contour.

De plus, elles sont aussi atténuées dans la région médiane des flancs : au fur et à mesure que la coquille s'accroît, elles s'effacent peu à peu dans cette partie et dans la région ventrale, et finissent par disparaître complètement, de sorte que les échantillons adultes ne montrent plus que des côtes radiales assez élevées qui viennent mourir à mi-hauteur.

Cependant il existe des individus de grande taille, paraissant bien se rapporter à cette espèce, chez lesquels les côtes principales, très fortes sur la région interne des flancs, se montrent encore, mais très affaiblies, sur la région externe, où subsistent aussi une ou deux côtes intercalaires également peu visibles (voir pl. XXXVIII, fig. 3).

Cloisons. — Je reproduis ci-après (fig. 80) le dessin des cloisons de cette espèce d'après la figure qui en a été donnée par M. Seunes (*Mém. Soc. géol. de France. Paléontologie*, I, Mém. n° 2, pl. II, fig. 2[c]).

Observations. — En 1858, M. F. von Hauer a créé le nom d'*Ammonites neubergicus* pour deux échantillons des couches dites *de Gosau* provenant de Neuberg, échantillons qui certainement ne se rapportent pas au même type spécifique, bien que Redtenbacher assure qu'il a pu, grâce à de nombreux matériaux, acquérir la certitude que le petit appartient à la même espèce que le gros.

Fig. 80.

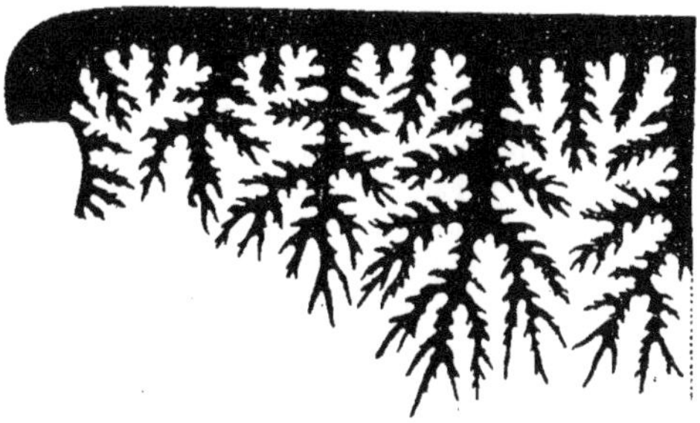

Pachydiscus neubergicus, d'après Scunes, pl. II, fig. 2°.

Pour moi, le doute ne paraît pas possible; le petit échantillon (*loc. cit.*, pl. II, fig. 1 et 2) ne peut être le jeune du grand, reproduit planche III aux deux tiers de sa taille; ce dernier montre en effet, sur la partie visible de ses tours internes, des côtes ombilicales beaucoup plus rapprochées qu'elles ne le sont dans l'autre.

Je considère donc ces deux individus comme appartenant à deux espèces distinctes; pour moi le grand se rapporte vraisemblablement à *Pachydiscus colligatus*, von Binkhorst, sp., et, suivant l'interprétation qui résulte implicitement des diagnoses données ultérieurement par MM. E. Favre et Schlüter, j'adopte comme type d'*Ammonites neubergicus* le petit échantillon de la planche II.

Les exemplaires de Galicie décrits et figurés par M. Ernest Favre se rapportent bien à ce type ainsi qu'aux échantillons français que j'y rattache; comme dans ces derniers, les côtes sont très atténuées dans la région médiane des flancs, caractère qui ressort assez peu, il est vrai, sur la figure de l'individu de Neuberg, mais ce défaut ne peut être attribué qu'au dessinateur, puisque M. E. Favre fait connaître qu'il a pu vérifier l'identité des échantillons de Galicie et de ceux des couches de Gosau de mêmes dimensions[1]; de plus, les côtes ombilicales, surélevées autour de l'ombilic, ne s'élèvent pas au-dessus de la mi-hauteur des flancs et ne tendent pas à disparaître quand la coquille

[1] Il n'est pas inutile de noter en passant que l'on n'a pas recueilli en Galicie d'exemplaires aussi grands que ceux des Alpes, circonstance à l'appui de notre thèse que le grand échantillon de Neuberg et le petit n'appartiennent pas à la même espèce.

IMPRIMERIE NATIONALE.

s'accroît, mais restent bien marquées, comme le montre la figure 3 (*loc. cit.*, pl. IV). Leur nombre est de 12 à 14 par tour, et d'après le texte, celui des côtes de la région externe est de 45 à 50, c'est-à-dire quatre fois plus grand : la figure indique, il est vrai, une proportion plus considérable encore de ces dernières, une soixantaine environ, mais il y a tout lieu de penser que cet écart provient d'une erreur du dessinateur plutôt que de la faute de l'auteur.

Dans sa diagnose, M. E. Favre dit, à la vérité, que sur les individus d'une taille supérieure à 98 millimètres les côtes tendent à s'effacer dans le voisinage de l'ombilic et que celles de la partie externe persistent seules. Ce caractère n'apparaît sur aucun des échantillons qu'il a fait figurer, et il est probable que c'est d'après le grand exemplaire des Alpes et la description de M. F. von Hauer que M. E. Favre indique cette circonstance.

En 1872, M. le docteur Schlüter a rapporté à *Ammonites neubergicus* des échantillons de Lunebourg (assise à *Belemnitella mucronata*); il constate qu'ils sont identiques à ceux de la Galicie et au petit échantillon figuré par M. F. von Hauer, mais en même temps il exprime des réserves expresses sur l'identité spécifique de ce dernier et du grand exemplaire, à cause de la différence d'ornementation.

J'adopte d'autant mieux cette manière de voir que les figures de M. le docteur Schlüter montrent bien l'identité des différentes périodes de développement; d'après la figure 3 de la planche XVIII, le jeune est d'abord lisse, puis les côtes ombilicales apparaissent, alors que le bord ventral reste dépourvu de toute ornementation.

Leymerie a donné le nom d'*Ammonites sublævis*[1] à deux jeunes individus de la craie supérieure des environs de Monléon (Hautes-Pyrénées); M. Seunes a pu constater qu'ils se rapportent à l'espèce du Cotentin et des Pyrénées.

En 1890, M. Seunes a décrit et figuré sous le nom de *Pachydiscus Jacquoti*[2] une espèce de la craie du Cotentin et des Pyrénées qui me paraît être le *Pachydiscus neubergicus*, von Hauer, tel que l'ont compris MM. E. Favre et Schlüter. L'échantillon du Cotentin qu'il a fait représenter (*Mém. Soc. géol. Paléontologie*, Mém. nº 2, pl. II, fig. 1) possède un ombilic un peu plus large et des tours un peu plus renflés que le type; il a par tour 12 côtes ombilicales à chacune desquelles correspondent au plus 3 côtes externes.

[1] Il y a déjà un *Ammonites sublævis*, Sow., de l'étage callovien.

[2] M. Douvillé a précédemment appliqué le nom d'*Ammonites Jacquoti* aux variétés plates d'*Am. macrocephalus*.

L'échantillon des environs de Pau figuré par M. Seunes (*Rech. géol. sur les terrains secondaires de la région sous-pyrénéenne*) diffère un peu du type précédent et il montre 3, 4 et même 5 côtes externes pour une côte ombilicale.

Je ne vois aucune différence entre cet individu et celui de la figure 1, planche XVIII, de M. le docteur Schlüter.

M. Seunes a représenté en 1891 un échantillon de *Pachydiscus Jacquoti* qui appartient à une variété différente du type par certains détails de l'ornementation : les côtes de la région externe disparaissent moins vite et persistent en partie entre les grandes côtes; celles-ci se continuent jusqu'à la région externe des flancs et sur le contour ventral. La collection de l'École des mines possède une empreinte en creux d'un exemplaire du calcaire à baculites de Fresville qui reproduit ces mêmes caractères. Je fais figurer, pl. XXXVIII, fig. 3, un individu de la carrière d'Angoumé (Landes) absolument identique au précédent. Je crois pouvoir, comme M. Seunes, rapporter cette forme au même type spécifique que l'espèce dont je m'occupe; elle constitue néanmoins une variété remarquable par la persistance de l'ornementation sur la région externe des flancs, malgré une taille déjà grande, circonstance qui résulte peut-être de conditions particulières de fossilisation.

Rapports et différences. — *Pachydiscus neubergicus* se distingue facilement des autres formes analogues par la région médiane de ses flancs presque lisse, ses côtes ombilicales éloignées et surélevées, et ses côtes externes fines, assez distantes et très peu infléchies en avant, ainsi que par la persistance des premières alors que les autres ont disparu.

P. gollevillensis se distingue en particulier de *P. neubergicus* par son ombilic mieux délimité, son bord externe plus pincé, ses côtes principales arquées, plus courtes, moins nombreuses, ses côtes externes moins longues, plus serrées et plus obliques en avant. Enfin, quand la bifurcation est visible, elle est beaucoup plus rapprochée de l'ombilic dans la première espèce que dans la seconde.

P. neubergicus ne paraît pas atteindre une taille aussi considérable que *P. colligatus*, car le plus grand échantillon que je connaisse de cette espèce est celui figuré pl. XXXVIII, fig. 3; il a seulement 15 centimètres de diamètre et possède déjà une partie de sa dernière loge, tandis que M. Arnaud a recueilli à Courgeac un *P. colligatus* de 25 centimètres ayant encore des cloisons à l'extrémité de son dernier tour.

Gisement. — *Pachydiscus neubergicus* appartient aux couches les plus élevées de la craie.

Il se trouve dans le calcaire à baculites du Cotentin.

Il n'a pas encore été rencontré dans la craie de l'Aquitaine.

Il existe à Tercis et à Angoumé, où il est accompagné de *P. colligatus*, *P. Brandti*, *Echinocorys Héberti* et *Echinoconus sulcatus*.

M. Seunes a fait connaître sa présence dans les calcaires à stegasters des environs de Pau (Gan, Estialescq...) (Basses-Pyrénées).

Leymerie l'a signalé sous le nom d'*Am. sublævis* du Maëstrichtien de Monléon (Hautes-Pyrénées).

Dans l'Allemagne du Nord, il se trouve dans la craie supérieure à *Belemnitella quadrata* de Lunebourg.

Dans les Alpes orientales, il est connu de la région du Neue-Welt et de Neuberg.

La craie supérieure des environs de Lemberg (Galicie) renferme *Pachydiscus neubergicus* en même temps que *B. mucronata* et *Scaphites constrictus*.

Échantillons examinés. — Deux de la craie à baculites du Cotentin (collection de l'École des mines).

Quatre (collections Arnaud et A. de Grossouvre) des carrières de Tercis, d'Angoumé et du Bédat (Landes).

Deux (collection Seunes) de Gan et d'Estialescq (Basses-Pyrénées).

EXPLICATION DES FIGURES.

Planche XXVI.

Fig. 3ᵃ. — Individu (collection de l'École des mines) vu de côté, montrant sur le dernier tour le passage de l'ornementation du jeune à celle de l'âge moyen.
Calcaire à baculites du Cotentin.
Environs de Fresville (Manche).

Fig. 3ᵇ. — Le même, vu du côté ventral.

Planche XXX.

Fig. 4ᵃ. — Individu (collection Seunes) vu de côté, montrant sur le dernier tour le passage de l'ornementation de l'âge moyen à celle de l'adulte.
Calcaires à stegasters des carrières de la route de Gan à Rébenacq (Hautes-Pyrénées).

Fig. 4ᵇ. — Le même, vu du côté ventral.

Planche XXXVIII.

FIG. 3. — Individu (collection A. de Grossouvre) de la plus grande taille connue, possédant une partie de sa dernière loge, remarquable par la persistance des côtes sur la région externe des flancs.
Carrière d'Angoumé (Landes).

PACHYDISCUS PERFIDUS. A. DE GROSSOUVRE, n. sp.

(Pl. XXXIV, fig. 1).

Coquille discoïdale, médiocrement renflée.

Spire formée de tours assez embrassants se recouvrant sur un peu plus de la moitié de leur hauteur et croissant assez rapidement.

Ombilic moyen se raccordant graduellement avec les flancs.

Bord externe arrondi.

Section des tours ovalaire, plus haute que large, ayant sa plus grande largeur vers le tiers inférieur de la hauteur.

L'ornementation consiste en côtes transverses, surélevées autour de l'ombilic, radiales et passant sur le bord externe sans inflexion en avant.

Entre ces côtes principales, il s'en intercale, sur la région externe des flancs, d'autres un peu plus faibles que les premières, au nombre de deux ou trois, ne descendant guère qu'à mi-hauteur des flancs où elles s'atténuent et disparaissent.

Le nombre des côtes intercalaires est de trois au commencement du dernier tour de l'échantillon figuré; plus loin on n'en compte plus que deux et ensuite une seule. A ce stade, les côtes principales et les intercalaires deviennent proportionnellement plus robustes, c'est-à-dire plus larges et plus saillantes que précédemment, surtout sur le pourtour externe, mais elles sont un peu atténuées dans la région médiane.

Cloisons. — Inconnues.

Rapports et différences. — Très analogue dans le jeune âge à *P. neubergicus*, cette espèce en diffère par l'ornementation de l'adulte.

Gisement. — Trois échantillons examinés (collection Arnaud) de la grande carrière de Tercis (Landes).

EXPLICATION DES FIGURES.

Planche XXXIV.

Fig. 1. — Individu (collection Arnaud) vu de côté.
Grande carrière de Tercis (Landes).

PACHYDISCUS GOLLEVILLENSIS. D'Orbigny, sp.

(Pl. XXIX, fig. 4; pl. XXXI, fig. 9.)

1842. **Ammonites lewesiensis.** D'Orbigny, *Paléontologie française, terrains crétacés,* I, p. 336, pl. CI (non pl. CII, fig. 1 et 2).

1850. **Ammonites gollevillensis.** D'Orbigny, *Prodrome de Paléontologie,* II, p. 212. Terrains crétacés, 22e étage, Sénonien, n° 17.

1854. **Ammonites gollevillensis.** Sharpe, *Fossil Mollusca of the Chalk,* p. 48, pl. XVII, fig. 2.

1891. **Pachydiscus gollevillensis.** Seunes, *Mém. Soc. géologique de France. Paléontologie,* II, Mém. n° 2, p. 10, pl. V, fig. 1 à 3.

Coquille discoïdale, comprimée.

Spire formée de tours embrassants, se recouvrant sur plus de la moitié de leur hauteur, croissant assez rapidement, surtout en hauteur.

Ombilic médiocre, à paroi verticale se raccordant avec les flancs par un pourtour arrondi un peu pincé.

Bord externe étroit, arrondi, sans quille ni carène.

Section des tours semi-ovalaire, beaucoup plus haute que large, ayant sa plus grande épaisseur à peu près vers le premier tiers inférieur.

Flancs peu convexes.

L'espèce est d'abord lisse dans le jeune âge, puis apparaissent autour de l'ombilic une série de côtes très courtes, surélevées à leur naissance. A un stade plus avancé, les côtes ombilicales, au nombre de 8 à 13 par tour, sont marquées tout au plus sur le premier tiers de la hauteur des flancs, et il s'en détache deux ou trois petites côtes visibles seulement sur le tiers externe; la bifurcation est le plus souvent obscure, au moins sur les moules internes. Au même niveau apparaissent une ou deux côtes intercalaires, de sorte qu'à une côte ombilicale correspondent en général 4, quelquefois 5 externes et même plus; ces dernières, infléchies en avant, passent normalement sur le contour ventral et sont au nombre d'environ 60 par tour.

Plus tard, la partie médiane des flancs paraît complètement lisse et l'on n'aperçoit plus alors aucune relation entre les côtes ombilicales et les externes. La coquille semble ensuite persister à ce stade d'ornementation; d'Orbigny indique bien, il est vrai, qu'elle ne possède plus aucune ornementation dans la vieillesse, mais je n'ai pas eu l'occasion d'observer d'échantillons présentant ce caractère.

L'ornementation peut varier dans certaines limites; ainsi, chez l'individu figuré par M. Seunes (*loc. cit.*, pl. V, fig. 1), elle est plus vigoureuse; les côtes ombilicales, moins nombreuses, sont plus accentuées et visibles sur une plus grande longueur; leur nombre ne s'élève qu'à 9.

Sur l'échantillon déjà figuré par M. Seunes (*loc. cit.*, pl. V, fig. 2), que j'ai fait reproduire planche XXIX, fig. 4, les côtes ombilicales sont moins accentuées que dans le précédent.

Enfin sur l'individu de la planche XXXI, fig. 9, l'ornementation est encore plus faible; les côtes ombilicales, plus nombreuses, sont visibles seulement sur une petite longueur et elles semblent avoir tendance à s'effacer à l'extrémité du dernier tour qui correspond au commencement de la loge d'habitation.

Les côtes de la région externe sont elles-mêmes très courtes et vont en diminuant de valeur du commencement du dernier tour à son extrémité; il serait donc fort possible que, conformément à l'opinion de d'Orbigny, la coquille devienne complètement lisse à un stade ultérieur.

L'individu du *Hard Chalk* de Damlaght (Irlande) figuré par Sharpe (*loc. cit.*, pl. XVII, fig. 2) ne montre pas de côtes ombilicales.

On a donc là toute une succession d'individus, depuis les variétés à ornementation très faible jusqu'aux formes à ornementation accentuée, chez lesquelles les côtes ombilicales sont à la fois très fortes et très longues.

Cloisons. — Elles se rapportent au même type que celles de *P. neubergicus* et *P. colligatus*. On peut s'en rendre compte par l'examen de la figure 9 de la planche XXXI.

Rapports et différences. — Cette espèce présente beaucoup d'analogies avec les échantillons d'*Ammonites neubergicus*, figurés par MM. E. Favre et Schlüter; néanmoins, comme je l'ai indiqué précédemment, l'assimilation des deux formes ne me paraît pas possible.

Gisement. — *Pachydiscus gollevillensis* appartient aux couches crétacées les plus élevées et se trouve dans la craie dure d'Islande à *Bel. mucronata* et dans le calcaire à baculites du Cotentin.

Je crois qu'il convient de rapporter à cette espèce deux fragments d'ammonites de la craie des environs de Tercis (Landes).

Enfin M. J. Böhm signale des marnes de Siegsdorf (Bavière), des formes voisines d'*Ammonites neubergicus* qui, dit-il, peuvent être rattachées à *Ammonites gollevillensis*.

Échantillons examinés. — Trois échantillons (collection de l'École des mines) du calcaire à baculites des environs de Fresville (Manche).

Deux autres (collection Arnaud) des carrières de la Pointe, près Tercis (Landes).

EXPLICATION DES FIGURES.

Planche XXIX.

Fig. 4[a]. — Individu (collection de la Sorbonne) vu de côté.
Calcaires à baculites du Cotentin. — Fresville, près Valognes (Manche).

Fig. 4[b]. — Le même, vu du côté ventral.

Planche XXXI.

Fig. 9[a]. — Individu (collection de l'École des mines) vu de côté.
Calcaires à baculites du Cotentin. — Fresville, près Valognes (Manche).

Fig. 9[b]. — Le même, vu du côté ventral.

Genre SCHLÜTERIA. A. de Grossouvre, nov. gen.

Je groupe sous ce nom les espèces de la craie supérieure, analogues aux *Phylloceras* par leur forme et leur ornementation, mais dont la ligne suturale se rapproche vraisemblablement de celle des *Puzosia* et des *Pachydiscus* et diffère, en tout cas, de celle des *Phylloceras* par l'absence des larges feuilles qui terminent les ramifications des cloisons.

Les derniers *Phylloceras* typiques se montrent dans le Gault : *Phylloceras Velledæ*, d'Orb., et *Ph. alpinum*, d'Orb.

Dans la craie à marsupites de Norwich, on trouve une ammonite ornée de fines stries radiales que Sharpe a nommée *Ammonites Velledæ*, mais qui est bien différente de l'espèce de d'Orbigny. Elle se rapproche beaucoup d'une forme des Corbières, qui habite à peu près le même niveau et qui n'a certainement pas des cloisons de *Phylloceras* typique. Je pense donc qu'il convient de la rapporter au nouveau genre et je propose de l'appeler :

SCHLÜTERIA PERGENSI. A. de Grossouvre, n. sp.

1854. **Ammonites Velledæ**. Sharpe, *Fossil Mollusca of the Chalk*, p. 39, pl. XVII, fig. 7 (non pl. XIX, fig. 6).

Les cloisons représentées par la figure 6 de la planche XIX de Sharpe se rapportent à un échantillon d'*Am. Velledæ* du Gault de Ventnor (île de Wight) et n'appartiennent pas à cette espèce.

Elle est bien différente de celle de d'Orbigny par la forme de ses tours, qui sont semi-ovalaires et ont leur plus grande largeur sur le bord de l'ombilic, et par ses côtes presque droites.

SCHLÜTERIA ROUSSELI. A. de Grossouvre, n. sp.

(Pl. XXIV, fig. 2.)

Coquille discoïdale, comprimée.

Spire formée de tours très embrassants, croissant rapidement en hauteur.

Ombilic petit, assez profond, à paroi verticale nettement séparée des flancs par un pourtour arrondi un peu pincé.

Flancs à peine convexes.

Bord externe large, arrondi, sans quille.

Section des tours semi-ovalaire, ayant sa plus grande largeur au voisinage de l'ombilic.

La coquille est ornée de côtes fines, serrées, radiales, prenant naissance à peu près à mi-hauteur des flancs et passant normalement sur le bord externe.

Cloisons. — Compliquées et très découpées; elles ne sont pas suffisamment nettes sur mes échantillons pour pouvoir être dessinées.

Rapports et différences. — Cette espèce diffère de *Schlüteria Pergensi* par ses tours moins épais, ses flancs lisses sur la région ombilicale et son ombilic moins large.

IMPRIMERIE NATIONALE.

Elle diffère de *Schlüteria velledæformis*, Schlüter, par un ombilic plus large et des côtes droites, tandis qu'elles sont flexueuses dans cette dernière espèce.

Gisement. — Deux échantillons examinés (collection A. de Grossouvre) provenant des affleurements de la couche à *Lima marticensis* et *Placenticeras syrtale* sur le chemin de Sougraignes aux Croutets (Aude).

EXPLICATION DES FIGURES.

Planche XXIV.

FIG. 2ª. — Individu (collection A. de Grossouvre), vu de côté, montrant l'ornementation caractéristique des espèces de ce genre.

Calcaires marneux jaunes à *Lima marticensis*, situés immédiatement au-dessus des marnes bleues qui se trouvent au bas du chemin de Sougraignes aux Croutets.

FIG. 2ᵇ. — Le même, vu de côté.

SCHLÜTERIA LARTETI. SEUNES, sp.

(Pl. XXXIV, fig. 2 et 3.)

1801. **Desmoceras Larteti**. Seunes, *Mém. Soc. géol. de France. Paléontologie*, Mém. nº 2; p. 19; pl. IV, fig. 2 et 3; pl. III, fig. 2.

Coquille discoïdale, comprimée.

Spire formée de tours embrassants, croissant très rapidement en hauteur.

Ombilic très étroit.

Section des tours ovale, beaucoup plus haute que large, ayant sa plus grande largeur vers le milieu des flancs.

Flancs légèrement convexes.

Bord externe arrondi, étroit.

La coquille paraît lisse dans tous les échantillons examinés, ce qui est probablement dû à l'absence du test. Elle présente par tour quatre ou cinq étranglements bien marqués sur le contour externe et sur toute la hauteur de la coquille, sauf au voisinage de l'ombilic où ils s'effacent un peu. Ces sillons falciformes sont fortement infléchis en avant sur la région externe des flancs et passent sur le contour ventral en y formant un chevron très prononcé vers la partie antérieure. Dans les individus jeunes, ils manquent complètement, au moins sur ceux que j'ai pu examiner.

Cloisons. — Inconnues.

Gisement. — Cette espèce appartient aux couches les plus élevées de la craie des Pyrénées. Elle a été trouvée dans la grande carrière de Tercis (Landes) et dans les calcaires lithographiques à stegasters des environs de Pau (Basses-Pyrénées).

Échantillons examinés. — Deux (collections Arnaud et A. de Grossouvre) de la grande carrière de Tercis.

EXPLICATION DES FIGURES.

Planche XXXIV.

Fig. 2[a]. — Individu (collection Lartet) vu de côté; reproduction de la figure du mémoire de M. Seunes, pl. IV, fig. 2[a].
Calcaires durs à stegasters. — Route de Gan à Rebenacq (Basses-Pyrénées).

Fig. 2[b]. — Le même, vu du côté ventral.

Fig. 3[a]. — Individu (collection Seunes) vu de côté; reproduction de la figure du mémoire de M. Seunes, pl. III, fig. 2.
Calcaires durs lithographiques à stegasters. — Route de Gan à Rebenacq (Basses-Pyrénées).

Fig. 3[b]. — Le même, vu du côté ventral; reproduction de la figure du mémoire de M. Seunes, pl. IV, fig. 3.

Genre HAUERICERAS. A. de Grossouvre, nov. gen.

Je donne ce nom à la série de formes se rattachant à *Ammonites Gardeni*, que M. le docteur Zittel a considérée comme une section de son genre *Desmoceras*. Ce groupe comprendra ainsi des coquilles à large ombilic, à tours peu épais, élevés, ayant leur bord externe tranchant et muni d'une quille creuse. Les flancs sont peu convexes ou même plats, sans ornementation, mais présentent des étranglements transverses plus ou moins nets. La ligne suturale est complètement analogue à celle des *Desmoceras*, des *Puzosia* et des *Pachydiscus*; le premier lobe latéral est aussi long que le lobe ventral.

Je prends comme type *Ammonites pseudo-Gardeni*, Schlüter (*Cephalop. d. ob. deutschen Kreide*, p. 54, pl. XVI, fig. 3 à 6).

Fig. 81.

Hauericeras pseudo-Gardeni d'après Schlüter, *Cephal...* pl. XVI, fig. 5 et 6.

A ce genre se rattacheront donc *Ammonites Gardeni*, Baily, du sud de l'Afrique, l'espèce de la craie de Galicie décrite sous le même nom par M. E. Favre (*Moll. foss. de la craie des environs de Lemberg*, p. 16, pl. III, fig. 5 et 6) et diverses autres de la craie de l'Inde. D'abord celle de l'*Arialoor group*, décrite par Stoliczka sous le nom d'*Ammonites Gardeni* (*Cretaceous rocks S. India*, p. 61, pl. XXXIII, fig. 4, puis *Ammonites Durga* de l'*Ootatoor group* (*loc. cit.*, p. 143, pl. LXXI, 5 à 7).

Ce genre a donc une extension géographique assez considérable.

HAUERICERAS FAYOLI. A. de Grossouvre, n. sp.

(Pl. XXVII, fig. 3.)

Coquille discoïdale, comprimée.

Spire formée de tours médiocrement embrassants, croissant peu rapidement, à flancs peu convexes.

Section des tours plus haute que large, de forme ogivale.

Ombilic assez grand; la retombée des tours à l'intérieur de l'ombilic se fait assez brusquement par une paroi verticale peu élevée et normale au plan de symétrie de la coquille.

Bord externe pincé, terminé par une carène sans quille, au moins sur le moule interne, car dans les espèces de ce genre la quille est creuse et par suite rarement conservée sur les moules. Les flancs sont lisses et présentent seulement par tour quatre sillons bien nets, quoique peu profonds. Ces sillons partent du bord de l'ombilic, se dirigent d'abord obliquement en avant, rebroussent en arrière dans la région médiane des flancs, puis s'infléchissent de nouveau très fortement en avant sur le bord externe, où ils atteignent la carène ventrale en s'effaçant un peu.

Cloisons. — Inconnues.

Rapports et différences. — Cette espèce est très voisine d'*Am. pseudo-Gardeni*, Schlüter, et s'en distingue par ses sillons moins nombreux et surtout par leur parcours falculiforme, tandis que dans l'autre espèce ils sont à peu près rectilignes sur la plus grande partie de la hauteur des flancs et s'infléchissent seulement en avant sur la région externe. Ces mêmes caractères servent à distinguer *Hauericeras Fayoli* de *Hauericeras Gardeni*, Favre.

Gisement. — Campanien supérieur. Assise Q de M. Arnaud.

Échantillons examinés. — Un seul (collection Boreau-Lajanadie) des environs de Montmoreau (Charente).

Des fragments de tours, appartenant certainement à la même espèce, ont été trouvés par M. Arnaud dans les silex à *Faujasia Faujasi* et *Cassidulus lapis cancri* (assise Q) des environs de Mussidan (Dordogne).

EXPLICATION DES FIGURES.

Planche XXVII.

Fig. 3ª. — Individu (collection Arnaud), type de l'espèce, vu de côté.
Marnes à *Orbitoïdes media* des environs de Montmoreau : assise Q de M. Arnaud.

Fig. 3ᵇ. — Le même, vu du côté ventral ; le bord ventral est nettement caréné sur les parties bien conservées, et il est fort probable qu'il portait une quille comme les autres formes de cette série.

HAUERICERAS WELSCHI. A. DE GROSSOUVRE, n. sp.

(Pl. XXXV, fig. 9.)

Cette forme, très voisine de la précédente, s'en distingue par ses tours plus élevés, plus embrassants, par ses sillons moins flexueux; elle se distingue de *Hauericeras pseudo-Gardeni* par ses sillons moins nombreux, légèrement flexueux et moins infléchis en avant sur la région externe.

L'échantillon figuré ne possède pas de quille, mais un autre échantillon, provenant du même gisement, a conservé la sienne, de sorte que la section des tours est la suivante :

Fig. 82.

Cloisons. — Inconnues.

Gisement. — Deux échantillons examinés (collection J[h] Jean et A. de Grossouvre) provenant des marnes bleues à *Mortoniceras texanum* du chemin de Sougraignes aux Croutets (Aude).

EXPLICATION DES FIGURES.

Planche XXXV.

FIG. 9. — Individu (collection J[h] Jean) vu de côté.
Marnes bleues à *Mortoniceras texanum* du bas du chemin de Sougraignes aux Croutets, au-dessous des calcaires marneux à *Lima marticensis*.

FAMILLE DES LYTOCERATIDÉS.

Les *Lytoceras* typiques apparaissent dès la base du lias; ils sont caractérisés par un ombilic très grand, des tours à section presque circulaire à peine embrassants, quelquefois simplement contigus. L'ornementation consiste en costules d'accroissement, souvent gaufrées. Les moules montrent fréquemment des sillons transverses, droits ou flexueux. La ligne suturale donne le caractère le plus net de cette famille : les lobes et les selles sont peu nombreux et bifides.

Les *Lytoceras*, très abondants dans les couches du système infracrétacé, paraissent faire complètement défaut dans la craie.

Cependant parmi les ammonites de Sougraignes se trouve une espèce qui me semble devoir être rattachée à ce genre en raison de la forme de ses cloisons toutes bilobées; elle s'en éloigne par son ornementation, consistant en côtes droites, fortes et élevées.

Je range aussi dans cette même famille une autre série d'espèces analogues à *Ammonites Duvali* du néocomien, sous le rapport de la forme, de l'ornementation et de la ligne suturale. Les cloisons, bilobées comme celles des *Lytoceras*, sont composées d'un plus grand nombre d'éléments. Le premier lobe latéral, assez large, est subdivisé en deux parties à peu près égales par une échancrure médiane, et chacune des subdivisions est elle-même découpée en deux segments. L'ornementation consiste en stries sineuses partant obliquement du bord de l'ombilic. Je donne à ce groupe le nom de *Gaudryceras*

Genre LYTOCERAS. Suess.

LYTOCERAS SICARDI. A. de Grossouvre, n. sp.

(Pl. XXXVII, fig. 6 et 11.)

Coquille discoïdale.

Spire formée de tours peu embrassants, presque juxtaposés, croissant très lentement.

Ombilic large, peu profond, mal délimité.

Section des tours arrondie, un peu plus large que haute.

Flancs peu convexes.

Bord externe large, convexe.

Cette espèce est ornée de côtes droites, élevées, éloignées les unes des autres et passant normalement sur le bord ventral : leur nombre est de vingt-sept par tour.

Je ne connais de cette espèce, en dehors d'un petit fragment et de l'individu représenté amplifié (pl. XXXVII, fig. 9), qu'un exemplaire de plus grande taille (pl. XXXVII, fig. 5), consistant en un fragment de tour et une empreinte d'une partie des autres.

Cloisons. — Les cloisons sont tout à fait caractéristiques; comme dans les *Lytoceras* typiques, les selles et les lobes sont tous bifides et la ligne suturale, réduite à ses deux lobes latéraux, est remarquable par la forte divergence des deux branches de chaque lobe et de chaque selle, ce qui lui donne l'aspect des cloisons de certains céphalopodes déroulés, tels que les *Hamites*.

Fig. 83.

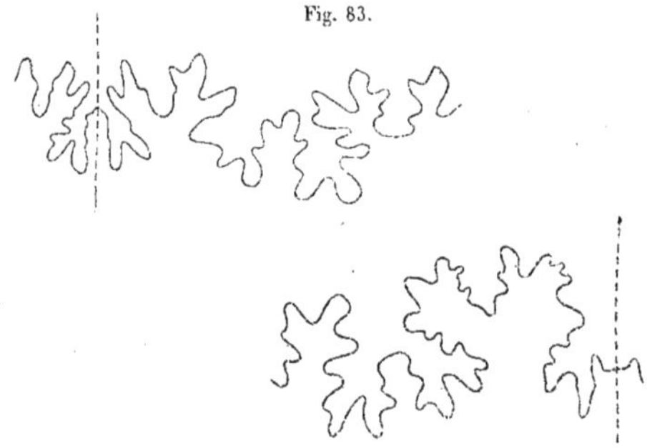

Lytoceras Sicardi (gros. = 12), d'après l'échantillon représenté pl. XXXVII, fig. 10, et un autre fragment (clichés de M. Nicklès).

Gisement. — La présence d'un *Lytoceras* bien typique[1] dans les couches

[1] L'examen d'un nouvel échantillon mieux conservé m'a montré un caractère qui m'avait échappé tout d'abord; on l'observe néanmoins sur l'exemplaire figuré lorsqu'on le regarde avec attention à la loupe. Les premiers tours de cette coquille ne sont pas enroulés dans le plan des derniers, mais forment une petite spirale autour d'un axe oblique à ce plan. Cette espèce ne doit donc pas être rattachée aux ammonites proprement dites et se rapproche au contraire des *Heteroceras*. Il convient de la dénommer, au moins provisoirement, *Heteroceras* (?) *Sicardi*.

supérieures de la craie est certainement très intéressante, car je ne crois pas que l'on en connaisse à partir du Gault. Cette espèce présente, en outre, ce caractère particulier d'être ornée de côtes, tandis que l'ornementation de tous les *Lytoceras* consiste en fines stries linéaires.

Les échantillons examinés (collection A. de Grossouvre) proviennent des environs de Sougraignes, des couches à *Pl. syrtale*, comprises entre les bancs à hippurites du chemin des Croutets.

EXPLICATION DES FIGURES.

Planche XXXVII.

Fig. 6. — Fragment d'un individu (collection A. de Grossouvre) de taille moyenne, avec l'empreinte d'une partie des tours.

Marnes ferrugineuses à *Placenticeras syrtale* comprises entre les deux bancs inférieurs de rudistes sur le chemin de Sougraignes aux Croutets (Aude).

Fig. 11ª. — Individu (collection A. de Grossouvre) de petite taille, reproduit avec un grossissement de deux diamètres, type de l'espèce, vu de côté.

Marnes bleues comprises entre deux bancs d'*Hippurites cornucopiæ*. Environs de Sougraignes (Aude).

Fig. 11ᵇ. — Le même, vu du côté ventral.

Genre GAUDRYCERAS. A. de Grossouvre, nov. gen.

Ce genre est caractérisé par l'allure des stries de la coquille partant de l'ombilic, infléchies en avant, et par une ligne suturale formée de lobes et de selles assez nombreux, les lobes étant tous à terminaison paire.

Les coquilles de ce genre rappellent donc, à première vue, celles des *Lytoceras* vrais, aussi bien par leur forme que par leur ornementation; celle-ci consiste en fines stries d'accroissement, mais elle diffère néanmoins essentiellement de celle des *Lytoceras* par ce caractère que les stries, au lieu d'arriver sur le bord de l'ombilic normalement ou obliquement vers l'avant, se rejettent, au contraire, en arrière. Cette disposition, que l'on observe dans *Ammonites Duvali* du néocomien, se retrouve dans les espèces de la craie supérieure que je vais décrire. De plus, la ligne suturale, tout en présentant des analogies étroites avec celle des *Lytoceras* par ses lobes bifides, n'est pas aussi réduite que dans ces derniers, où elle se compose uniquement de deux lobes latéraux.

Je donne, à titre d'exemples, les cloisons d'*Ammonites Duvali*, empruntées à l'ouvrage de d'Orbigny, et celles d'un échantillon de la craie des Corbières, obtenues par la photographie, grâce à l'obligeant concours de M. Nicklès.

A ce groupe se rattachent évidemment *Ammonites glaneckensis*, Redtenbacher (*Cephal. d. Gosauschichten*, p. 119, pl. XXVII, fig. 3), qui provient de Glaneck, près Salzbourg, *Ammonites luneburgensis*, Schlüter (pl. XVIII, fig. 8 et 9), de la craie supérieure à *Belemnitella mucronata* des environs de Luneburg, et *Ammonites Jukesii*, Sharpe (pl. XXIII, fig. 11), de la craie du comté de Londonderry; le fragment de cloisons de cette dernière espèce (fig. 11[c]) confirme cette attribution.

Fig. 84.

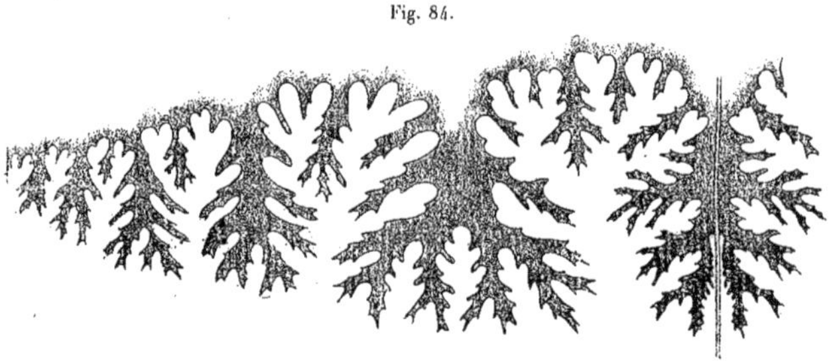

Gaudryceras Duvali, d'après d'Orbigny, pl. L, fig. 6.

Fig. 85.

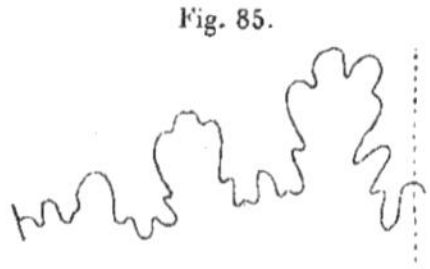

Gaudryceras Rouvillei (gros. = 10), d'après l'exemplaire représenté pl. XXXVII, fig. 16 (clichés de M. Nicklès).

Ce genre est largement représenté dans la craie de l'Inde. Stoliczka a décrit de l'Ootatoor group *Am. involutus* (p. 150, pl. LXXV, fig. 1), *Am. madraspatanus* (p. 151, pl. LXXV, fig. 2), *Am. revelatus* (p. 152, pl. LXXV, fig. 3), *Am. Cola* (p. 153, pl. LXXV, fig. 4), *Am. Sacya* (p. 154, pl. LXXV, fig. 5 à 7, pl. LXXVI, fig. 1 à 3), qui lui appartiennent certainement, tant à cause de l'allure des stries fines qui ornent la coquille qu'en raison de leurs cloisons, bâties sur le même plan que celles dont j'ai donné la figure plus haut.

Dans la plupart des formes de ce groupe, les tours croissent très lentement dans le jeune et sont d'ordinaire peu embrassants, de sorte que la coquille présente alors l'apparence d'un vrai *Lytoceras*, puis les dimensions des tours augmentent rapidement en largeur et surtout en hauteur, le recouvrement s'accentue et l'aspect de la coquille change notablement. Les échantillons figurés de *Gaudryceras mite* montrent bien ce caractère; il ressort aussi d'une manière fort nette de l'examen des figures d'*Ammonites Sacya* données par Stoliczka.

GAUDRYCERAS MITE. F. von Hauer, sp.

(Pl. XXVI, fig. 4; pl. XXXIX.)

1866. **Ammonites mitis.** F. von Hauer, *Neue Cephalopoden der Gosaugebilden*, p. 6; pl. II, fig. 3 et 4.

1873. **Ammonites mitis.** Redtenbacher, *Cephalopodenfauna der Gosauschichten. Abhandl. d. k. k. geol. Reichsanstalt*, V, p. 119, pl. XXVII, fig. 4.

Coquille discoïdale.

Spire formée de tours peu embrassants, croissant assez lentement dans le jeune, et plus rapidement dans l'adulte.

Ombilic large, peu profond, mal délimité.

Section des tours ovalaire, un peu plus haute que large.

Flancs convexes.

Bord externe large, arrondi.

La coquille est ornée de fines stries, flexueuses, qui partent de l'ombilic en s'inclinant en avant, reviennent en arrière vers le premier tiers de la hauteur des flancs, et passent sur le bord externe en y dessinant un chevron dirigé vers la partie antérieure.

Entre ces stries, il s'en intercale d'ordinaire une, très rarement deux qui ne descendent pas jusqu'à l'ombilic. Toutes sont distribuées assez régulièrement comme espacement et sont à peu près de même valeur. Cependant, sur certains échantillons, on voit parfois, de distance en distance, des stries plus fortes; j'ai observé notamment cette disposition sur un échantillon de Sougraignes de la collection de M. l'abbé Prax. Elle a été signalée par M. F. von Hauer chez l'individu des environs d'Ischl.

Cloisons. — Redtenbacher a donné les cloisons du type de M. F. von Hauer: les lobes sont bifides, la première selle est trifide et les autres bifides.

Gisement. — Cette espèce a été établie d'après un individu unique trouvé dans les couches de Gosau, sur le chemin d'Ischl à Strobl.

Des deux échantillons figurés (collections Péron et A. de Grossouvre), l'un a été recueilli par M. J[h] Jean, l'autre par M. Péron, dans les marnes à *Mort. texanum*, sur le chemin de Sougraignes aux Croutets (Aude).

J'ai vu aussi un échantillon de ce même gisement dans la collection de M. l'abbé Prax.

EXPLICATION DES FIGURES.

Planche XXVI.

FIG. 4. — Individu (collection A. de Grossouvre) vu de côté, montrant l'ornementation caractéristique des formes de ce genre.

Marnes bleues à *Mortoniceras texanum* sur le chemin de Sougraignes aux Croutets (Aude).

Planche XXXIX.

FIG. 1ᵃ. — Individu adulte (collection Péron), remarquable par son état de conservation et ayant encore son test.

Marnes bleues à *Mortoniceras texanum* sur le chemin de Sougraignes aux Croutets (Aude).

FIG. 1ᵇ. — Le même, vu du côté ventral, pour montrer l'inflexion en avant des côtes sur cette région, caractère qui distingue cette espèce de *G. Rouvillei.*

GAUDRYCERAS ROUVILLEI. A. DE GROSSOUVRE, n. sp.

(Pl. XXXVII, fig. 7 et 10.)

Cette espèce est analogue à la précédente pour la forme et l'ornementation; elle en diffère par ce détail que les côtes, plus fines, passent normalement sur le contour externe au lieu de s'y infléchir vers l'avant; les côtes intercalaires, moins nombreuses, manquent même de temps en temps.

Fig. 86.

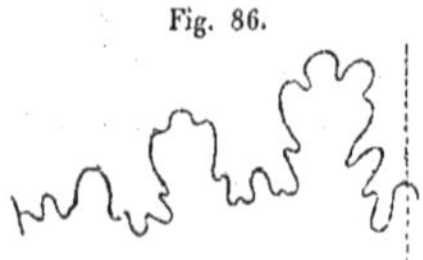

Gaudryceras Rouvillei (gros. = 10), d'après l'exemplaire représenté pl. XXXVII, fig. 10 (clichés de M. Nicklès).

L'échantillon de taille moyenne (collection Gabelle) provient des environs de Soulatge et son gisement précis est inconnu.

Près de Sougraignes (Aude), M. J^h Jean a recueilli plusieurs échantillons de cette espèce, dans les marnes bleues à petits fossiles, qui sont intercalées entre deux bancs à *Hip. cornucopiæ* et qui renferment de petits céphalopodes pyriteux; ceux qui ont conservé leur test blanc montrent à la loupe les stries d'accroissement, tandis que sur les parties où ce test manque, on peut observer les cloisons admirablement conservées. Je donne ci-dessus leur dessin, d'après les photographies que mon confrère, M. Nicklès, a bien voulu prendre. Elles font ressortir fort nettement le plan de la ligne suturale de cette espèce.

D'après ce qui précède, *Gaudryceras Rouvillei* habite un niveau un peu supérieur à celui de *Gaudryceras mite* et caractérise les couches supérieures de l'étage santonien.

Cette espèce est bien voisine de *Gaudryceras madraspatanum* de la craie d'Ootatoor dans l'Inde (Stoliczka, *loc. cit.*, pl. LXXV, fig. 2), et les différences entre elles sont si faibles que je suis très porté à admettre leur identité.

EXPLICATION DES FIGURES.

Planche XXXVII.

FIG. 7^a. — Individu (collection Gabelle), type de l'espèce, vu de côté.
Environs de Soulatge (Aude). Gisement inconnu.

FIG. 7^b. — Le même, vu du côté ventral, l'ouverture en arrière.

FIG. 7^c. — Le même, vu du côté ventral, l'ouverture en avant.

FIG. 10^a. — Individu (collection A. de Grossouvre) de petite taille, reproduit avec un grossissement de deux diamètres, vu de côté.
Marnes bleues comprises entre deux bancs à *Hippurites cornucopiæ*. Environs de Sougraignes (Aude).

FIG. 10^b. — Le même, vu du côté ventral, l'ouverture en avant.

FIG. 10^c. — Le même, vu du côté ventral, l'ouverture en arrière.

GAUDRYCERAS COLLOTI. A. DE GROSSOUVRE, n. sp.

(Pl. XXXVII, fig. 8.)

Coquille discoïdale, médiocrement renflée.

Spire formée de tours assez embrassants, chacun d'eux recouvrant le précédent sur environ les deux tiers de sa hauteur.

Ombilic assez petit.

Section des tours ovale, plus haute que large, ayant sa plus grande largeur à peu près à moitié hauteur.

Flancs convexes.

Bord externe large, convexe.

La surface de la coquille, vaguement ondulée en travers, est couverte de stries, excessivement fines, parallèles à ces ondulations, qui partent obliquement du bord ombilical et se redressent sur la région externe, de manière à passer normalement sur le bord ventral.

Cloisons. — Très ramifiées.

Rapports et différences. — Cette espèce se rapproche des *Gaudryceras* par l'allure de ses stries et je crois devoir la rapporter à ce genre, malgré son petit ombilic. Elle se distingue des formes analogues par les ondulations de la surface de la coquille. On trouve dans la craie de l'Inde une forme très voisine : *Ammonites madraspatanus,* Forbes in Stoliczka. L'échantillon représenté pl. LXXV, fig. 2, a la même ornementation, sauf que les ondulations de la surface sont plus larges dans l'espèce de l'Inde que dans celle des Pyrénées, et on peut voir qu'à l'extrémité du dernier tour elles augmentent assez rapidement de largeur. Seulement, dans la première, les ondulations et les stries présentent une inflexion médiane qui n'existe pas chez *G. Colloti.* Il est fort probable que l'adulte de cette dernière espèce doit être une forme très voisine d'*Ammonites lüneburgensis* et en différant seulement par l'inflexion des strictions de la coquille.

Gisement. — L'échantillon figuré ainsi qu'un autre moins bien conservé (collection de l'École des mines) proviennent des calcaires à stegasters de Rebenacq (Basses-Pyrénées).

EXPLICATION DES FIGURES.

Planche XXXVII.

Fig. 8ᵃ. — Individu (collection de l'École des mines) vu de côté pour montrer l'ornementation caractéristique de la coquille.

Carrière de la route de Gan à Rebenacq (Basses-Pyrénées).
Calcaires à stegasters.

Fig. 8[b]. — Le même, vu du côté ventral.

GAUDRYCERAS LÜNEBURGENSE. Schlüter, sp.

1872. **Ammonites lüneburgensis.** Schlüter, *Cephalopoden der oberen deutschen Kreide*, p. 62, pl. XVIII, fig. 8 et 9.

M. Seunes m'a montré autrefois un fragment d'ammonite de la craie de Tercis qui m'a paru se rapporter aussi complètement que possible à l'espèce de Lunebourg décrite par M. le docteur Schlüter. Je regrette de ne pas faire reproduire cet intéressant échantillon, mais mon confrère n'a pu le retrouver lorsque je l'ai prié de vouloir bien me le communiquer.

En mentionnant la présence dans la craie des Pyrénées de ce type curieux, je crois devoir signaler son extrême analogie avec *Ammonites Sacya*, Forbes, et notamment avec l'échantillon de la figure 7 de la planche LXXV de l'ouvrage de Stoliczka.

J'ajoute que, d'après la remarque de M. le docteur Schlüter, on voit à la loupe sur les échantillons bien conservés de fines stries : cette espèce se rattache donc aux autres formes de ce groupe par l'allure particulière de son ornementation.

GAUDRYCERAS PLANORBIFORME, J. Böhm, sp.

(Pl. XXVII, fig. 2; pl. XXXIV, fig. 4 et 5; pl. XXXV, fig. 7.)

1891. **Desmoceras planorbiforme.** J. Böhm, *Die Kreidebildungen des Fürberges und Sulzberges bei Siegsdorf* (*Palaeontographica*), pl. I, fig. 11 et 12.

1891. **Puzosia Haugi.** Seunes, *Mém. Soc. géol. de France. Paléontologie.* II, Mém. n° 2, p. 20, pl. VI, fig. 1.

Coquille discoïdale.

Spire formée de tours peu embrassants, croissant lentement en hauteur et en largeur.

Ombilic large, peu profond, mal délimité.

Section des tours subcirculaire.

Flancs convexes.

Bord externe large, arrondi.

Les premiers tours de cette espèce sont à peu près lisses, ou du moins paraissent lisses sur la plupart des échantillons, car l'individu de la planche XXVII, fig. 2, montre de fines stries obliques conservées sur une petite partie du dernier tour; mais il est probable qu'elles doivent disparaître le plus souvent sur les moules internes et qu'elles sont conservées seulement lorsque les conditions de fossilisation sont exceptionnellement favorables. La coquille présente par tour quatre forts étranglements transverses, légèrement flexueux et obliques vers l'avant, qui dessinent sur le bord ventral un petit chevron. Ces sillons sont accompagnés en avant et en arrière de deux bourrelets, très peu marqués sur les premiers tours, très accentués sur les derniers, et dont le postérieur, beaucoup plus vigoureux que l'antérieur, revient un peu en arrière sur le bord de l'ombilic en s'atténuant progressivement.

A partir d'une certaine taille, on voit apparaître sur les derniers tours, immédiatement après chacun des étranglements, des côtes fortes, flexueuses, obliques en avant, au nombre de six à huit entre deux étranglements successifs, naissant sur le bord de l'ombilic où elles sont d'abord très atténuées, puis prenant progressivement de l'importance, pour s'effacer ensuite peu à peu en arrivant sur le bord externe, de tellemanière que la région ventrale reste lisse.

Cloisons. — Le dessin des cloisons donné par M. J. Böhm (*loc. cit.*, pl. I, fig. 12ᵃ) montre une série de lobes et de selles bifides, ce qui prouve bien que son *Desmoceras planorbiforme* se rapporte au genre *Gaudryceras* et ne peut être en aucun cas rattaché aux *Desmoceras.*

Observations. — M. J. Böhm a établi cette espèce d'après des échantillons de petite taille provenant des couches supérieures de la craie à *Belemnitella mucronata* des environs de Siegsdorf (Haute Bavière); ils montrent les étranglements obliques et les stries fines des individus de Tercis.

Un peu après la publication du mémoire de M. J. Böhm, M. Seunes a décrit un exemplaire de plus grande taille sous le nom de *Puzosia Haugi;* il ne me paraît pas douteux que celui-ci est l'adulte de ceux de Siegsdorf, comme le montre l'échantillon intermédiaire que j'ai fait représenter planche XXVII, fig. 2, et ce que confirme encore l'identité de niveau des deux gisements.

Rapports et différences. — Cette espèce présente beaucoup d'analogies avec

Ammonites Jukesii, Sharpe (*Fossil mollusca*, pl. XXIII, fig. 11), de la craie à *Belemnitella mucronata* d'Irlande (comté de Londonderry), mais dans celui-ci les tours croissent un peu plus rapidement, et les étranglements et les stries sont normaux à l'enroulement au lieu d'être fortement obliques comme dans *G. planorbiforme*.

Gisement. — Elle habite les couches les plus élevées de la craie; elle se trouve à Tercis, avec *Pachydiscus neubergicus*, *P. colligatus*, etc.; dans les calcaires à stegasters des environs de Pau, elle est associée à ces mêmes céphalopodes.

Enfin, dans les Alpes Bavaroises, M. J. Böhm a fait connaître son existence dans le flysch des environs de Siegsdorf, où elle est accompagnée de *Belemnitella mucronata*, *Scaphites constrictus*, et d'un *Pachydiscus* que M. Böhm appelle *P. neubergicus*, mais qui, dit-il, rappelle *Ammonites gollevillensis* de d'Orbigny.

Échantillons examinés. — Deux (collection Arnaud et A. de Grossouvre) de la grande carrière de Tercis (Landes).

Un moulage en plâtre pris sur une empreinte en creux (collection Nicklès) des calcaires marneux à *Echinocorys tenuituberculatus* du Mas de Blas Giner, près Alcoy (Espagne).

L'échantillon figuré par M. Seunes provient des calcaires à stegasters exploités sur la route de Gan à Rébenacq (Basses-Pyrénées).

EXPLICATION DES FIGURES.

Planche XXVII.

Fig. 2. — Individu (collection Arnaud) vu de côté et montrant à l'extrémité du dernier tour un fragment de l'ornementation qui caractérise le jeune âge de cette espèce.

Grande carrière de Tercis (Landes).

Planche XXXIV.

Fig. 4. — Individu vu de côté : reproduction de la figure du mémoire de M. Seunes, pl. VI, fig. 1[a].

Calcaires durs lithographiques à stegasters.

Route de Gan à Rebenacq (Basses-Pyrénées).

IMPRIMERIE NATIONALE.

Fig. 5^a. — Le même, vu de côté : reproduction de la figure du mémoire de M. Seunes, fig. 1^b, pl. VI.

Fig. 5^b. — Le même, vu du côté ventral : reproduction de la figure du mémoire de M. Seunes, fig. 1^c, pl. VI.

Planche XXXV.

Fig. 7. — Individu (collection Nicklès) vu de côté, d'après le moulage d'une empreinte en creux.

Calcaires marneux à *Echinocorys tenuituberculatus* du Mas de Blas Giner, près Alcoy (Espagne).

RÉSUMÉ

SUR LES PHYLLOCERATIDÉS ET LES LYTOCERATIDÉS.

On voit, par ce qui précède, que les vrais *Phylloceras* n'existent pas dans la craie, à moins que l'on ne rattache encore à ce genre les espèces de la craie de l'Inde (*Ootatoor group*) décrites par Stoliczka sous les noms d'*Ammonites subalpinus* (*loc. cit.*, pl. LVIII, fig. 3), *Am. Surya* (pl. LVIII, fig. 5), *Am. diphylloïdes* (pl. LIX, fig. 8 à 13), *Am. Yama* (pl. LIX, fig. 12), *Am. inanis* (pl. LIX, fig. 13 et 14). En tout cas, ces types ne représentent plus qu'un genre en dégénérescence, ne possédant plus ces belles cloisons persillées, à feuilles larges et arrondies, qui existent encore dans les *Ammonites alpinus*, d'Orb., et *Am. Velledæ*, d'Orb., du Gault d'Europe.

Parallèlement aux *Phylloceras*, on voit se développer une série d'autres formes qui semblent en dériver, si l'on s'en rapporte aux caractères fournis par le plan général des cloisons. Ce sont d'abord les *Desmoceras*, qui apparaissent dès l'étage néocomien et dont on retrouve des représentants jusqu'au sommet de la craie. Puis les *Puzosia*, qui remontent seulement jusqu'au santonien, et enfin les *Pachydiscus*. Chez ces derniers, l'ornementation, souvent très vigoureuse, offre un contraste frappant avec celle qui est habituelle aux autres genres de cette famille ; néanmoins la ligne suturale présente de si grandes analogies avec celle des *Puzosia* et des *Desmoceras*, qu'il me semble difficile de ne pas les considérer tous comme appartenant au même groupe.

Les *Pachydiscus* sont relativement rares dans le coniacien et le santonien et ils n'acquièrent tout leur développement que dans les parties les plus élevées de la craie.

Se plaçant près des *Pachydiscus* par les caractères de leurs cloisons et près des *Phylloceras* par leurs coquilles lisses ou ornées seulement de stries fines, les *Schlüteria* constituent un petit groupe, également représenté dans la craie de l'Inde.

Enfin j'ai rattaché à la famille des *Phylloceratidés* le groupe d'*Ammonites Gardeni;* il semble bien posséder une ligne suturale construite sur le même plan que celle des genres précédents, mais il offre, sur son bord externe, une quille fortement saillante et creuse comme chez les *dorsocavati*. Les représentants de ce genre habitent le santonien et le campanien.

Les *Lytoceratidés* deviennent fort rares dans les couches crétacées à partir de l'aptien, et les *Lytoceras* francs font absolument défaut. Cependant Stoliczka a figuré de la craie de l'Inde une espèce, *Ammonites Mahadera* (*loc cit.*, pl. LXXX), dont l'ornementation, consistant en stries frangées, rappelle tout à fait celle des *Lytoceras* typiques.

En Europe, je ne connais, au-dessus de l'aptien, comme pouvant se rattacher à ce genre que la seule espèce décrite sous le nom de *Lytoceras Sicardi;* elle est, d'ailleurs, remarquable par ses côtes saillantes qui lui donnent l'apparence d'un *Costidiscus*[1].

Près des *Lytoceras* se développe un autre groupe, les *Gaudryceras*, qui présente beaucoup d'affinités avec eux, mais qui s'en distingue par une allure différente de l'ornementation et par une ligne suturale beaucoup plus complète. La collection de l'École des mines possède deux représentants de ce genre appartenant à l'étage cénomanien : l'un provient de la craie de Rouen, l'autre des environs de Vergons (Basses-Alpes). En France, les autres espèces de la craie supérieure sont cantonnées dans la région pyrénéenne; en dehors des types décrits, j'en connais encore de la zone à *Micraster brevis* des Corbières et des calcaires de Tercis, mais les échantillons que j'ai eus ne sont pas susceptibles d'une description : je me borne donc à les mentionner.

[1] Voir l'observation en note, p. 224.

RÉPARTITION VERTICALE DES ESPÈCES SÉNONIENNES DES FAMILLES DES PHYLLOCERATIDÉS ET DES LYTOCERATIDÉS.

ESPÈCES OBSERVÉES.	CONIACIEN — Assise inférieure.	CONIACIEN — Assise moyenne.	CONIACIEN — Assise supérieure.	SANTONIEN — Inférieur.	SANTONIEN — Supérieur.	CAMPANIEN — Inférieur, Assise inférieure.	CAMPANIEN — Inférieur, Assise supérieure.	CAMPANIEN — Moyen.	CAMPANIEN — Supérieur.
PHYLLOCERATIDÉS.									
Desmoceras ponsianum, n. sp.	*	*	.	.	.	.	.	.	.
— pyrenaicum, n. sp.	.	.	.	*	*	.	.	.	.
— Stobæi, Nilsson, sp.	.	.	.	.	.	.	.	*	*
Puzosia hernensis, Schlüter, sp.	?	?	?	.	.	.	.	.	.
— Le Marchandi, n. sp.	*	*	.	.	.	.	.	.	.
— corbarica, n. sp.	.	.	.	*	.	.	.	.	.
Pachydiscus galicianus, E. Favre, sp.	.	.	.	.	.	.	.	.	*
— Kœneni, n. sp.	.	.	.	.	.	.	.	*	.
— Levyi, n. sp.	.	.	.	.	.	.	*	.	.
— Sayni, n. sp.	?	?	?	?	?	?	?	?	?
— Oldhami, Sharpe, sp.	.	.	.	.	.	.	.	.	*
— Launayi, n. sp.	.	.	.	.	.	*	.	.	.
— isculensis, Redtenbacher, sp.	.	.	.	.	*	.	.	.	.
— Jeani, n. sp.	.	.	.	.	*	.	.	.	.
— Linderi, n. sp.	*	*	.	.	.	.	.	.	.
— Carezi, n. sp.	.	.	*	.	.	.	.	.	.
— Cayeuxi, n. sp.	.	.	.	.	*	.	.	.	.
— Brandti, Redtenbacher, sp.	.	.	.	.	.	.	.	.	*
— Canali, n. sp.	.	.	*	.	.	.	.	.	.
— Sturi, Redtenbacher, sp.	.	.	.	.	.	.	.	.	*
— Lundgreni, n. sp.	.	.	.	.	.	.	.	*	.
— dülmensis, Schlüter, sp.	.	.	.	.	.	*	.	.	.
— subrobustus, Seunes.	.	.	.	.	.	.	.	.	*
— colligatus, Binkhorst, sp.	.	.	.	.	.	.	.	.	*
— van den Broecki, n. sp.	.	.	.	.	.	.	.	.	*
— neubergicus, v. Hauer, sp.	.	.	.	.	.	.	.	.	*
— perfidus, n. sp.	.	.	.	.	.	.	.	.	*
— gollevillensis, d'Orb., sp.	.	.	.	.	.	.	.	.	*
Schlüteria Pergensi, n. sp.	.	.	.	?	?	.	.	.	.
— Rousseli, n. sp.	.	.	.	.	*	.	.	.	.
— velledæformis, Schlüter, sp.	.	.	.	.	.	.	.	.	*
— Larteti, Seunes, sp.	.	.	.	.	.	.	.	.	*
Hauericeras Gardeni, (Baily) Favre, sp.	.	.	.	.	.	.	.	.	*
— pseudogardeni, Schluter, sp.	.	.	.	.	.	*	.	.	.
— Fayoli, n. sp.	.	.	.	.	.	.	.	.	*
— Welschi, n. sp.	.	.	.	*	.	.	.	.	.
LYTOCERATIDÉS.									
Lytoceras Sicardi [1], n. sp.	.	.	.	.	*	.	.	.	.
Gaudryceras mite, v. Hauer. sp.	.	.	.	*	.	.	.	.	.
— Rouvillei, n. sp.	.	.	.	.	*	.	.	.	.
— Colloti, n. sp.	.	.	.	.	.	.	.	.	*
— lüneburgense, Schlüter, sp.	.	.	.	.	.	.	.	.	*
— planorbiforme, J. Böhm, sp.	.	.	.	.	.	.	.	.	*

[1] Voir la note, p. 224.

Genre SCAPHITES. Parkinson.

Ce groupe d'espèces, dont la spire est partiellement déroulée, a été considéré par Neumayr comme dérivant des *Perisphinctes,* à cause de la forme et de l'ornementation des aptychus que l'on a rencontrés chez quelques individus : il les a rattachés aux *Holcostephanus.*

D'autres paléontologistes les ont rapprochés des *Lytoceras* en raison de leurs lobes et selles bifides, mais, comme l'a fait observer M. Douvillé, la présence de tubercules sur la coquille paraît exclure toute parenté entre ces deux genres.

Fig. 87.

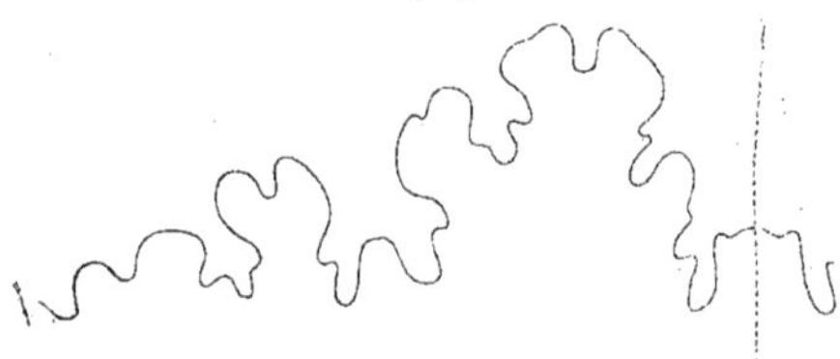

Scaphites, sp. (gros. = 12) [1], d'après un échantillon des environs de Sougraignes (clichés de M. Nickles).

Contrairement aux opinions précédentes, M. Douvillé est d'avis que le plan général des cloisons des *Scaphites* doit les faire placer dans la famille des *Pulchelliidés;* il signale l'analogie de certains de leurs jeunes avec *Stoliczkaia dispar.*

Il résulte de là que les *Scaphites* doivent être classés dans la famille des *Acanthoceratidés,* telle que je l'ai définie plus haut : c'est une conclusion qui me paraît très acceptable et qui semble encore confirmée par le mode d'ornementation spécial à ce groupe.

Les *Scaphites* comprennent donc des formes qui, dans le jeune âge, res-

[1] Il est intéressant de remarquer que, dans cette cloison, le deuxième lobe latéral semble être à terminaison impaire; quand la coquille atteint une taille plus grande, il se termine par deux lobules et prend tout à fait l'aspect du premier lobe. La même observation peut être faite sur la cloison de *Gaudryceras Rouvillei* (voir fig. 86, p. 228); chez cette espèce, la terminaison des lobes latéraux ne devient bien nettement paire qu'à partir d'une certaine taille.

Cette différence d'aspect des cloisons dans le jeune et dans l'adulte pourrait donc induire en erreur dans certains cas.

semblent assez à *Stoliczkaia dispar,* sont à ombilic étroit, à tours embrassants, arrondis sur le bord externe, ornés de côtes simples se multipliant sur la région externe des flancs, soit par intercalation, soit par bifurcation. Le dernier tour se sépare des autres, présente une partie rectiligne (hampe), puis se recourbe en fer à cheval (crosse) de manière que la spire d'enroulement fait face à la bouche; cette dernière est ordinairement un peu contractée, munie d'une apophyse ventrale, d'apophyses dorsales et parfois d'oreillettes latérales.

Sur la hampe et la crosse, l'ornementation se modifie souvent et devient tuberculeuse; ce caractère est surtout accentué chez les formes les plus récentes.

SCAPHITES MESLEI. A. de Grossouvre, n. sp.

(Pl. XXXII, fig. 4 et 7.)

Coquille assez épaisse.

La partie enroulée montre des côtes droites, radiales, qui se bifurquent sur le bord externe et passent sur le contour ventral sans s'interrompre : entre elles il s'en intercale d'autres qui n'existent que sur la région externe des flancs et ne descendent pas plus bas que le point de bifurcation des premières. Vers l'extrémité du dernier tour, celles-ci s'espacent peu à peu et le nombre des côtes externes correspondantes augmente beaucoup.

Sur la hampe, les côtes ombilicales sont fortes, très espacées, surélevées sur le bord interne en un tubercule pincé, allongé dans le sens longitudinal, et se terminent sur le bord externe par un tubercule transverse; ces tubercules cessent de se montrer avant l'extrémité de la crosse.

Les échantillons que j'ai pu examiner montrent quelques différences entre eux au point de vue de l'ornementation : les côtes notamment peuvent être plus ou moins nombreuses et plus ou moins serrées sur la région ventrale de la hampe et de la crosse.

Observations. — En 1850, d'Orbigny a donné le nom de *Scaphites Geinitzi* a une espèce « voisine de *Scaphites æqualis,* mais pourvue de plis tuberculeux externes » (*Prodrome de paléontologie stratigraphique,* II, 27e étage, Sénonien, n° 58, p. 214). Il la cite de Villedieu (Loir-et-Cher), Dresde et Strehlen.

Les formes figurées sous ce même nom, soit par M. le docteur Schlüter, soit par MM. Fritsch et Schlönbach, constituent un type assez différent de celui que l'on trouve dans la craie de Villedieu. Elles appartiennent pour la plupart à l'étage turonien; en France, le nom de *Scaphites Geinitzi* a aussi été appliqué à l'espèce de la craie à *Micraster breviporus* du nord du bassin de Paris.

Comme il n'est pas possible de définir avec précision l'espèce de d'Orbigny en remontant au *Scaphites æqualis*, Geinitz, cité en synonymie, à cause de l'insuffisance de la figure que l'on trouve dans l'ouvrage de ce savant, je considérerai le nom de *Scaphites Geinitzi* comme s'appliquant à l'espèce turonienne, précisée par les descriptions et figures de M. le docteur Schlüter et de MM. Fritsch et Schlönbach, et je donne en conséquence un nouveau nom à celle de la craie de Villedieu.

Rapports et différences. — *Scaphites Meslei* présente quelques analogies avec *Scaphites Geinitzi*, Schlüter, du Scaphiten-Pläner de la Westphalie, et notamment avec l'échantillon représenté pl. XXIII, fig. 13. Il s'en distingue par des côtes beaucoup plus écartées et moins nombreuses sur la hampe et par la présence de tubercules externes à leur extrémité. Il est aussi proportionnellement plus épais.

Échantillons examinés. — Deux (collection A. de Grossouvre) des calcaires durs formant la base de la craie de Villedieu; carrières de la Ribochère, commune de Couture, et carrière des environs de Lavardin (Loir-et-Cher).

Deux autres (collection Réjaudry) des couches de l'assise L^1 de M. Arnaud. Environs de Jonzac (Charente-Inférieure).

EXPLICATION DES FIGURES.

Planche XXXII.

FIG. 4^a. — Individu (collection A. de Grossouvre) vu de côté : une partie du dernier tour de spire a été enlevée pour montrer les premiers tours.
Calcaires durs de la partie inférieure de la craie de Villedieu; carrières de la Ribochère, commune de Couture (Loir-et-Cher).

FIG. 4^b. — Le même, vu du côté ventral.

FIG. 7^a. — Individu (collection A. de Grossouvre) vu de côté.
Calcaires durs de la partie inférieure de la craie de Villedieu. Environs de Lavardin (Loir-et-Cher).

FIG. 7^b. — Le même, vu du côté ventral.

SCAPHITES LAMBERTI. A. de Grossouvre, n. sp.

(Pl. XXXII, fig. 1 et 5.)

1872. **Scaphites Geinitzi**, d'Orb., var. **binodosus**. Fritsch et Schlönbach, *Cephalopoden der böhmischen Kreideformation*, p. 43, pl. XIV, fig. 13.

Je distingue sous ce nom une espèce assez voisine de la précédente, mais qui s'en sépare par la forme des tubercules externes de la hampe et de la crosse, arrondis au lieu d'être transverses; les côtes qui réunissent les tubercules ombilicaux aux ventraux sont droites au lieu d'être flexueuses.

Elle me paraît bien correspondre à celle de la craie de Bohême que MM. Fritsch et Schlönbach ont distinguée sous le nom de *Scaphites Geinitzi*, d'Orb., var. *binodosus*, Römer.

Gisement. — En Touraine, dans la couche inférieure de la craie de Villedieu. En Aquitaine, dans le coniacien moyen. En Bohême, dans les Chlomeker-Schichten des environs de Jungbunzlau et de Leneschitz, et dans les rognons de sphérosidérite des Priesener-Schichten de Priesen.

Échantillons examinés. — Deux (collection Le Mesle) de la craie de Villedieu (Loir-et-Cher).

Deux autres (collection Réjaudry) de l'assise L^1 des environs de Jonzac (Charente-Inférieure).

EXPLICATION DES FIGURES.

Planche XXXII.

Fig. 1. — Fragment d'un individu (collection Le Mesle) vu de côté.
Calcaires durs de la partie inférieure de la craie de Villedieu; carrières de la Ribochère, commune de Couture (Loir-et-Cher).

Fig. 5^a. — Fragment d'un individu (collection Le Mesle) vu de côté.
Calcaires durs de la partie inférieure de la craie de Villedieu; carrières de la Ribochère, commune de Couture (Loir-et-Cher).

Fig. 5^b. — Le même, vu du côté ventral.

IMPRIMERIE NATIONALE.

SCAPHITES POTIERI. A. DE GROSSOUVRE, n. sp.

(Pl. XXII, fig. 3.)

Coquille médiocrement épaisse.

La partie enroulée montre des côtes serrées, flexueuses, se multipliant sur le bord externe. Les côtes principales sont légèrement renflées et surélevées vers le point de bifurcation. Sur la hampe, les côtes principales s'effacent sur la région interne des flancs et persistent seulement sur le pourtour externe, où elles se terminent par de légers tubercules à peu près ronds, qui disparaissent un peu avant l'extrémité de la crosse. Sur la région ombilicale, deux tubercules internes se montrent sur la hampe, au-dessous du coude de la crosse, et se relient aux externes par une ou deux côtes peu nettes.

Cette espèce se distingue facilement des précédentes.

Gisement. — L'échantillon unique examiné (collection du Musée d'Angers) vient des calcaires durs de la base de la craie de Villedieu, carrières de la Ribochère, commune de Couture (Loir-et-Cher)[1].

EXPLICATION DES FIGURES.

Planche XXII.

FIG. 3ᵃ. — Individu (collection du Musée d'Angers) vu de côté.
Calcaires durs de la partie inférieure de la craie de Villedieu; carrières de la Ribochère, commune de Couture (Loir-et-Cher).

FIG. 3ᵇ. — Le même, vu du côté ventral.

SCAPHITES ARNAUDI. A. DE GROSSOUVRE, n. sp.

(Pl. XXXII, fig. 8.)

Coquille peu épaisse, ayant dans son ensemble une forme elliptique assez régulière.

Flancs presque plats; bord externe convexe.

La coquille est ornée de côtes serrées, arrondies, falculiformes, tantôt peu marquées sur le bord interne, tantôt y présentant un tubercule à partir

[1] Je viens de recevoir de M. Eberhard Fugger le moulage en plâtre d'un échantillon de cette espèce provenant des couches de Glaneck, près Salzbourg.

duquel elles s'infléchissent en avant; plus accentuées sur la région externe, où elles rebroussent en arrière et où elles donnent naissance à deux ou trois petites côtes assez fortement infléchies en avant et passant à peu près normalement sur la région ventrale. Toutes les côtes sont légèrement atténuées vers les deux tiers de la hauteur des flancs.

L'ornementation varie peu jusqu'à l'extrémité de la coquille; le bord de la bouche est précédé d'un étranglement et d'une saillie peu prononcés et possède une languette latérale, comme celui de *Scaphites auritus*, Schlüter.

Scaphites Arnaudi diffère de *Sc. auritus*, Schlüter, du Cuvieri-Pläner de Westphalie, par ses côtes plus flexueuses, plus falculiformes et bifurquées plus près du bord externe. Il diffère par les mêmes caractères de *Scaphites auritus*, Fritsch et Schlönbach, des Priesener-Schichten de Bohême.

Gisement. — *Scaphites Arnaudi* habite les couches moyennes de l'étage coniacien de l'Aquitaine.

Échantillons examinés. — Deux échantillons : l'un (collection Arnaud) de l'assise L^1 des environs de Miremont; l'autre (collection Réjaudry) de l'assise L^1 de Saint-Simon-de-Jonzac (Charente-Inférieure).

EXPLICATION DES FIGURES.

Planche XXXII.

Fig. 8ᵃ. — Individu (collection Réjaudry) vu de côté.
Étage coniacien : assise L^1 de M. Arnaud. Saint-Simon, près Jonzac (Charente-Inférieure).

Fig. 8ᵇ. — Le même, vu du côté ventral.

SCAPHITES FRITSCHI. A. de Grossouvre, n. sp.

1872. **Scaphites auritus.** Fritsch et Schlönbach, *Cephalopoden der böhmischen Kreide*, p. 44, pl. XIII, fig. 9, 11, 14, 15; pl. XIV, fig. 12.

Le *Scaphites auritus* de Bohême diffère de celui de Westphalie par ses côtes moins flexueuses et plus écartées sur la région interne des flancs; le même nom ayant été donné simultanément à ces deux espèces différentes, je propose une nouvelle dénomination pour la première : elle appartient d'ailleurs à un niveau plus élevé que l'autre.

SCAPHITES HAUGI. A. DE GROSSOUVRE, n. sp.

(Pl. XXXI, fig. 5.)

Coquille médiocrement épaisse, de forme ovale, peu allongée.

Flancs presque plats, bord externe peu convexe.

Les tours intérieurs sont ornés, sur les flancs, de côtes radiales, presque droites, assez serrées, assez fortes, s'accentuant progressivement de l'ombilic jusqu'au pourtour externe, où elles se terminent par un tubercule arrondi. Au commencement de la hampe, elles s'espacent peu à peu, et sur la partie supérieure on ne trouve plus que de vagues ondulations partant de deux gros tubercules arrondis situés sur le bord interne et se terminant sur le bord externe par de gros tubercules transverses très saillants. La région ventrale ornée sur les premiers tours de côtes fines, serrées, légèrement infléchies en avant, est à peu près lisse sur la hampe et ne redevient costulée que sur la crosse.

Cette espèce est voisine de *Scaphites binodosus*, Schlüter (*loc. cit.*, pl. XXIV, fig. 4 à 6); mais ce dernier se distingue par la présence d'une série de tubercules assez nombreux sur le bord interne des flancs de la hampe et de la crosse.

Gisement. — Le seul échantillon examiné provient de l'assise P^3 de M. Arnaud. Tauillard (Charente).

EXPLICATION DES FIGURES.

Planche XXXI.

Fig. 5^a. — Individu (collection Arnaud) vu de côté.
Partie inférieure de l'assise P^3 de M. Arnaud. — Tauillard (Charente).

Fig. 5^b. — Le même, vu du côté ventral.

SCAPHITES HIPPOCREPIS. MORTON, sp.

(Pl. XXXII, fig. 2 et 3; pl. XXXV, fig. 6; pl. XXXVII, fig. 3.)

Ammonites hippocrepis. Dekay, *Annals of the New-York Museum*, vol. II, pl. V, fig. 5.

1834. **Scaphites Cuvieri.** Morton, *Synopsis of the org. rem. of the cret. group of the U. S.*, p. 41, pl. VII, fig. 1.

1876. **Scaphites Cuvieri.** Schlüter, *Cephalopoden der oberen deutschen Kreide*, p. 162, pl. XLII, fig. 1 à 3.

1889. **Scaphites hippocrepis.** Holzapfel, *Die Mollusken der Aachener Kreide*, p. 62, pl. V, fig. 3.

Coquille assez épaisse, elliptique.

Flancs peu convexes, se raccordant graduellement avec le contour externe.

La coquille, dans la partie enroulée, est ornée de côtes radiales, peu marquées sur la région interne des flancs, s'accentuant progressivement jusqu'au point de bifurcation situé sur le pourtour externe; le bord ventral porte des côtes plus nombreuses, fines et serrées.

Les flancs sont presque lisses sur la hampe et sur la crosse; on voit seulement au-dessus du coude de la crosse deux forts tubercules plus ou moins allongés, accompagnés parfois dans la région médiane d'un ou deux autres plus faibles; sur le pourtour externe règne une série de tubercules presque ronds, continués parfois sur les flancs par des côtes obscures très courtes. Ils commencent à la partie inférieure de la hampe et se continuent d'une manière à peu près régulière jusqu'à l'extrémité de la crosse. Les côtes qui ornent le bord ventral disparaissent souvent vers le milieu de la hampe, pour reparaître à son extrémité et persister sur toute la crosse.

Observations. — D'après Morton, ce scaphite aurait été primitivement décrit par Dekay sous le nom d'*Ammonites hippocrepis;* aussi a-t-il abandonné le nom de *Cuvieri* qu'il avait proposé d'abord pour cette forme et l'a remplacé par le précédent.

M. le docteur Schlüter a représenté plus tard, en 1876, deux individus de cette espèce bien conformes à la figure de *Sc. Cuvieri* donnée par Morton.

Plus récemment, M. le docteur Holzapfel a aussi figuré cette espèce d'après un échantillon des grès glauconieux à *Actinocamax quadratus* des environs d'Aix-la-Chapelle.

Gisement. — *Sc. hippocrepis* caractérise les couches inférieures de l'étage campanien et principalement la zone d'*Act. quadratus.*

M. Lasne a recueilli un fragment de cette espèce, bien reconnaissable, dans la craie grise phosphatée des environs de Beauval (Somme).

Elle n'est pas rare en Aquitaine dans les couches supérieures de l'assise P[1] de M. Arnaud.

M. le docteur Schlüter la signale dans les couches à *Act. quadratus* de

Lochtum, près Vienenburg, sur le versant Nord du Harz, et dans la zone à *Becksia Sœkelandi* de Coesfeld et Holtwick (Westphalie).

Enfin M. le docteur Holzapfel l'indique des sables glauconieux d'Aix-la-Chapelle, où, là encore, elle accompagne *Act. quadratus.*

Échantillons examinés. — Cinq (collection Arnaud) de l'assise P^1 de Saint-Hilaire-de-Montmoreau et Livernant (Charente) et de Mensignac (Dordogne).

EXPLICATION DES FIGURES.

Planche XXXII.

FIG. 2. — Fragment d'un individu (collection Arnaud) vu de côté.
Étage campanien : assise P^1 de M. Arnaud. — Saint-Hilaire (Charente).

FIG. 3a. — Individu (collection Arnaud) vu de côté.
Étage campanien : assise P^1 de M. Arnaud. — Tranchée de Vaure, Mensignac (Dordogne).

FIG. 3b. — Le même, vu du côté ventral.

Planche XXXV.

FIG. 6a. — Individu (collection de l'École des mines), vu de côté.
Provenance inconnue.

FIG. 6b. — Le même, vu du côté ventral, la bouche en avant.

FIG. 6c. — Le même, vu du côté ventral, la bouche en arrière.

Planche XXXVII.

FIG. 3a. — Individu (collection Arnaud) vu de côté.
Mensignac (Dordogne), assise P^1 de M. Arnaud.

FIG. 3b. — Le même, vu du côté ventral.

SCAPHITES AQUISGRANENSIS. SCHLÜTER.

(Pl. XXXI, fig. 3, 4 et 6.)

1872. **Scaphites aquisgranensis.** Schlüter, *Cephalopoden der oberen deutschen Kreide*, p. 81, pl. XXIV, fig. 7 à 9.

1889. **Scaphites aquisgranensis.** Holzapfel, *Die mollusken der aachener Kreide*, p. 61, pl. V, fig. 2.

Coquille toujours de petite taille, peu épaisse, ayant dans son ensemble une forme ovale allongée.

Flancs presque plats; bord externe peu convexe.

La coquille est ornée, dans la partie enroulée, de côtes fortes, assez serrées, sinueuses, d'abord dirigées en avant, puis rebroussant un peu en arrière et passant normalement sur la région ventrale : entre elles il s'en intercale d'autres qui n'existent que sur la région externe des flancs et sur la région ventrale. Une partie de ces dernières se détachent par bifurcation des premières.

Sur la hampe, les côtes qui ornent les flancs sont moins nombreuses, obscures et à peine visibles, et elles se terminent à leurs deux extrémités par des tubercules : ceux du bord interne sont à peu près ronds, tandis que ceux du bord externe sont transverses. Ils vont en augmentant de valeur jusqu'au coude de la crosse, puis de là en décroissant peu à peu vers son extrémité. Les côtes de la région ventrale s'effacent parfois vers le milieu de la hampe; elles reparaissent, en tous cas, à son extrémité supérieure, plus fortes et plus espacées que sur la partie inférieure.

Rapports et différences. — Cette espèce est assez voisine de certaines variétés de *Scaphites constrictus* et notamment de celle représentée pl. XXXI, fig. 2; elle en diffère par ses flancs plus plats, la section subquadrangulaire de la hampe et de la crosse, et par la série régulière de tubercules placés sur le bord interne de la hampe, tandis que chez *Sc. constrictus* il arrive fréquemment qu'il n'y en a pas sur cette partie : quand il s'en trouve, ils sont peu nombreux et irrégulièrement disposés.

Gisement. — Cette espèce habite, dans les couches crétacées d'Aix-la-Chapelle, l'assise des sables glauconieux du Lusberg, caractérisée par *Actinocamax quadratus*.

Dans l'Aquitaine, elle se trouve dans les couches inférieures du campanien, vers le sommet de l'assise P^1 de M. Arnaud, à Montmoreau et à Livernant (Charente) et à Mensignac (Dordogne).

Échantillons examinés. — Une dizaine (collections Arnaud, Boreau-Lajanadie, Mouret, Réjaudry, A. de Grossouvre), provenant de Montmoreau, Livernant et Mensignac.

EXPLICATION DES FIGURES.

Planche XXXI.

FIG. 3. — Individu (collection Boreau-Lajanadie), vu de côté.
Étage campanien : assise P¹ de M. Arnaud. — Montmoreau (Charente).

FIG. 4ª. — Individu (collection Arnaud) vu de côté.
Étage campanien : assise P¹ de M. Arnaud. — Tranchée de Vaure, près Mensignac (Dordogne), sur la ligne de Périgueux à Ribérac.

FIG. 4ᵇ. — Le même, vu du côté ventral.

FIG. 6ª. — Individu (collection Boreau-Lajanadie) de petite taille, vu de côté.
Étage campanien : assise P¹ de M. Arnaud. — Livernant (Charente).

FIG. 6ᵇ. — Le même, vu du côté ventral.

SCAPHITES CONSTRICTUS. SOWERBY, sp.

(Pl. XXXI, fig. 1, 2, 7 et 8.)

1817. **Ammonites constrictus.** Sowerby, *Miner. Conch.*, II, p. 189, pl. CLXXXIVᵉ, fig. 1.
1840. **Scaphites constrictus.** D'Orbigny, *Paléontologie française, Terrains crétacés*, I, p. 522, pl. CXXIX, fig. 8 à 11.
1858. **Scaphites multinodosus.** F. von Hauer, *Cephalop. der Gosauschichten*, p. 9, pl. I, fig. 7 et 8.
1861. **Scaphites constrictus.** Binkhorst, *Monographie des gastéropodes et céphalopodes de la craie supérieure du Limbourg*, p. 38, pl. V, fig. 6.
1869. **Scaphites constrictus.** E. Favre, *Mollusques fossiles de la craie des environs de Lemberg*, p. 18, pl. V, fig. 1 à 5.
1872. **Scaphites constrictus.** Schlüter, *Cephalopoden der oberen deutschen Kreide*, p. 92, pl. XXVIII, fig. 5 à 9.

Coquille elliptique dans son ensemble, peu épaisse, ayant sa plus grande hauteur à peu près vers le milieu de la hampe.

La partie enroulée de la coquille montre des côtes flexueuses partant de l'ombilic, obliques en avant, passant sur le bord externe avec une légère inflexion en avant : elles se bifurquent à des distances variables de l'ombilic, les unes assez près du bord ombilical, d'autres se détachant plus loin des côtes bifurquées. Un peu avant la fin de la spirale, on voit apparaître, de distance en distance, à l'extrémité de quelques-unes d'entre elles, de légères surélévations qui se transforment sur la hampe en de véritables tubercules, régulièrement espacés et à peu près ronds ; ceux-ci diminuent d'importance sur la crosse et disparaissent avant son extrémité.

Cette espèce éprouve de nombreuses modifications dans sa forme et dans son ornementation; tantôt la région ventrale est lisse sur la hampe et la crosse, tantôt elle est ornée de côtes transverses. Tantôt le bord de l'ombilic est lisse, tantôt quelques côtes y sont surélevées longitudinalement, tantôt on y trouve une rangée de trois à six tubercules allongés, desquels partent des côtes arquées allant rejoindre les tubercules ventraux. La hampe peut être elle-même plus ou moins courte ou plus moins allongée.

Cette espèce donne donc naissance à une nombreuse série de variétés, et il me paraît assez probable que *Scaphites tenuistriatus*, Kner, in E. Favre, n'est qu'une variété extrême, inerme.

Gisement. — *Scaphites constrictus* caractérise les couches les plus élevées de la craie à *Belemnitella mucronata*. Il se trouve dans le calcaire à baculites du Cotentin (Manche); dans le calcaire de Kunraed, près Maestricht; dans les Alpes autrichiennes à Neuberg en Styrie; dans le flysch de Siegsdorf (Haute Bavière); dans la craie à *Belemnitella mucronata* de Lemberg et Nagorzany (Galicie); en Allemagne, à Lunebourg et dans l'île de Rugen. Dans l'Aquitaine, M. Arnaud a trouvé dans l'assise P^5 de Saint-Médard-de-Barbezieux un exemplaire qui me paraît pouvoir lui être rapporté.

Échantillons examinés. — Une série d'échantillons (collection de l'École des mines, collection A. de Grossouvre) provenant des environs de Fresville, près Valognes (Manche).

Un échantillon (collection Arnaud) de Saint-Médard-de-Barbezieux (Charente) : assise P^3.

EXPLICATION DES FIGURES.

Planche XXXI.

Fig. 1^a. — Individu (collection de l'École des mines) de grande taille, vu de côté.
Calcaires à baculites du Cotentin. — Fresville, près Valognes (Manche).

Fig. 1^b. — Le même, vu du côté ventral, la bouche en avant.

Fig. 1^c. — Le même, vu du côté ventral, en arrière.

Fig. 2^a. — Individu (collection de l'École des mines) de petite taille, vu de côté.
Calcaires à baculites du Cotentin. — Fresville, près Valognes (Manche).

Fig. 2^b. — Le même, vu du côté ventral, en arrière.

Fig. 2^c. — Le même, vu du côté ventral, la bouche en avant.

Fig. 7. — Individu (collection A. de Grossouvre), variété plate, vu de côté.
Calcaire à baculites du Cotentin. — Fresville, près Valognes (Manche).

IMPRIMERIE NATIONALE.

FIG. 8ª. — Individu (collection A. de Grossouvre), variété plate et de grande taille, vu de côté.

Calcaire à baculites du Cotentin. — Fresville, près Valognes (Manche).

FIG. 8ᵇ. — Le même, vu du côté ventral.

SCAPHITES PULCHERRIMUS. A. RÖMER.

(Pl. XXXII, fig. 6 et 9.)

1841. **Scaphites pulcherrimus.** A. Römer, *Verst. nordd. Kreidegebild.*, p. 91 (non pl. XIV, fig. 4).

1872. **Scaphites pulcherrimus.** Schlüter, *Cephalopoden der oberen deutschen Kreide*, p. 85, pl. XXVI, fig. 1 à 5.

Coquille peu épaisse présentant une forme assez régulièrement elliptique. Flancs plats; bord externe convexe, un peu méplat en son milieu.

Les flancs sont ornés de côtes légèrement flexueuses, présentant cinq rangées de tubercules à partir de chacune desquelles elles se subdivisent plus ou moins régulièrement. La première rangée se trouve près de l'ombilic; la seconde, au premier quart de la hauteur; la troisième, un peu au-dessous des deux tiers et les deux dernières sont assez rapprochées et présentent les tubercules les plus accentués.

Sur la hampe, les côtes sont fortement obliques en avant : les tubercules situés du côté interne existent toujours, mais ceux de la deuxième et de la troisième rangée deviennent un peu obscurs et ceux des deux rangées externes sont de plus en plus marqués.

L'ornementation de la région ventrale est peu apparente sur les échantillons examinés. M. le docteur Schlüter indique que tantôt elle est lisse et tantôt elle porte de petites côtes reliant les deux rangées latérales de tubercules.

Dans le grand échantillon, la région ventrale est complètement lisse sur la loge, et les tubercules des deux rangées latérales situées de part et d'autre de la ligne siphonale ne se correspondent pas symétriquement. Les tubercules des rangées précédentes ne correspondent pas non plus à ceux de la rangée la plus externe et sont en plus grand nombre que ces derniers. Les côtes qui ornent les flancs s'arrêtent à la quatrième rangée.

Un échantillon plus petit et en très bon état présente une rangée médiane de tubercules sur la région ventrale, réunis irrégulièrement aux tubercules latéraux par des côtes peu prononcées. Il montre, en outre, des côtes lisses sur les tours les plus internes. On voit donc que la coquille possède d'abord une rangée impaire de tubercules qui disparaît plus tard.

Gisement. — Couches supérieures de la craie à *Belemnitella mucronata.*

Craie de Lemförde.

Existe vraisemblablement aussi dans les Alpes autrichiennes; l'échantillon du Schliefgraben sur le versant occidental du massif du Traunstein, près Gmunden, indiqué par M. F. von Hauer sous le nom de *Scaphites multinodosus*, appartient vraisemblablement à cette espèce[1].

Campanien supérieur (dordonien), assise Q de M. Arnaud, des environs de Neuvic (Dordogne).

Échantillons examinés. — Deux (collection Arnaud) des environs de Neuvic (Dordogne).

EXPLICATION DES FIGURES.

Planche XXXII.

Fig. 6. — Individu (collection Arnaud) vu de côté, montrant seulement les premiers tours de la spire.
Assise Q de M. Arnaud. — Neuvic (Dordogne).

Fig. 9^a^. — Individu (collection Arnaud) vu de côté.
Assise Q de M. Arnaud. — Neuvic (Dordogne).

Fig. 9^b^. — Le même, vu du côté ventral.

SCAPHITES GIBBUS. Schlüter.

(Pl. XXXII, fig. 10.)

1872. **Scaphites gibbus.** Schlüter. *Cephalopoden der oberen deutschen Kreide*, p. 87, pl. XXVI, fig. 6 à 9.

L'échantillon le plus typique que je puisse rapporter à cette espèce est d'assez grande taille, mais il est fortement déformé par la compression, de sorte que certains des caractères énoncés par M. le docteur Schlüter ne peuvent être observés; c'est ainsi qu'il est impossible de dire si, sur la dernière loge, les flancs sont bien nettement séparés de la région ventrale par une carène.

[1] **Scaphites multinodosus.** Von Hauer, 1866, *Neue Cephalopoden aus den Gosaugebilden der Alpen*, p. 7, pl. I, fig. 7 et 8. Cet échantillon est différent de celui précédemment signalé par ce savant, 1858, dans les couches des environs de Neuberg (*Cephal. der Gosauschichten*, p. 9).

Le bord de la bouche forme un angle obtus, très légèrement supérieur à un angle droit, avec le bord externe de la hampe.

Les tours de la partie enroulée sont ornés de côtes fines, serrées, bifurquées, sur lesquelles, un peu avant le commencement de la hampe, des tubercules se montrent de distance en distance, à leur point de bifurcation.

Elles disparaissent complètement sur les flancs de cette dernière partie, et sur son pourtour externe les tubercules ventraux deviennent plus rapprochés et plus vigoureux. Ils sont allongés transversalement et séparés par des intervalles un peu supérieurs à leur longueur. A l'extrémité de la coquille, ils sont un peu plus rapprochés, plus petits et moins allongés et deviennent presque ronds sur la crosse.

Ils sont accompagnés sur les flancs de deux autres rangées latérales qui ne descendent guère que jusqu'à l'extrémité inférieure de la hampe; au voisinage de la bouche se montrent encore quelques tubercules formant une quatrième rangée très courte ne dépassant pas le coude supérieur de la hampe. En arrière se trouve une surélévation, mal marquée sur l'échantillon examiné; elle correspond probablement au gros tubercule dont parle M. le docteur Schlüter.

Gisement. — L'échantillon examiné (collection Arnaud) provient de l'assise P^3 de Saint-Médard-de-Barbezieux (Charente). Je crois pouvoir rapporter à cette espèce un échantillon de beaucoup plus petite taille provenant de la carrière d'Angoumé (Landes).

En Allemagne, cette espèce se trouve dans les couches moyennes de la craie à *Belemnitella mucronata*, à Coesfeld et Darup (Westphalie) et à Haldem et Lemförde.

EXPLICATION DES FIGURES.

Planche XXXII.

Fig. 10^a. — Individu (collection Arnaud) vu de côté.
Étage campanien : assise P^3 de M. Arnaud. — Saint-Médard-de-Barbezieux (Charente).

Fig. 10^b. — Le même, vu du côté ventral.

SCAPHITES SPINIGER. Schlüter.

1872. **Scaphites spiniger.** Schlüter, *Cephalopoden der oberen deutschen Kreide*, p. 82, pl. XXV, fig. 1 à 7.

Je me borne à signaler la présence de cette espèce dans la craie de

Meudon, d'après l'examen de deux échantillons de la collection de l'Institut catholique qui m'ont été communiqués par M. de Lapparent.

En Allemagne, elle paraît habiter les couches moyennes et supérieures de la craie à *Belemnitella mucronata* et se trouve assez abondamment à Haldem, à Darup et à Coesfeld.

En Suède, elle se trouve sur toute la hauteur de l'assise à *B. mucronata*, d'après M. Lundgren (*The fossil faunas of Sweden. III. Mesozoic*).

SCAPHITES VERNEUILI. D'Orbigny, sp.

(Pl. XXVI, fig. 2.)

1840. **Ammonites Verneuili.** D'Orbigny, *Paléontologie française, Terrains crétacés*, I, p. 329, pl. XCVIII, fig. 3 à 5.

Partie enroulée de la coquille seule connue.

Ombilic petit.

Bord externe large, peu convexe.

La coquille est ornée, au commencement du premier tour, de côtes fines, flexueuses, obliques en avant, mal indiquées sur la région interne des flancs qui est à peu près lisse. De distance en distance, à des intervalles réguliers, on en voit une plus forte, plus saillante, terminée sur le pourtour externe par un petit tubercule arrondi et aboutissant sur la ligne siphonale à un autre tubercule de même valeur que les premiers. Vers le milieu de la coquille, on voit apparaître entre ces côtes principales une et plus tard deux autres portant également trois tubercules ventraux : ces dernières sont un peu moins fortes que les principales et sont surtout marquées sur la région externe; mais vers la fin du dernier tour, elles augmentent de valeur et acquièrent la même importance.

Cloisons. — Formées de chaque côté de quatre lobes et de quatre selles à terminaisons paires.

Observations. — La ligne suturale, le mode d'ornementation et l'allure de cette ornementation rappellent tout à fait les caractères spéciaux aux coquilles des scaphites. Je crois donc devoir considérer *Am. Verneuili* comme le jeune d'un scaphite dont la hampe et la crosse sont inconnues.

Je me borne à indiquer l'analogie de cette forme avec *Ammonites nodifer*,

Hagenow (1843, *Monographie der Rügerischen Kreideversteinerung.* III, *Abtheil. Jahrbuch für Mineralogie*, p. 565, pl. IX, fig. 19).

EXPLICATION DES FIGURES.

Planche XXVI.

FIG. 2ª. — Individu (collection de la Sorbonne) vu de côté, ayant servi de type à d'Orbigny pour la définition d'*Am. Verneuili.*

FIG. 2ᵇ. — Le même, vu du côté ventral.

Genre ANCYLOCERAS. D'ORBIGNY.

ANCYLOCERAS (?) DOUVILLÉI, A. DE GROSSOUVRE, n. sp.

(Pl. XXXV, fig. 8.)

1872. **Hamites**, cf. **angustus**. Dixon, Schlüter, *Cephalopoden der oberen deutschen Kreide*, p. 106, pl. XXXII, fig. 6 et 7.

Coquille déroulée.

Section des tours subogivale.

Bord ventral tranchant, portant une série de dents fortement saillantes et un peu rejetées en arrière.

La coquille est ornée de côtes simples, peu élevées, arrondies, légèrement arquées, obliques en arrière, et venant aboutir aux dentelures ventrales, à une petite distance desquelles elles portent de petits tubercules transverses.

Cloisons. — Ligne suturale très découpée, composée de lobes et de selles à terminaisons paires.

Fig. 88.

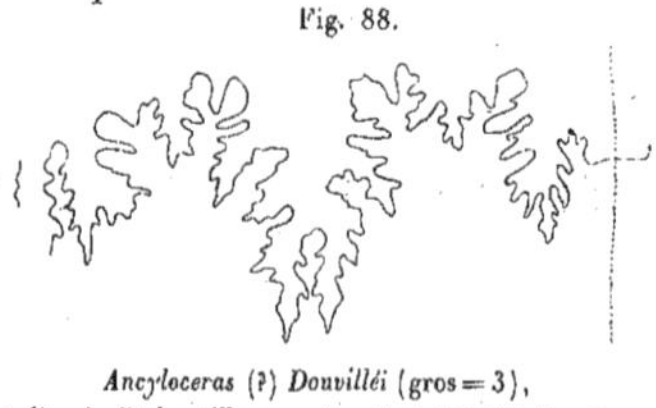

Ancyloceras (?) *Douvilléi* (gros = 3), d'après l'échantillon représenté pl. XXXV, fig. 8.

Fig. 89.

Section des tours.

Observations. — Je crois pouvoir rapporter à cette espèce l'échantillon des marnes de l'Emscher, de Stoppenberg près Essen, rapproché par M. le docteur Schlüter d'un céphalopode déroulé de la craie blanche du Sussex qui avait été figuré par Dixon sous le nom d'*Hamites angustus* (1850, *Geol. of Sussex*, p. 350, pl. XXIX, fig. 10), assimilation qui ne me paraît pas fondée. La figure de Dixon est d'ailleurs insuffisante à tous égards pour préciser son type.

L'espèce de la craie de Villedieu que je viens de décrire habite les couches moyennes de cette craie, caractérisées par *Ostrea auricularis* et *Mortoniceras Bourgeoisi*.

Échantillons examinés. — Trois (collections Le Mesle et A. de Grossouvre) de la zone moyenne de la craie de Villedieu, carrières de la Ribochère, commune de Couture (Loir-et-Cher).

EXPLICATION DES FIGURES.

Planche XXXV.

Fig. 8. — Fragment d'un individu (collection A. de Grossouvre) vu de côté.
Couches à *O. auricularis* de la partie moyenne de la craie de Villedieu; carrières de la Ribochère, commune de Couture (Loir-et-Cher).

ESPÈCES OBSERVÉES.	CONIACIEN			SANTONIEN		CAMPANIEN			
						INFÉRIEUR.			
	ASSISE inférieure.	ASSISE moyenne.	ASSISE supérieure.	INFÉRIEUR.	SUPÉRIEUR.	ASSISE inférieure.	ASSISE supérieure.	MOYEN.	SUPÉRIEUR.
Scaphites Meslei, n. sp.	*	*	»	»	»	»	»	»	»
— Lamberti, n. sp.	*	*	»	»	»	»	»	»	»
— Potieri, n. sp.	*	*	»	»	»	»	»	»	»
— Arnaudi, n. sp.	»	*	»	»	»	»	»	»	»
— hippocrepis, Dekay, sp.	»	»	»	»	»	»	*	»	»
— aquisgranensis, Schlüter	»	»	»	»	»	»	*	»	»
— gibbus, Schlüter	»	»	»	»	»	»	»	*	»
— Haugi, n. sp.	»	»	»	»	»	»	»	*	»
— spiniger, Schlüter	»	»	»	»	»	»	»	*	*
— constrictus, Sowerby, sp.	»	»	»	»	»	»	»	*	*
— pulcherrimus, Römer	»	»	»	»	»	»	»	»	*
— Verneuili, d'Orbigny, sp.	»	»	»	»	»	»	»	»	*
Ancyloceras Douvilléi, n. sp.	»	»	*	»	»	»	»	»	»

RÉPERTOIRE ALPHABÉTIQUE

DES

NOMS D'ESPÈCES CRÉTACÉES DÉCRITES OU CITÉES.

Nota. — Les chiffres en caractères gras renvoient à l'article spécial consacré à l'espèce. Les figures du texte se trouvent à la page indiquée par le chiffre qui précède leur numéro.

IMPRIMERIE NATIONALE.

TABLE DES MATIÈRES.

FAMILLE DES ACANTHOCERATIDÉS.

FAMILLE DES PHYLLOCERATIDÉS.

www.ingramcontent.com/pod-product-compliance
Ingram Content Group UK Ltd.
Pitfield, Milton Keynes, MK11 3LW, UK
UKHW031835260826
14628UKWH00001B/392

9 782019 644796